ZHUANGPEISHI BIANDIANZHAN

JIANGOUZHUWU SHIGONG GONGYI

装配式变电站

建构筑物 施工工艺

李　政　主　编

何耀文　李友富　徐主锋　祁　利　副主编

中国电力出版社
CHINA ELECTRIC POWER PRESS

内 容 提 要

本书结合装配式变电站施工遵照“三先三后两提前一同时”的原则，全书内容共包括 8 章，分别为概述、装配式变电站建构筑物设计、钢框结构装配式变电站建筑物施工、超轻钢结构装配式变电站建筑物施工、预制混凝土结构装配式变电站建筑物施工、装配式变电站构筑物施工、装配式变电站建构筑物施工技术经济分析和装配式变电站施工新技术。

本书可供电力工程建设管理人员，施工、设计和监理人员学习参考。

图书在版编目（CIP）数据

装配式变电站建构筑物施工工艺 / 李政主编 . — 北京：中国电力出版社，2019.4
ISBN 978-7-5198-3010-6

Ⅰ . ①装…　Ⅱ . ①李…　Ⅲ . ①变电所—建筑工程—工程施工　Ⅳ . ① TU745.7

中国版本图书馆 CIP 数据核字（2019）第 053588 号

出版发行：中国电力出版社
地　　址：北京市东城区北京站西街 19 号（邮政编码 100005）
网　　址：http：//www.cepp.sgcc.com.cn
责任编辑：邓慧都（010-63412636）
责任校对：黄　蓓　朱丽芳
装帧设计：左　铭
责任印制：石　雷

印　　刷：北京博图彩色印刷有限公司
版　　次：2019 年 4 月第一版
印　　次：2019 年 4 月北京第一次印刷
开　　本：787 毫米 ×1092 毫米　16 开本
印　　张：15.5
字　　数：369 千字
印　　数：0001—3000 册
定　　价：88.00 元

版权专有　侵权必究

本书如有印装质量问题，我社营销中心负责退换

编 委 会

主　　编　李　政

副 主 编　何耀文　李友富　徐主锋　祁　利

编写人员　艾　涛　黄振喜　朱　克　杨　林

刘明芳　程国庆　朱邦盛　曾庆辉

卓俊帆　吴宣华　牛　琦　韩　恬

熊川宇　全婷婷　龚　俊　段志强

刘　蕾　程宙强　左　毅

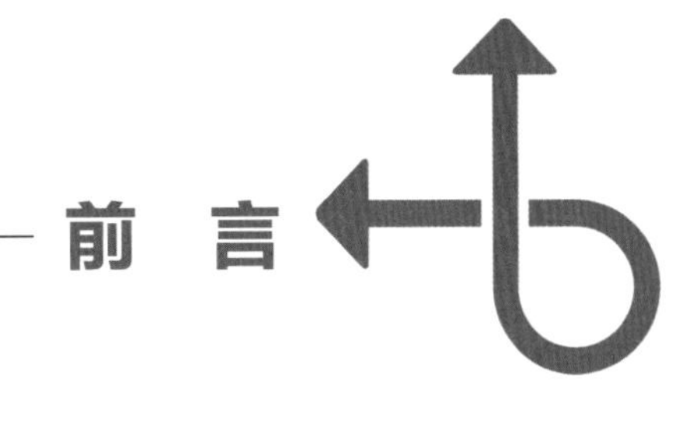

前 言

随着技术和经济的发展，与传统建筑相比，装配式建筑在工期、环保、安全等方面的优势更加凸显，大力推行装配式建筑已逐步成为共识，建筑行业装配式建设相关技术逐步成熟、配套产业也逐步形成。国家层面已出台一些政策要求，国务院办公厅发布了《关于大力发展装配式建筑的指导意见》（国办发〔2016〕71 号），提出装配式建筑比例在 2020 年要达到 15%，2025 年达到 30%。

变电站建构筑物有其自身特点，直接应用建筑行业现有装配式成果难度较大。国家电网有限公司（简称国家电网）秉持“标准化设计、工厂化加工、模块化建设、机械化施工”的变电站建设理念，持续开展变电站装配式建设的探索和研究。近几年，变电站通用设计、通用设备逐步完善、推广并深化应用，变电站建构筑物实行装配式建设的条件逐步成熟。国家电网 2016 年开始发布了不同电压等级的变电站模块化建设通用设计技术导则，要求建筑物采用装配式结构，工厂预制、现场机械化装配，变电站装配式建设进入推广阶段。

国网湖北省电力有限公司（简称国网湖北电力）在变电站装配式建设探索方面一直属于先行者，按照循序渐进的原则，从简单到复杂，从构筑物到建筑物，从局部到整站，从工程试点到全面推广，于 2008 年开始承担装配式围墙、装配式主变压器防火墙、装配式电缆沟、装配式房屋建筑等研究课题，对装配式设计技术、施工工艺进行了系统研究，2016、2017 年分别在荆州仙东 220kV 变电站和襄阳卧龙 500kV 变电站整站进行装配式建设试点成功。2016 ~ 2018 年，国网湖北电力建成 150 多座全装配式变电站，覆盖 35、110、220、500kV 电压等级，积累了大量变电站装配式建设的工程实践经验。

为全面总结变电站建构筑物装配式建设的研究和实践成果，帮助相关人员更好地了解和掌握变电站装配式建设技术及施工工艺，我们组织编写了《装配式变电站建构筑物建设技术》和《装配式变电站建构筑物施工工艺》，前者侧重设计技术，后者侧重施工工艺做法，二者可配套使用。

《装配式变电站建构筑物施工工艺》全书共 8 章：第 1、2 章介绍装配式变电站建构筑物施工技术特征及发展前景，并从施工角度对设计提出相关要求；第 3 ~ 5 章区分钢框结构、超轻钢结构、预制混凝土结构三种建筑物形式，明确施工流程、施工准备、主体结构安装、屋面施工、构件安装、管线布设、装饰装修、质量验收各环节的要求，对施工过程中的重点、难点工艺进行了详细解读；第 6 章对变电站构支架、围墙、防火墙、电缆沟、小部件等构筑物装配式施工工艺要求、安全措施、验收标准等内容进行了明确；第 7 章是依据国网湖北省电力有限公司 2016 ~ 2018 年投产的新建变电站工程，对变电站装配式房屋，装配式围墙、防火墙等进行了技术经济比较；第 8 章探讨了 BIM、人工智能等新技术在变电站装配式建设中的应用，展望变电站装配式建设的发展方向。

本书内容力求全面、系统、通俗，图文并茂，以国网湖北电力研究成果为主，兼顾其他区域和建筑行业研究实践成果，可以作为广大装配式变电站建设者的参考用书，尤其对装配式变电站建设的设计、施工、业主、监理单位现场管理人员具有重要参考价值。

本书在编写过程中收集了大量资料，参考了当前国家、行业及国家电网颁行的设计、生产、施工和检验标准，同时汲取了一些变电站装配式建设项目施工过程中的管理精华。由于编写人员的知识、经验有限，书中难免存在不足之处，敬请广大读者多提宝贵意见。

编者

2019 年 4 月

目 录

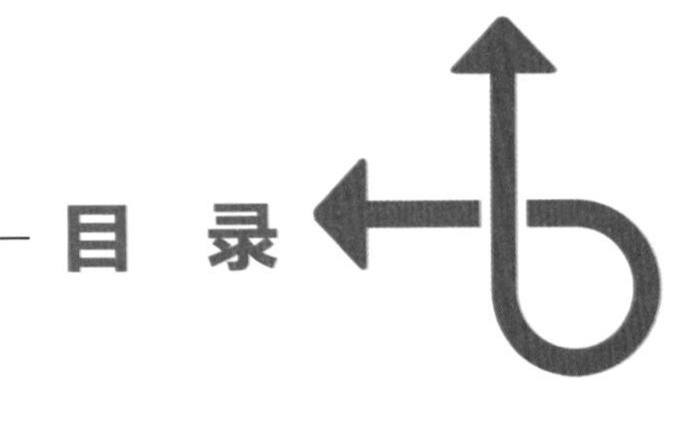

1 概述

1.1 装配式变电站简介

1.1.1 什么是装配式变电站

国家电网有限公司 2009 年开始全面推行资源节约型、环境友好型、工业化变电站建设工作，确立变电站工业化设施的定位，秉持节能环保原则，突出变电站基本功能和核心功能，除去无用、冗余功能，实现变电站全寿命周期的最优化建设。根据工业化设施的功能定位，变电站建、构筑物按工业建筑进行标准化设计，统一结构、材料、模数，采用装配式结构，实现工业化制作，现场机械化装配；构支架、结构件采用标准化工厂预制件，施工现场机械化吊装，通过螺栓或焊接安装成品组件；基础采用标准化、系列化尺寸，进行定型钢模浇制。

对于 110kV 及以下电压等级变电站，国内外已经出现了不少预制整体模块化产品，包括欧式装配式变电站、美式装配式变电站、车载移动式变电站等，即将变电站内包括主变压器、高压断路器、无功补偿装置、绝缘母线、变电站监控系统、通信、远动、计量及直流电源等所有一、二次电气设备，按照安全、可靠、少维护、一体化的原则，安装在一个具有隔热、防火、防盗、防潮、防小动物，通风、封闭、可拆装、扩建方便等良好性能的钢结构箱体内。但此类预制变电站的规模严格受限，进出线较少，主变压器容量减小，一般适用于终端变电站，不适用于电网枢纽变电站。本书主要介绍非全预制模块化变电站的施工，即变电站使用装配式建构筑物。如图 1-1 ~ 图 1-4 所示。

图 1-1 变电站装配式建构筑物外观（一）

图 1-2 变电站装配式建构筑物外观（二）

图 1-3　变电站装配式围墙

图 1-4　变电站装配式防火墙

1.1.2　装配式变电站特点

装配式变电站是变电站建设的一场革命，改变了传统变电站的电气布局、土建设计和施工模式，通过工业化生产、现场装配两大阶段来建设变电站，是“两型一化”变电站的具体体现，其标准化设计、模块化组合、工业化生产、机械化施工，使变电站建设走向科技含量高、资源消耗低、环境污染少、精细化建造的道路。装配式变电站以“三通一标”作为工程建设的主要抓手，深化通用设计、通用造价、通用设备、标准工艺，做到优化、美化、简化，为变电站建设提供高效、可控、标准、节能、环保、经济的建构筑物建造的新模式、新方法、新途径。其具有以下几个显著特征：

（1）施工周期短。装配式变电站建设采取设计标准化、生产工厂化，安装装配化、施工机械化，土建施工由现场浇筑、砌筑、粉刷变为工业标准化生产验收合格后，送达现场进行快速拼装；将建构筑物施工流程由串联改为并联，柱、梁、板、屋架一次就位，提高了工程建设效率，缩短施工周期。

（2）工程质量高。装配式变电站建构筑物的构件通过标准化设计、工业化生产，减少现场混凝土养护时间，减少了现场施工强度，减小现场施工质量控制点，在工厂标准化的条件下采用高精度模具批量生产，不受季节和天气等外部环境的干扰，预制构件的质量能得到更有效的控制，提高了产品质量和生产效率，提升工程质量。

（3）节能降耗。装配式变电站建筑材料标准化设计、规模化采购，工厂化生产，从传统的现场浇筑湿式作业转变为预制装配干式作业模式，人力需求少，现场湿作业少，现场材料及水等资源损耗明显降低，施工现场更加整洁有序。

（4）绿色环保。装配式变电站施工减少了施工现场的噪声、粉尘、废气、废水的排放，环境污染少，对施工作业人员健康及环境的不良影响少；同时，装配式变电站施工现场大量地减少了基础混凝土模板，不会产生建筑垃圾，更符合工程绿色环保的建设目标。

1.2　装配式变电站建构筑物施工技术特征

1.2.1　装配式变电站与传统变电建构筑物施工的区别

传统变电站采用钢筋混凝土结构，作业主要采用现场浇筑混凝土的传统方式，施工工序有脚手架搭设、钢筋搬运及绑扎、模板支护、混凝土预拌及浇捣养护、模板拆除等，材料浪费大，工作繁复，人工消耗大，劳动力成本高，容易造成环境污染，现场难以做到高标准安全文明施工，混凝土结构的施工和养护受作业人员的水平及天气因素影响较大，建设质量及工期难以保证。

相比传统变电站的钢筋混凝土结构工程，装配式变电站采用标准化设计、模块化组合、工业化生产、机械化施工，具有施工周期短、现场作业少、质量控制好、绿色环保等特点，节约土地资源，生产集约化，使变电站建设不断突出其工厂化的定位。装配式变电站的土建施工充分体现了“装配式”特点，采用预制结构的建筑模式，根据运输和设计要求，将建筑物拆分为梁、柱、屋面（楼承）板、外墙板、内墙板、隔断等多个结构构件，再细化各结构构件的装配式方案，变电站的围墙、大门、结构支架、设备支架等采用组合式装配钢结构，所有构件在工厂预制，进行工厂化、规模化生产，实现技术标准化，规格系列化。结构件在工厂内生产完毕后，直接运至施工现场进行装配安装，完成集约化施工。

1.2.2 装配式变电站建构筑物施工流程

传统变电站的施工流程依据施工顺序可分为“四通一平”、土建工程和电气工程三个大的阶段。四通一平阶段包含场地平整、进站道路、站外排水沟、围墙等施工内容，土建工程阶段包含站内排水、构支架基础、厂房、电缆沟、构支架组立等施工内容，电气工程顾名思义就是电气设备的安装调试。四通一平和土建工程的施工流程主要分成地基基础工程、主体结构工程、装饰装修工程三个部分。

装配式变电站地基基础及装饰装修部分与传统变电站的施工方法大体相同，这里主要对主体结构部分进行描述。主体结构部分的工艺流程包括：构件工厂化预制、运输；构件吊装、连接、支撑固定。它将传统变电站中建筑工程阶段的部分作业内容提前到变电站的四通一平阶段进行，同时，简化了建筑工程阶段的作业方式，提高了工作效率。

根据欧洲的统计，传统建造方法每平方米建筑面积需要 2.25 个工日，而预制装配式施工仅需 1 个工日。根据近年来湖北省装配式变电站建设的实际情况，装配式变电站的工期比同等规模传统变电站的工期减少 4 ~ 6 个月。

装配式变电站施工遵照“三先三后两提前一同时”的原则，即先地下后地上，先主体后配套，先结构后装饰，预制构件工厂化制作提前到四通一平阶段进行，管线预埋提前介入，以厂房安装为主线多种作业同时进行，合理安排工序，保持均衡施工。装配式变电站施工流程图如图 1–5 所示。

以 110kV AIS 变电站的全过程建设为例，装配式变电站施工流程中各主要工序的施工效果如图 1–6 所示。

装配式变电站是并行工程理念在电建行业深化应用的产物，它改变了传统变电站的设计和施工模式，将变电站建设由传统的站内串行作业改变为站内站外并行作业，将建构筑物预制件工厂化加工和变电站四通一平建设同时进行，大幅提高了施工进度，缩短了施工周期，并为实现变电站机械化施工奠定了基础。

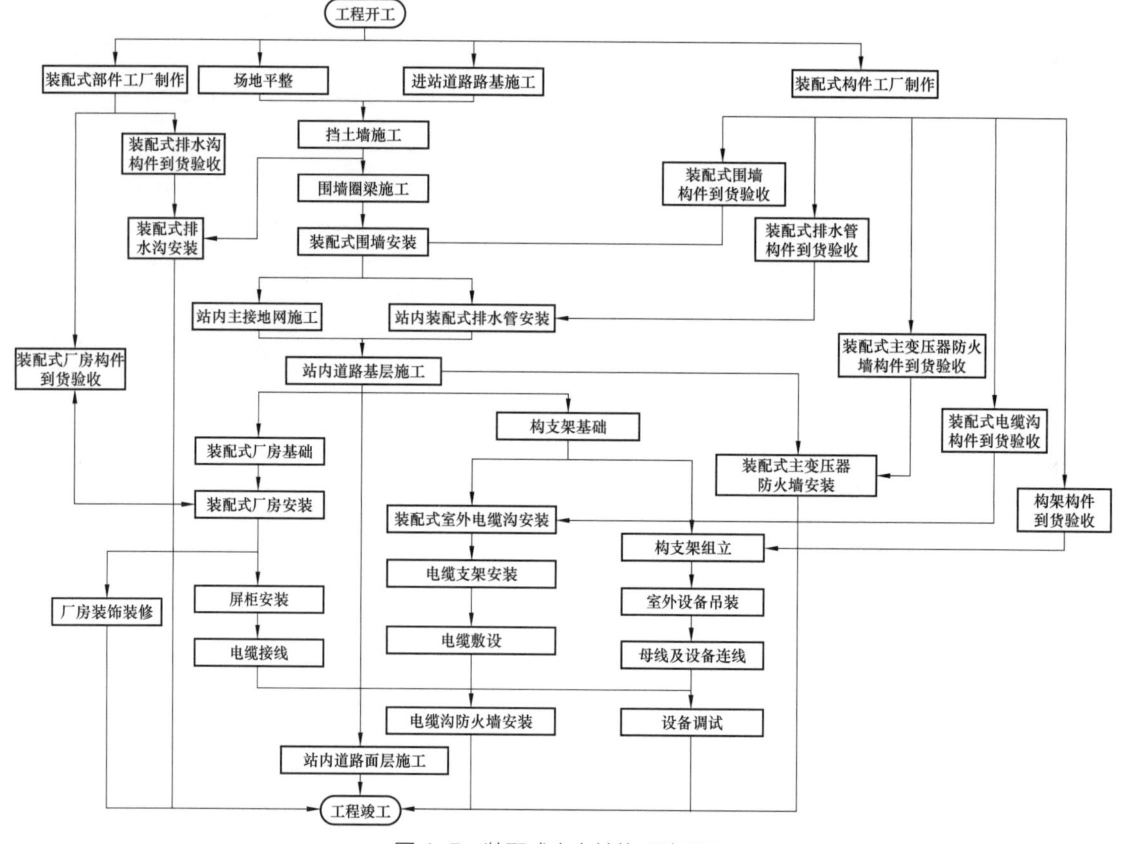

图 1-5　装配式变电站施工流程图

1.2.3　装配式变电站建构筑物施工要点

和传统变电站类似，装配式变电站施工现场管理也主要分为进度管理、安全管理和质量管理三大部分，其中，安全管理和质量管理又是重中之重。施工安全的风险主要存在于各类直接作业过程和作业周边环境中，如施工用机械、仪器设备操作安全、临时用电安全、作业防护安全及恶劣天气等，对于装配式变电站，预制件吊装风险大以及多项工作、多支队伍同时作业管理难度大的隐患尤为突出。施工质量风险主要源于施工管理和施工技术，对于装配式建筑，预制构件的工厂加工及现场施工管理与安装技术尤为重要，施工过程中预制件运输堆放管理难度大、成品保护不力等问题，都不同于传统施工的重点质量管控内容。下面主要从预制装配式建筑的主体结构施工过程探讨各管控要点，简述预制构件施工全过程中各个阶段的管控要点，后续章节将详细介绍各施工管控要点的操作步骤、注意事项等内容。

（1）预制构件的加工制作。预制构件的质量保证是保障装配式建筑可靠性的基础。构件预制过程中要严格按照设计要求实施，同时，要精确预留后期施工孔洞的位置，接缝处高精度定位，验收合格后方可进行下道工序。施工现场要有严格的进场检验和验收管理制度，不合格产品一律不予进场，以确保进场安装的预制构件的质量。

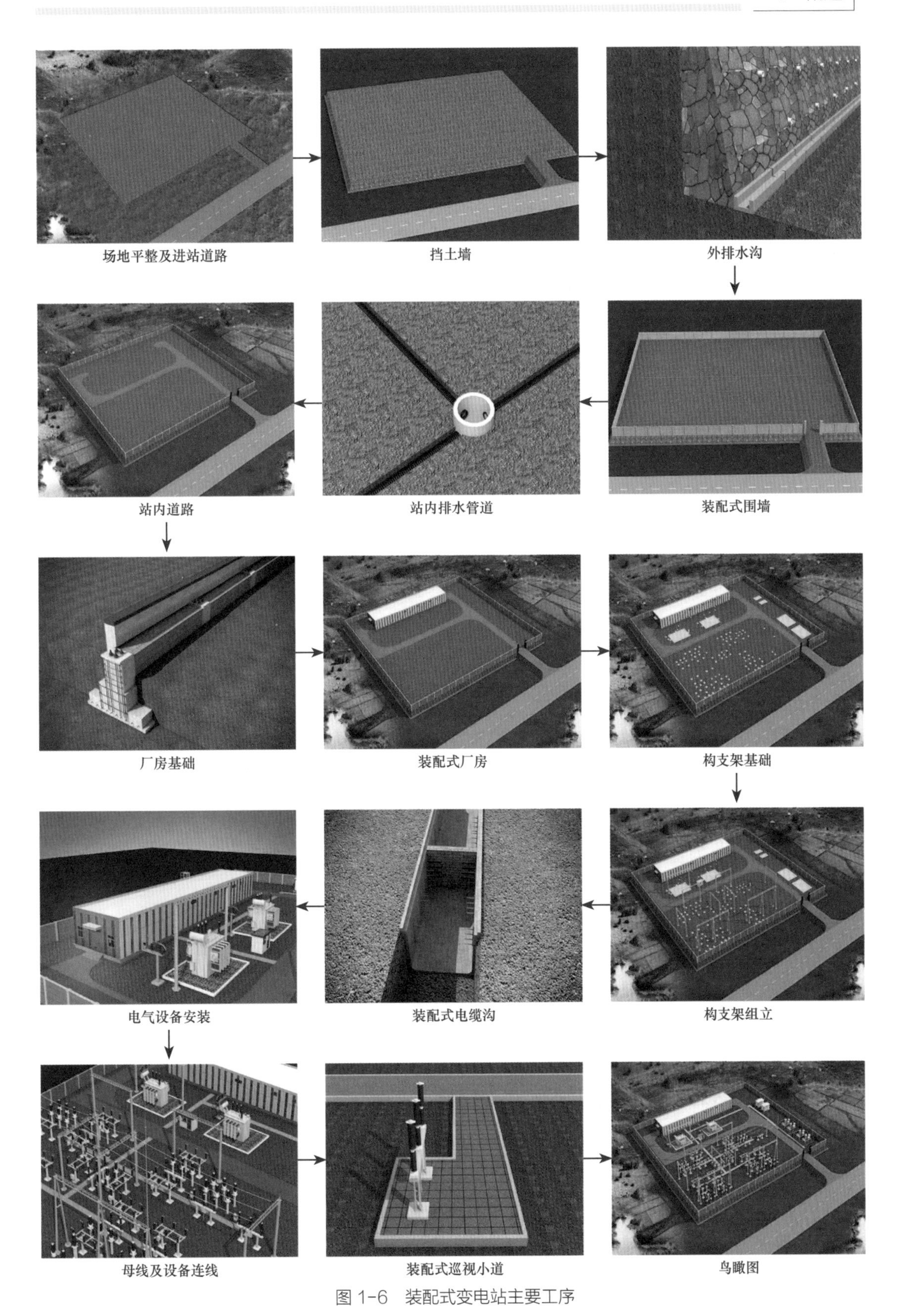

图 1-6 装配式变电站主要工序

（2）预制构件运输、堆放。为加强对构件管理力度，便于对构件进行跟踪管理，施工项目部应设置专门管控人员，对进场的构件及时进行编号、登记，并分类存放于专门设置的构件存放区，避免发生混乱。预制构件批量运输到现场，尚未吊装前，应统一分类存放于专门设置的构件存放区。存放区的地面应平整、排水通畅，并具有足够的地基承载能力。预制构件堆置时，不可与地面直接接触，须置放在木头或软性材料上并注意最佳支点和堆置方式的选择和保护措施的到位，堆放不得超过三层，避免由于堆载过大、支点不合理、保护不力使构件损坏。当设计无要求时，预制件支点宜为两点，支点位置见图 1-7。

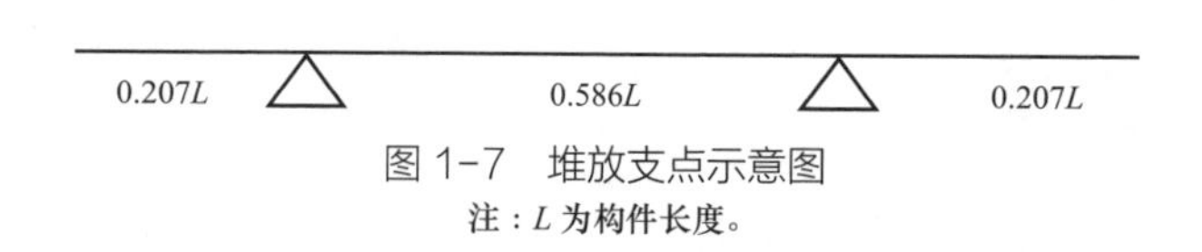

图 1-7　堆放支点示意图

注：L 为构件长度。

（3）预制构件吊装。吊装作业在装配式变电站现场施工中工作总量最大、危险因素持续时间最长，应作为安全管控的重点。施工项目部应编制吊装施工专项方案，建立健全吊装作业组织指挥体系，建立吊装作业工作制度，确定现场总指挥，负责构件吊装作业时各工种的协调工作，明确吊装作业分工，责任到人。构件吊装时应采用平衡吊具，绳索与构件的水平夹角应符合要求，保证吊点合力与构件重心在垂直方向上重合。构件上要设置缆风绳，吊装过程中要避免构件偏斜和大幅度摆动，保证吊装工作平稳进行。

（4）预制构件的成品保护。预制构件的成品保护是为了最大限度的消除和避免成品在施工过程中的污染和损坏，以达到降低成本，提高合格率、一次成优的目的。不但要在运输、堆放过程对其进行保护，更要对正在施工或已完工的成品进行保护，否则一旦造成损坏，将会增加修复工作，造成工料浪费、工期拖延，甚至造成永久性缺陷。应重点进行对装配式围墙、装配式防火墙、高压室内外墙板、构支架、电缆沟等部位的成品保护。

装配式变电站预制件种类繁多且数量大，现场存在诸多不确定性，故进行现场施工的有效管理，更依赖于专业的施工组织设计和切实可行的施工方案，当然更需要专业的、高素质的、经验丰富的管理团队来执行。所以更要重视专业管理团队和施工工人的培训，使施工现场管理标准化、操作规范化，才能有效保障施工质量。

1.3　国内外装配式变电站建构筑物发展情况

1.3.1　国外装配式变电站建构筑物的发展情况

法国 1891 年就已实施了装配式混凝土的构建，迄今已有近 130 年的历史，多采用框架或板柱，并逐步向大跨度发展。日本 1968 年提出装配式住宅的概念。在 1990 年的时候，采用部件化、工厂化生产方式，高生产效率。美国 20 世纪 70 年代能源危机期间开始实施配件化施工和机械化生产。德国的装配式住宅主要采取叠合板、混凝土、剪力墙结构体系，剪力墙板、梁、柱、楼板、内隔墙板、外挂板、阳台板等构件采用构件装配式与混凝土结构，耐久性较好。从 1989 年开始，美国和日本共同合作开展了预制抗震结构体系研究，提出了一种混合连接的框架结构。对于中低压变电站欧美主要采用预制集装箱式建筑，在工厂内流水生产完成各模块的建造并完成内部装修，再运送至施工现场，比如 ABB 和施耐德公司推出预装式电气间（E-House），是一种预制的模块化钢结构户外箱体，将中压（MV）和低压（LV）开关设备以及辅助设备植入其中，E-House 可以是撬装，也可以直接被安装在板车上，能实现最短的现场安装、调试。

1.3.2 国内装配式变电站建构筑物发展现状

（1）2009 年，国家电网有限公司开始全面推行“两型一化”变电站建设，但建筑物结构设计未能采用建筑行业的成熟技术，非标准构件多，地上结构件采用预制方式，不能形成工业化生产，精度达不到装配要求，给安全带来负面影响，导致施工不便，节点处理不到位，易造成渗水、漏水，影响使用安全和使用寿命。

（2）国务院办公厅 2013 年发布的《国务院办公厅关于转发发展改革委住房城乡建设部绿色建筑行动方案的通知》（国办发〔2013〕1 号）提出：开展绿色建筑行动，以绿色、循环、低碳理念指导城乡建设；提出加快绿色建筑相关技术研发推广、大力发展绿色建材、推动建筑工业化。随后，国家电网公司、南方电网公司就文件做出了积极响应。国家电网公司基建部发布了《国家电网公司基建部关于开展标准配送式智能变电站建设工作的通知》（国家电网基建技术〔2013〕11 号），南方电网有限责任公司发布了《3C 绿色电网建设指导意见》。根据相关文件指导精神，两大电网公司将装配式建筑结构运用于变电站的建设中，并提出新建装配式试点变电站，以实现节省用地、提高质量、缩短工期、绿色节能的目的。变电站建设从低电压等级先行采用装配式构架、装配式围墙，然后采用装配式建筑物试点，并逐步扩大到高电压等级。

（3）当前装配式变电站建筑物主要采用钢框架结构、轻型门式刚架结构，少量采用预制混凝土结构，单层建筑采用轻型门式钢架结构或钢框架结构，多层建筑采用钢框架结构；围护结构采用装配式墙体，外墙采用压型钢板复合板、AS 板（挤压成型水泥预制板）、纤维水泥板复合板，内墙采用压型钢板复合板、AS 板（挤压成型水泥预制板）、纤维水泥板复合板或石膏复合板；屋面材料采用压型钢板复合板或钢筋桁架楼承板；防火墙采用装配式组合墙板，柱采用预制钢筋混凝土、现浇混凝土，地梁采用预制钢筋混凝土梁，顶梁采用预制钢筋混凝土叠合梁，墙板采用预制混凝土板或双层 AS 墙板内加防火岩棉；围墙采用装配式墙板，围墙柱及压顶采用清水混凝土施工工艺，工厂化制作；电缆沟、排水沟等沟道及其盖板采用混凝土或复合材料预制；构支架采用钢结构，基础采用螺栓连接；设备基础采用标准钢模或通用基础。装配式建筑物内部管线的连接以及与建筑物外管线连接的接口按照统一的标准进行设计。

（4）随着 BIM 技术在变电站建设中的应用，可以运用三维建模和建筑信息模型技术，建立用于进行虚拟施工和施工过程控制，实现虚拟建造，进行数字化加工、工厂化生产，实现建筑施工流程的自动化。

（5）当前变电站装配式建筑不断在不断发展和深化应用，但仍存在以下问题。

1）前期投资成本较高。虽然装配式变电站节约了现场施工时间，提升劳动效率，但当前产品未真正实现标准化，供应商产品标准不统一，在进行建设前，需要投入大量的资金来展开相关研究及模具开发；同时装配式构件被视为商品，按制造业纳税，税率远高于建筑材料；再者预制构件蒸养、运输费用远高于混凝土现浇。

2）预制构件难以本地供应。预制构件一般难以在工程所在地购买，同时由于施工分包招标的原因，产品供应商一般在异地生产供应，而项目地点与预制工厂的距离远近及运输条件好坏决定了运费的高低，很多时候难以在离工程所在地合理的距离内找到预制构件生产商。

3）设计难度大。装配式建筑构件必须绘制构件详图，在详图中除了反映构件尺寸、配筋信息外，还要反映门窗、管线、预埋件等信息，以及构件的装配构造节点、生产加工工艺、安装工艺等，用于指导构件生产和施工，增加了大量的工作量。

2 装配式变电站建构筑物设计

2.1 装配式变电站建构筑物设计理念

装配式变电站建构筑物设计是在国家电网有限公司“标准化设计、工厂化加工、装配式建设”的理念指导下，借鉴了民用、工业建筑装配生产的经验，针对装配式智能变电站设计需求，推动设计理念创新，突出工业化设施定位，实现变电站设计、施工过程组织集约化的产物。它通过现场拼装预制构件，尽量减少现场浇筑和制作安装的时间，从而大幅提高施工效率。资源节约型和环境友好型社会建设理念的提出，伴随着电力行业包括管理、供应商、设计、施工等单位的技术发展，推动了装配式变电站建设模式的发展。

2.2 装配式变电站建构筑物设计注意要点

2.2.1 标准工艺执行

设计单位应学习装配式变电站建构筑物标准工艺和明确工艺质量要求，相应的工艺标准必须要在每一册施工图纸中有所反映，并说明要达到的工艺质量深度要求。设计单位根据工艺质量实施及评估情况，对图纸上的标准工艺执行文件进行交底，并根据施工单位反馈的问题及运行单位的要求。对装配式变电站的标准工艺设计施工图纸进行修改，这是对装配式变电站工艺质量标准的补充与提升，也为标准工艺执行的流程再启动提供更好的平台。施工单位在项目竣工预验收时，对项目建设过程中执行的工艺标准质量进行评价与考核，对不符合执行要求的标准工艺部位，进行整改和完善。设计单位应根据项目标准工艺执行过程中遇到的问题和相关困难难点进行研究，完善标准工艺质量实施设计文件，施工单位再次落实优化后设计文件，最后进行竣工验收。

2.2.2 变电站总平面布置要求

设计单位应明确总平面的布局要求，变电站的总平面图布局必须以电气专业为主。满足电器设备功能需要的同时，尽可能使厂房、进出线、构架、道路运输等方面独立分开，互不干扰，并根据建筑工程相关规范对各个建筑物进行合理布置，防止相关建构物基础的碰撞。

设计单位根据厂房建筑功能总体要求，在设计文件中应明确每个功能房间门的防火性、抗风压能力、气密性等，外窗的抗风压、气密、水密、保温、隔热、采光、隔声、反复启闭的耐久性等性能指标及立面分格要求。设计单位应根据业主提出的立面设计、技术指标要求，对结构、构造及节能进行深化设计。

变电站建筑物的柱网设计应遵循工业建筑模数标准，并自下而上标明每一个构件标号，应尽量减少单元模块和构件的设计品种，这样有利于拆分成单元模块或构件。平面柱网决定了钢结构构件的尺寸，柱网尺寸应统一，以减少结构构件的规格和大小，从而实现工业化大规模生产。围护系统方案设计应充分体现装配式钢结构建筑“增加建筑使用面积、减少建筑综合造价、加快工程施工进度、实现建筑的产业化”等工业化特征。

设计应明确变电站建构筑物功能要求以及建造时达到的目的要求，这样在施工过程中才能做到心中有数。说明钢结构厂房照明、消防、辅控等施工图纸出图情况及设计深度，依据物资供货技术协议复核工程管线布设应用范围、数量及要求。施工前业主应组织生产运维、设计、监理、施工单位对钢结构厂房管线布设施工图进行审查及技术交底，复核管线布设技术条件并进行调整校核。

2.2.3 管线定位及预留

设计需要根据安装的设备规格尺寸明确预留孔洞的位置、尺寸、规格及固定收口形式。需要明确遥视探头的安装方式、设备安装的基座及结构强度，在敷设管线时，应长短合适、间距均匀、排列整齐，箱内各种器具应安装牢固。配电箱内二次线安装要求弧度一致、排列整齐，压接牢固，采用专用绑扎带固定，电缆标牌齐全、标识清楚，在管道穿墙处密封，应布管整齐美观。设计需要明确预埋的保护管型号规格路径及固定方式，护管选型应满足消防规程要求。钢结构厂房施工图纸与相关专业设计深度，能够达到工厂化预制的要求，便于现场的装配。

（1）土建专业内协同。装配式厂房结构体型、平面布置及构造应符合抗震设计的原则和要求。为满足工业化建造的要求，预制构件设计应遵循受力合理、连接简单、施工方便、少规格、多组合的原则，选择适宜的预制构件尺寸和重量，方便加工运输，提高工程质量，控制建设成本。建筑外墙、柱等竖向构件宜上下连续，门窗洞口宜上下对齐，成列布置，不宜采用突窗。门窗洞口的平面位置和尺寸应满足结构受力及预制构件设计要求。

装配式厂房应考虑公共空间竖向管井位置、尺寸及共用的可能性，将其设于易于检修的部位。竖向管线的设置宜相对集中，水平管线的排布应减少交叉。穿预制构件的管线应预留或预埋套管，穿预制楼板的管道应预留洞，穿预制梁的管道应预留或预埋套管。吊顶内的设备管线安装应牢固可靠，应设置方便更换、维修的检修孔等措施。装配式建筑的装配式内装修设计应遵循建筑、装修、部品一体化的设计原则，部品体系应满足国家相应标准要求，达到安全、经济、节能、环保等各项标准的要求，部品体系应实现集成化的成套供应。部品和构件宜通过优化参数、公差配合和接口技术等措施，提高部品和构件互换性和通用性。装配式内装设计应综合考虑不同材料、设备、设施的不同使用年限，装修部品应具有可变性和适应性，便于施工安装、使用维护和维修改造。装配式内装的材料在与预制构件连接时宜采用预留预埋的安装方式，不应剔凿预制构件及其现浇节点，影响主体结构的安全性。

（2）电气专业内协同。电气专业设计时应考虑管线埋设要求，确定插座、灯具位置以及网络接口、电气一、二次电缆穿孔等位置。确定电气线路设置位置与墙体以及分段连接的配置，在预制墙体内、轻钢龙骨间暗敷时，应采用线管保护。在装配式墙体上设置的电气开关、插座、接线盒、连接管线等均应进行预留预埋。在装配式墙板、内墙板的门窗及锚固区内不应埋设设备管线。

（3）电气与土建专业协同。设计单位电气专业在进行施工图设计时，应明确电气设备安装的底座高度、孔洞位置、管线敷设方向等。根据相关要求，确定遥视安防布点等设计方案，设计深度应达到工厂化预制要求，避免现场随机打孔，避免墙上设备无法固定安装。电气专业应向土建专业提供相关资料，土建专业应以电气专业提供的资料为设计条件进行设计，在设计过程中应避免相关构件的碰撞。土建专业设计要加强与其他专业的沟通协调，设计内容上与其他专业相互衔接，避免差错和缺漏。

2.2.4 防潮、防水、防火、耐火、耐久

（1）防潮、防水。建筑设计的防潮、防水的前提是防腐，钢结构防腐蚀设计应遵循安全可靠、经济合理的原则，综合考虑环境中介质的腐蚀性、环境条件、施工和维修条件等因素，因地制宜。在多雨、潮湿地区，综合选择防腐蚀方案或其防腐蚀涂料，对于处在不同部位的构件，在防水防潮性能上应有不同的要求。屋顶应具有可靠的防水性能，即屋面材料的吸水性要小而抗渗性要高。外墙应具有防潮性能，潮湿的墙体会恶化室内条件，降低保温性能和损坏建筑材料，外墙受潮的原因有：雨水通过毛细管作用或风压作用向墙内渗透；地下毛细水或地下潮气上升到墙体内；墙内水蒸气在冬季形成的凝结水等。为避免墙身受潮，应采用密实的材料作外饰面，设置墙基防潮层以及在适当部位设隔汽层。

相关的国家标准和规范对屋面排水天沟槽的设计都有明确规定。综合这些规定，结合实际经验，排水天沟槽的设计应该考虑以下一些内容：排水天沟采用防腐性能好的金属材料，不锈钢板的厚度不应小于2.5mm；防水系统应采用两道以上的防水构造，其应具备吸收金属材料因温度变化等所产生的位移的能力；排水天沟的截面尺寸应根据排水计算确定，并在长度方向上考虑设置伸缩缝；天沟连续长度不宜大于30m；汇水面积大于5000m^{2}的屋面，应设置不少于两组独立的屋面排水系统，并采用虹吸式屋面雨水排水系统；天沟底板的排水坡度应大于1%，在天沟内侧设置柔性防水层，最好在两侧立板的一半高度以上和底板全部加一道柔性防水层；排水天沟溢流口的设计、墙板接缝由于受温度变化、构件及填缝材料收缩、结构受力后变形及施工等影响，在接缝处经常出现变形和裂缝，因此必须从构造设计上采取有效措施，以满足墙体结构保温隔热、防潮、防水、建筑装饰等要求。

（2）防火、耐火。设计中要明确相关建构筑物的防火等级及耐火极限的要求。建构筑物结构要有抵抗火灾的能力，常以构件的燃烧性能和耐火极限来衡量，构件按燃烧性能可分为易燃体、可燃体、难燃体、不燃体。构件的耐火极限，取决于材料种类、截面尺寸和保护层厚度等，常以小时计，必须满足变电站建设相关规程、规范要求。根据相关规范要求，丙类钢结构多层厂房主变室和散热器室的耐火等级为一级，钢柱的耐火极限3.0h，钢梁的耐火极限2.0h；单层布置时，钢柱的耐火极限2.5h；丁、戊类单层钢结构厂房耐火等级为二级，钢柱耐火极限2.0h，钢梁的耐火极限1.5h。

（3）耐久。设计单位要考虑相关构件耐久性，围护结构在长期使用和正常维修条件下，仍能保持所要求的使用质量的性能。影响围护结构耐久性的因素有：冻融作用、盐类结晶作用、雨水冲淋和受潮、老化、大气污染、化学腐蚀、生物侵袭、磨损和撞击等。不同材料的围护结构受这些因素影响的程度是不同的，例如外墙板耐久性容易受到冻融作用、环境湿度变化、盐类结晶作用、酸碱腐蚀等的影响；混凝土或钢筋混凝土类围护结构则有较强的抵抗不利影响的能力。为了提高耐久性，对于木围护结构，主要应防止干湿交替和生物侵袭，对于钢板或铝合金板，主要应作表面保护和合理的构造处理，防止化学腐蚀，对于沥青、橡胶、塑料等有机材料制作的外围护结构，在阳光、风雨、冷热、氧气等的长期作用下会老化变质，可设置保护层。

2.3 施工策划

2.3.1 施工现场平面布置注意事项

依据《国家电网公司输变电工程安全文明施工标准化管理办法》（国网〔基建/3〕187—2019）的要求，变电站施工现场的总平面按实际功能划分为办公区、生活区、施工区。装配式变电站和传统变电站对于办公区和生活区的布置要求，无太多差别，此处不作论述。本节主要阐述装配式变电站在施工区场地布置上的注意事项。和传统变电站相比，装配式变电站预制件数量要多得多，考虑到施工区域空间有限，不合理的施工场地布置会严重影响后期的吊装，所有预制件的存放位置以及施工区域的划分非常关键。装配式变电站施工区场地布置的要点在站内交通道路规划、预制件堆放场地布置。

（1）站内交通道路规划。变电站开工初期应首先完成进站道路及站内道路的基层路面硬化工作，便于运输车辆及吊装机械的进出。同时，在各区域封闭管理的安全围栏中留设一处或几处活动门，活动门留设的位置应避开电缆沟、基础及站内排水。预制件从工厂运输至施工现场后，应考虑施工现场内运输路线，其是否满足卸车、吊装需求，是否影响其他作业。对于最关键的交通路线（如小型变电站进站大门处道路），要考虑到车辆的行进路线、材料运输车辆进出场和卸货位置以及不同车辆会车的过程，严格控制车辆占用时间，保证场地内交通的流畅。

吊装作业时，对吊车每次下脚的地点要在事前作统一的规划，避免随意性。吊装路线上，必须事先清除障碍物，保证行驶道路畅通和安全回转。吊装现场设置警戒线，外来人员及非作业人员严禁入内。

（2）预制件堆场布置。装配式变电站施工过程中，预制件进场后的堆放是个关键问题，与吊车布置、进场的时间以及堆场位置等因素有关，构件的现场布置是否合理，对提高吊装效率、保证吊装质量及减少二次搬运都有密切关系。堆放区位置的选定，主要有四个原则：一是重型预制件靠近起重机布置，中小型则布置在重型构件外侧；二是尽可能布置在起重半径的范围内，以免二次搬运；三是构件布置地点应与吊装就位的布置相配合，尽量减少吊装时起重机的移动和变幅；四是构件叠层预制时，应满足安装顺序要求，先吊装的底层构件在上，后吊装的上层构件在下。同时，堆放场地是否会造成施工现场内交通堵塞或者影响其他工序的施工也是必须考虑的问题，需要控制好预制件进场的量和时间，结合实际情况优化利用。

装配式变电站施工区场地布置需根据交叉施工原则，进行分阶段布置，即随着工程施工进度布置和安排现场平面，同时须与该阶段的施工重点相适应，以减少对施工的影响，提高场地利用率。

2.3.2 预制构件进场验收

在装配式变电站建设施工中，预制构件多为施工单位自行采购或现场预制。在工程开工时，应编制构件进场检验、检测计划，对于施工单位现场制作的预制构件，没有进场验收环节，其材料和制作质量验收参照现浇混凝土的相关规定执行；对于专业企业生产的预制构件应视为产品，应严格按照构件进场验收计划，主要以《混凝土结构工程施工质量验收规范》（GB 50204—2015）、《装配式混凝土结构技术规程》（JGJ 1—2014）、《混凝土结构工程施工规范》（GB 50666—2011）、《钢筋套筒灌浆连接应用技术规程》（JGJ 355—2015）为依据对预制构件进行验收，其相关具体要求如下：

（1）文件资料要求。质量证明文件包括产品合格证明书、混凝土强度检验报告及其他重要检验报告。钢材、焊接材料、连接用紧固标准件、钢结构防腐涂料必须进行全面检验（查质量合格证明文件、中文标志及检验报告等）。焊条、焊剂等焊接材料在使用前，应按规定进行烘焙和存放（检查质量证明书和烘焙记录）。

需要做结构性能检验的构件，应有检验报告。

没有做结构性能检验的构件：进场时的质量证明文件宜增加构件制作过程检查文件，如钢筋隐蔽工程验收记录、预应力筋张拉记录等，施工单位或监理单位代表驻厂监督时，此时构件进场的质量证明文件应经监督代表确认，无驻厂监督时，应有相应的实体检验报告。

埋入灌浆套筒的，尚应提供套筒灌浆接头型式检验报告，套筒进场外观检验报告，第一批灌浆料进场检验报告，接头工艺检验报告，套筒进场接头力学性能检验报告。

（2）实体检测项目。

外观质量及构件外形尺寸；

预留连接钢筋的品种、级别、规格、数量、位置、长度、间距等；

连接套筒或预留孔洞的规格、数量、位置等；

与后浇混凝土连接处的粗糙面处理及键槽设置；

预埋吊环的规格、数量、位置及预留孔洞的尺寸、位置等；

预埋线盒的规格、数量、位置等；

外墙板的保温层位置、厚度。

2.3.3 装配式变电站常见施工危险点分析

与常规变电站施工相比，装配式变电站施工有很多的变化与挑战。因其机械化程度高，技术难度大，同步作业多等，导致装配式变电站施工的安全隐患较多。对施工过程中危险点的识别和控制是对装配式变电站进行施工安全管理必不可少的环节之一，同时，也是质量控制分析的前提因素。通过对近年来湖北省在装配式变电站施工中发现的常见安全问题进行分析整理和归纳汇总，具体如表 2-1 所示。

表 2–1　　装配式变电站常见危险点

序号	常见危险点	可能造成的安全事故
1	预制件成品保护不到位	构件变形、受损
2	预制件进场检测不到位	存在质量问题的构件在吊装中开裂伤人
3	施工方案套用，针对性差	运输路线、吊车选择、人员配置不合理等
4	特种作业人员无证上岗	操作不到位，造成事故
5	安全技术交底未全员交底	部分作业人员对施工任务不清楚、安全措施执行不到位
6	吊点选择不合理	起吊后构件坠落
7	未设置临边防护	工人发生高处坠落事故、物体高处坠落伤人
8	构件保护不到位	吊运过程中刮伤工人
9	吊点保护不到位	吊顶脱落、构件高处坠落
10	吊装机械设备未见合格证	超负荷工作发生损坏、机械倾覆
11	交叉作业协调管理不到位	吊运中构件碰撞、坠落伤人
12	施工作业不规范	吊装碰撞、触电事故、火灾事故
13	施工精度控制不到位、误差大	安装过程缝隙过大、构件不稳定或倒塌
14	高空作业防护措施不到位	高空坠落
15	施工用电管理不规范	漏电发生事故
16	自然环境恶劣	雨雪天气造成安全隐患
17	工人非工作原因在预制件存放区长时间逗留、休息	人体挤压伤害
18	预制件存放不稳固	构件倾覆、滑落伤人

通过上表可知，吊装作业是装配式变电站中最常见的危险点。因此，要对构件的吊装进行详细的策划。

装配式变电站构件吊装包含厂房、构架、围墙、电缆沟、排水沟、消防小间、预制小件。

构架吊装固有风险等级达到了三级，为装配式变电站吊装作业中固有风险等级最高的吊装作业，施工作业前应编制专项施工方案，并根据《危险性较大的分部分项工程安全管理办法》[建质(2009)87号]规定进行相关的审批验证手续。吊装方案应至少包含以下要点：

1）编制说明。应含编制依据和适用范围两个小节。

2）工程概况。应含工程规模和施工难点及特点两个小节。工程规模中需说明带吊构架的数量、单件重量、单件最高高度、横梁长度等吊装关键信息。

3）施工准备。应含人员、场地、机具、材料、技术等准备工作。其中场地准备中应画出吊装平面、立面布置图，图上应包含预制件摆放位置；预制件组装、吊装位置；吊装过程中吊装机械、设备、吊索、吊具及障碍物之间的相对距离，拖拉绳、主后背绳、夺绳的平面分布；吊装站立位置及移动路线（见图 2–1），吊车行驶路线一经确定，一般不做改动，若遇特殊情况，可做部分修改，但必须事先征得现场技术人员和指挥人员同意。吊装工程所用的各个地锚位置或平面坐标；需要做特殊处理的吊装场地范围；吊装警戒区。

材料准备应对准备起吊的预制件的重量、高度以及吊装高度进行统计，便于进行吊装计算。工具准备应考虑齐全，不能有任何遗漏，人员准备必须具体到个人。

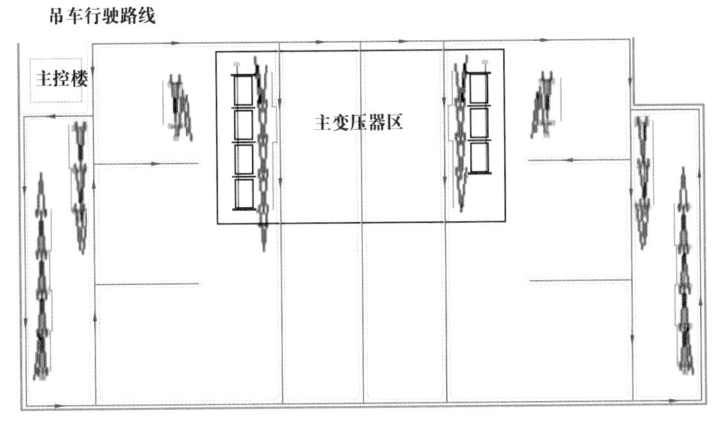

图 2-1 吊车行车路线

4）施工作业流程。应遵循先吊装边柱，再吊装端撑，之后吊装相邻的柱和梁的原则。

5）施工作业进度计划安排、质量控制、施工安全控制、施工作业危险点分析及预控措施、文明施工及环境保护措施。

6）吊装计算。应包含吊点计算确定、加固绑扎示意图及吊车和钢丝绳的选用，吊车和吊点钢丝绳的选择。本部分是整个方案的核心，须有主起重机和辅助起重机受力分配计算；吊装安全距离核算；吊耳强度核算；吊索、吊具安全系数核算过程及图例说明。

厂房预制件吊装的风险等级虽然没有达到三级，但目前各施工企业均将此项作业分包给具备相关专业资质的分包商施工，需要由分包商编制专项施工方案上报施工项目部审核，施工项目部审核通过后,需报监理项目部审批。专项施工方案应参照构架吊装方案要点编写。

围墙、电缆沟、排水沟吊装作业内容写入各类作业的一般施工方案中，报监理项目部审批。到此类吊装作业前，需明确第一吊的位置，第一吊位置的选择应遵循有利于后续施工的原则。

预制小件的吊装除大型成品消防小间需汽车吊以外，其他小件可用专用起吊工具安装，若无专用工具，也可用人工搬运安装。安装时，需注意按单块预制件预排的编号依次安装。

2.3.4 装配式构件起重设备选型

装配式变电站预制件相对来说不是很重，而且，吊装时站内有已硬化的基层道路供起重设备通行，一般而言，起重设备选用单台 25t 的汽车起重机即可满足要求。对于预制二次仓、特高压的构架横梁等大型物体，需先进行起重设备的选型计算而后选定起重设备。

起重设备选型应满足最远、最重构件的吊装要求；满足最高层构件的吊装高度；满足起重臂的回转半径能覆盖整个建筑物。起重机选用基本参数：主要有吊装载荷、额定起重量、最大幅度、最大起升高度等，这些参数是制定吊装技术方案的重要依据。

（1）吊装载荷。吊装载荷的组成：被吊物（设备或构件）在吊装状态下的重量和吊、索具重量（流动式起重机一般还应包括吊钩重量和从臂架头部垂下至吊钩的起升钢丝绳重量）。例如：汽车起重机的吊装载荷为被吊设备（包括加固、吊耳等）和吊索（绳扣）重量、吊钩滑轮组重量和从臂架头部垂下的起升钢丝绳重量的总和。

（2）吊装计算载荷。

1）动载荷系数。起重机在吊装重物的运动过程中所产生的对起吊机具负载的影响而计入的系数。在起重吊装工程计算中，以动载系数计入其影响，一般取动载系数 k_1=1.1。

2）不均衡载荷系数。在多分支（多台起重机、多套滑轮组等）共同抬吊一个重物时。由于起重机械之间的相互运动可能产生作用于起重机械、重物和吊索上的附加载荷，或者由于工作不同步，各分支往往不能完全按设定比例承担载荷，在起重工程中，以不均衡载荷系数计入其影响。

一般取不均衡载荷系数 k_2=1.1–1.25。（注意：对于多台起重机共同抬吊设备，由于存在工作不同步而超载的现象，单纯考虑不均衡载荷系数 L 是不够的，还必须根据工艺过程进行具体分析，采取相应措施）。

3）吊装计算载荷。吊装计算载荷（简称计算载荷）：等于动载系数乘以吊装载荷。起重吊装工程中常以吊装计算载荷作为计算依据。

在起重工程的设计中，多台起重机联合起吊设备，其中一台起重机承担的计算载荷，在计入人载荷和人活动载荷不均衡的影响，计算载荷的一般公式为

$$Q_j=K_j \times k_2 \times Q$$

式中　Q_j——计算载荷；

Q——分配到一台起重机的吊装载荷，包括设备及索吊具重量。

（3）额定起重量。在确定回转半径和起升高度后，起重机能安全起吊的重量。额定起重量应大于计算载荷。

（4）最大幅度。最大幅度即起重机的最大吊装回转半径，即额定起重量条件下的吊装回转半径。

（5）最大起重高度。起重机最大起重高度应满足下式要求：

$$H > H_1+H_2+H_3+H_4 \text{（见剖面图 2–2）}$$

式中　H——起重机吊臂顶端滑轮的起重高度，m；

H_1——基础和地脚螺栓高，m；

H_2——预制件吊装到位后底部高出地脚螺栓高的高度，m；

H_3——预制件高度，m；

H_4——索具高度（包括钢丝绳、平衡梁、卸扣等的高度），m。

计算完成后，再根据所吊车的性能参数表，来选择满足吊装要求的吊车。表 2–2 为 70t 吊车性能参数。

（6）吊绳的选择。

吊绳的选择，主要参考吊装最大重量构件。

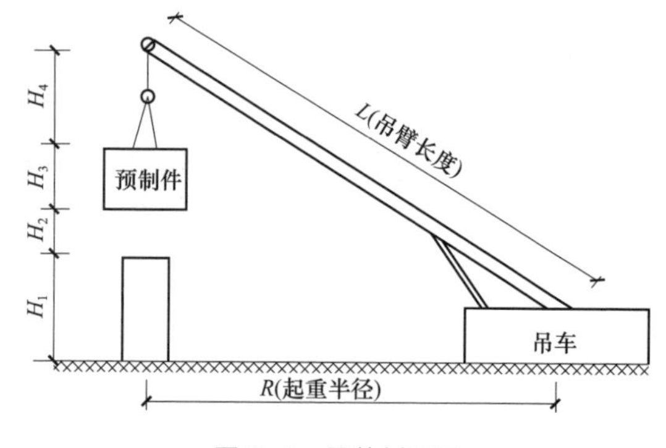

图 2–2　吊装剖面图

吊装钢丝绳允许拉力按下列公式计算

$$[F_g] = \alpha F_g / K$$

式中 $[F_g]$——钢丝绳的允许拉力，kN；

F_g——钢丝绳的钢丝破断拉力总和，kN；

α——换算系数，按表 2-3 取用；

K——钢丝绳的安全系数，按表 2-4 和表 2-5 所示取用。

表 2-2 70t 吊车性能参数表

工作幅度	主臂					主臂仰角（°）	主臂＋副臂			
	支腿全伸、后方、侧方作业						40.2m+9m		40.2m+15m	
	臂长						副臂安装角度（°）		副臂安装角度（°）	
	11.2	18.77	26.35	33.92	41.5					
3	70	35								
3.5	60	35					5	30	5	30
4	52	35	21			80	4	2.15	2.4	1
4.5	45	35	21			78	3.8	2.05	2.18	1
5	41	32	21	14.5		76	3.5	1.95	1.92	1
5.5	37	30	20.5	14.5		74	3.15	19	1.82	1
6	34.5	28	19.5	14.5		72	2.85	1.85	1.69	1
6.5	31	27	19	14.5		70	2.7	1.8	1.53	1
7	27	24	18	14.5	8	68	2.55	1.75	1.38	0.9
8	22	21	16.5	13.5	8	66	2.45	1.65	1.23	0.8
9	16	15.5	15	12.5	8	64	2.15	1.4	1.08	0.7
10		12	13.5	11.2	8	62	1.85	1.15	0.95	0.6
11		10	11.5	10	8	60	1.55	1	0.83	
12		8	9	9.5	7.5	58	1.35	0.85	0.7	
13		6.5	7.8	9	7.2	56	1.1	0.7	0.6	
14		5	6.5	7.8	7	54	0.95	0.55		
15			5.5	6.5	6.5	52	0.75			
16			4.5	5.5	5.6					
18			3.2	4	4.5					
20			2	3	3.8					
22				2.4	2.8					
24				1.8	2					
26				1.2	1.5					
28					1					
最小吊臂角度			25	35	42					

表 2-3 钢丝绳破断拉力换算系数

钢丝绳结构	换算系数
6×19	0.85
6×37	0.82

表 2-4　　钢丝绳的安全系数

用途	安全系数	用途	安全系数
作缆风	3.5	作吊索、无弯曲时	6 ~ 7
用于手动起重设备	4.5	作捆绑吊索	8 ~ 10
用于机动起重设备	5 ~ 6		

表 2-5　　6×19 钢丝绳的主要数据

直径		钢丝总断面积	参考质量	钢丝绳公称抗拉强度（N/mm^2）				
				1400	1550	1700	1850	2000
钢丝绳	钢丝			钢丝破断拉力总和（不小于）				
mm		mm^2	kg/100m	（kN）				
26.0	1.7	258.63	244.4	362.0	400.5	439.5	478	
28.0	1.8	289.95	274	405.5	449.0	492.5	536.0	
34.0	2.2	433.13	409.3	606.0	671.0	736.0	801.0	
37.0	2.4	515.46	487.1	721.5	798.5	876.0	953.5	

注　表中，粗线左侧，可供应光面或镀锌钢丝绳，右侧只供应光面钢丝绳。

2.3.5　密封胶施工

装配式变电站中大部分建构筑物通过预制构件现场吊装拼接施工完成，拼接生成拼接缝，同时，不同材质之间接触部位也需留设伸缩缝，整个装配式变电站留缝打胶密封工作量较大，而且施工的质量直接影响装配式建筑观感度及防水效果，特别是厂房外墙板之间、外墙板和门窗、地梁之间、围墙压顶之间的拼接缝是变电站密封防水的重点、难点。

密封胶一般选用质量较好的硅酮耐候胶，颜色的选择要保证整个变电站色调一致，没有明显突兀的色差。在选用优质密封胶的前提下，还要把好材料用好，做好施工过程控制，只有施工规范、到位，同时对施工的各个环节进行质量控制，才能发挥密封胶应有的性能。

（1）前提条件。施工前，应确认环境条件是否符合密封胶施工的要求。通常情况下，环境温度宜在 4 ~ 40℃之间，相对湿度宜在 40% ~ 80% 之间。同时，确认接缝状态，测量接缝的宽度及深度，确认是否符合标准要求，接缝内是否有残留物。

（2）基层清理。装配式预制件，表面容易残留松散砂浆、板材粉末、发泡胶等物质，影响密封胶粘接。在施工前，一定要对有缺陷的胶缝进行必要的处理，清除杂物后，才能进行下一步的施工。

（3）填充材料。装配式建筑密封胶施工，应根据缝隙宽度合理选择填充材料的规格，通常选择比胶缝略大的填充材料。一般情况下，受装配误差等影响，胶缝大小不一，应配备多几种不同尺寸的泡沫棒。填塞时，不宜扭卷填充材料，同时保持衬垫材料无破损。填充材料填塞后，确认缝隙深度与宽度是否与泡沫棒相匹配。施工过程中应做到当天打胶当天填塞衬垫材料，防止衬垫材料受潮而影响施工。

（4）涂刷底涂及贴美纹纸。胶缝清理及衬垫材料填塞完成后，接下来需要涂刷底涂，不同厂家的底涂不能混用。涂刷底涂时，用毛刷蘸取适量底涂均匀涂刷在胶缝基材，待基材表面干燥后即可进行打胶。为保持外墙板美观，在胶缝基材两侧贴上美纹纸，美纹纸粘贴必须牢固到位。

（5）打胶、修整。打胶时注意注入角度，注胶应从底部开始注入，连续、均匀、饱满，避免注胶过程中引入气泡，同时注意不要污染墙面。注胶完成后，用压舌棒、刮片或其他工具将密封胶刮平压实，加强密封效果，同时，应尽快进行修整，缩短打胶与修整之间的间隔时间，用抹刀修饰处平整漂亮的凹型边缘，避免密封胶表层固化后再进行修整，影响外观。修整完成后，在密封胶表干之前撕下美纹纸。

（6）养护。注胶完成之后的 24h 之内或密封胶表层未固化一定深度（2 ~ 3mm）前，应避免触碰胶缝或对胶缝造成大的形变，以免影响胶缝外观和胶缝密封质量。

2.3.6 模数预排

装配式变电站中厂房内外墙板、地面砖、卫生间墙面砖、室内吊顶扣板以及室外围墙压顶、电缆沟、主变压器油池压顶、建筑散水等涉及单块预制件的大小尺寸和整体协调一致的问题。在施工前，先用 AutoCAD 软件在电脑上对其进行预排，见图 2-3、图 2-4，可精确计算控制用材量，为成本控制奠定基础。合理细致的排版设计，除了能满足设计效果施工便捷以外，最重要的是能对材料的损耗进行有效控制，减少现场切割，从而可以减少材料损耗，节省人工，缩短工期，提高施工效率。

预排的流程如下：实测数据→确定整体大小→确定缝隙宽度→确定作业的先后顺序→确定预制件厚度和安装厚度（砖预排）→确定预制件单件尺寸大小→按确定单件规格用 CAD 软件试排→调整→审核→确认。

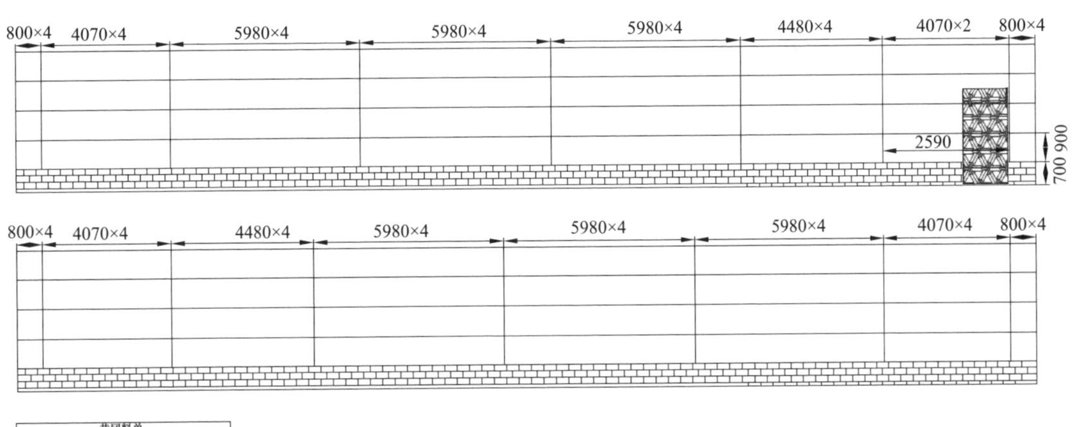

黄冈料单				
序号	长度	数量	面积	位置
1	800	8	5.4	坝墙1
2	4070	6	24.42	
3	4480	4	17.92	
4	5980	12	71.76	
5	2590	2	5.18	
6	800	8	6.4	坝墙2
7	4074	8	32.56	
8	4480	4	17.92	
9	5980	12	71.76	
10	800	8	5.4	山墙1
11	2620	8	20.96	
12	5010	1	5.01	
13	1605	6	9.6	
14	800	8	6.4	山墙2
15	2620	8	20.96	
16	5010	4	20.04	
a备板	5980	2	11.96	
b备板	800	2	1.6	
	小计	11	357.25	
说明	800板每2块做一件转角板			

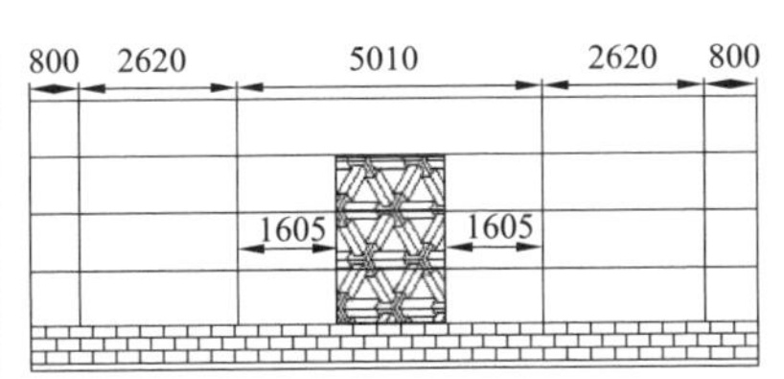

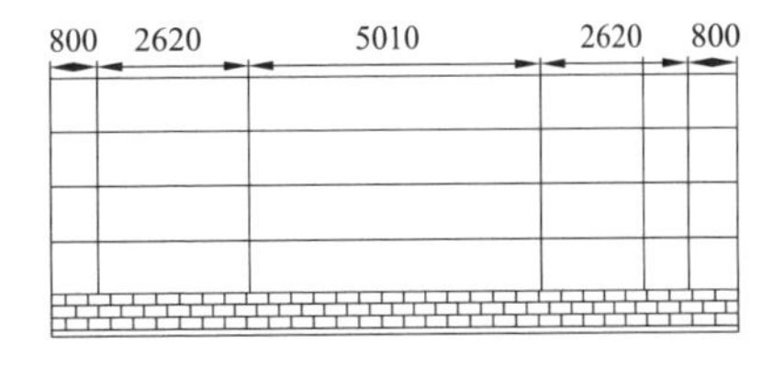

图 2-3 厂房外墙板预排

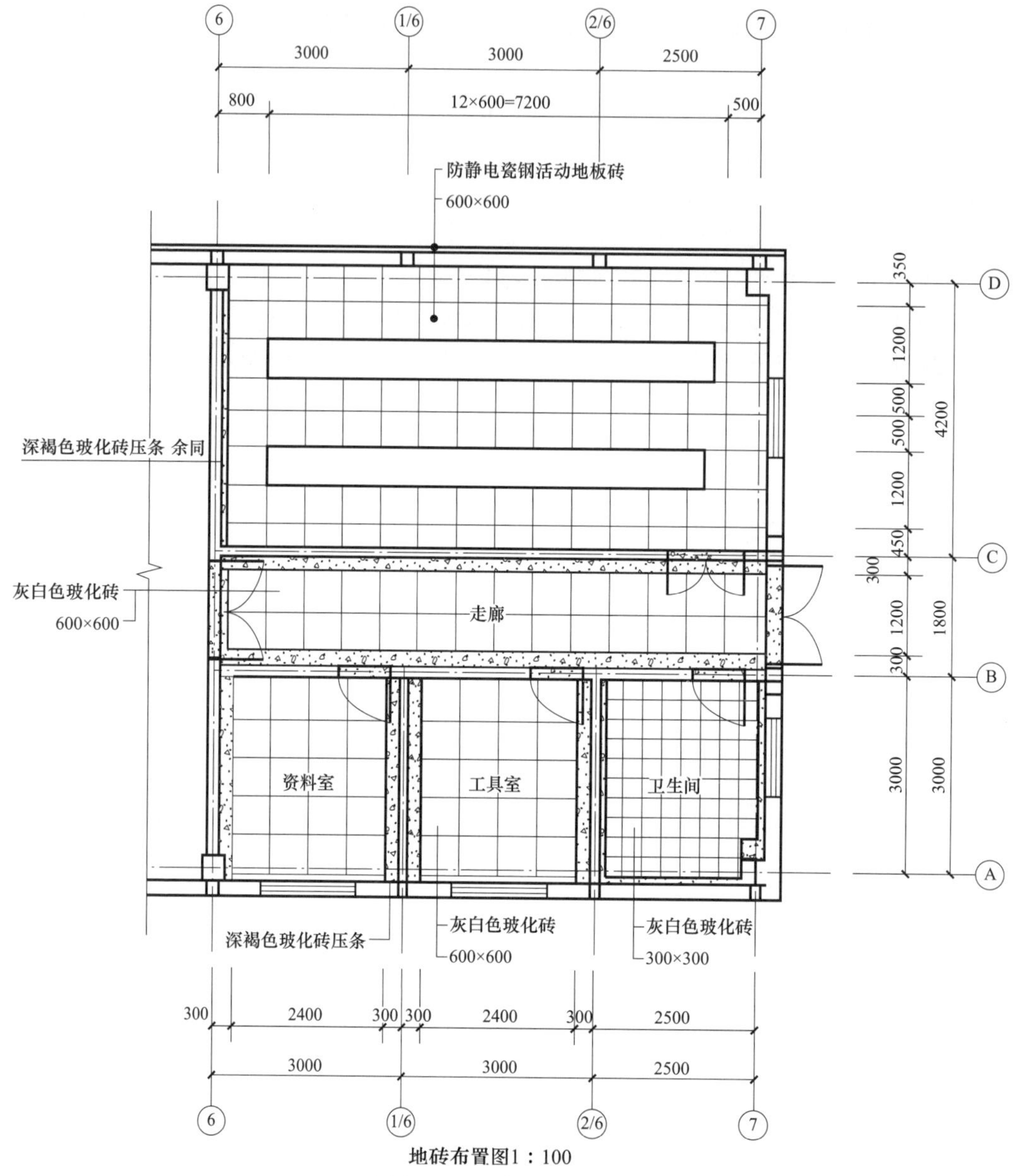

图 2-4　卫生间地面砖预排

预排时应遵循以下原则：

（1）预制件规格相同时，在同一空间内，缝隙应贯通，不应错缝，缝隙的宽度应一致。

（2）预排时，先纵向再横向。

（3）预排时要考虑门窗口的标高，上下口尽量排整砖，同时考虑顶砖和底砖不出现小于 1/2 砖，电缆沟盖板不能出现小于 1/2 块板。

（4）阴阳角均应预排成 45° 拼缝，如有突出墙面的管卡子、盒口应用整块预制件套割吻合。

（5）在条件具备的情况下，推荐采用 BIM 技术进行三维空间的预排，确保地面、墙面、顶板“三缝合一”。

3 钢框结构装配式变电站建筑物施工

3.1 钢框结构厂房简介

钢框结构厂房主要是指由钢材组成其主要承力构件的厂房，包括钢柱、钢梁、内外墙板、屋面板等。常见的主体结构型式主要有：

（1）框架：框架梁、框架柱组成多层框架，用于高层、超高层、民用、公用建筑。

（2）排架：钢屋架、钢桁架，钢柱或混凝土柱组成，多用于单层工业建筑（中型、重型）。

（3）钢架：钢柱、钢梁组成，用于单层工业建筑。

（4）网架：钢或混凝土柱、标准杆件连续结合组成，用于大空间公用建筑。

（5）其他型式：特殊设计的房屋比如奥运鸟巢等。

钢结构型式多样，不仅可以满足不同厂房的结构需求，同时，自重较轻，施工方便，可以大大地减少施工成本，是一些大型厂房、场馆等比较理想的结构之选。由于其强度高，跨度大，施工工期短，防火性能高、防腐蚀性强，回收无污染等特点，钢框结构厂房得到大面积应用。

3.2 施工流程

施工流程图如图 3-1 所示。

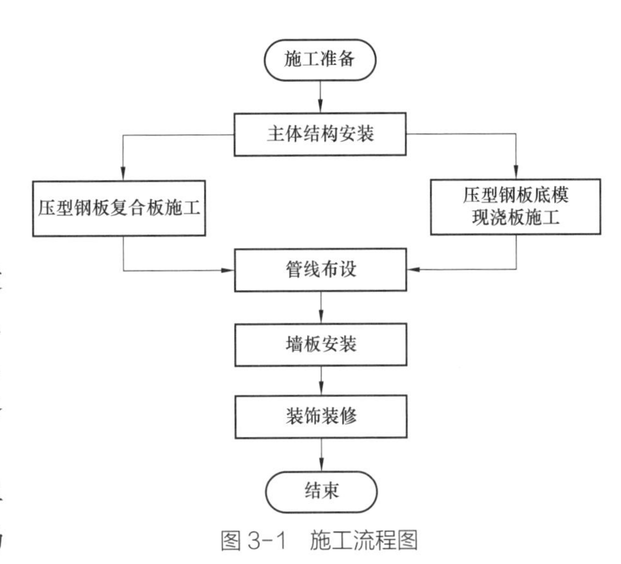

图 3-1 施工流程图

3.3 施工准备

3.3.1 现场交接准备

（1）装配式钢结构厂房应结合设计、生产、装配一体化的原则，协同建筑、结构、机电、二次、装饰装修等专业要求，提前制定施工组织设计，做好施工前各项交接准备。

（2）装配式钢结构厂房专业分包单位入场前，须由施工项目部组织对现场已完工基础实况进行交接验收，并收集钢结构房屋主要材料出厂合格证、检验、检测报告等资料。对现场的平面和竖向控制等关键指标与设计要求是否相符进行复验，向发包人索要施工场地的地质和地下管网线路资料。

（3）完成基础复测：安装前对建筑物定位轴线、基础轴线与标高、地脚螺栓位置等进行检查测量，并办理交接验收手续。基础顶面直接作为柱的支承面、基础顶面预埋钢板（或支座）作为柱的支承面时，其支承面、地脚螺栓（锚栓）的允许偏差应符合表 3-1 规定。

表 3-1 螺栓复测表

项 目		允许偏差（mm）
支承面	标高	± 3.0
	水平度	$L/1000$
地脚螺栓（锚栓）	螺栓中心偏移	5.0
	螺栓露出长度	+30.0 ~ 0
	螺纹长度	+30.0 ~ 0
预留孔中心偏移		10.0

注 L 为构件长度。

3.3.2 施工技术准备

（1）完成图纸会检及设计交底，施工单位应与业主、设计单位、监理充分沟通，确定施工图纸、二次深化设计图纸等与其他专业工程设计文件无矛盾；与其他专业工程配合施工程序合理；满足业主使用要求及建设意图，把设计图纸存在的疑问解决在施工之前。会检由业主项目部负责人组织，班组及项目部、各专业及分系统人员全部参加。会检前各专业及分系统参加人员提前熟悉图纸，形成预检记录，并进行必要的核对。

（2）设计应配合其他工种图纸一起施工，施工时应严格遵照有关规范和规程。

（3）编制详细的专项施工方案，报业主和监理审批。专项施工方案包括工程概况及特点说明、编制依据、现场平面布置、钢构件运输与存放、绿色施工、信息管理、施工机械和吊装方法、施工技术措施及降低成本计划、劳动组织及用工计划、工程质量标准、安全及环境保护、主要资源表等。其中吊装主要机械选型及平面布置应重点详细描述，分项作业指导书可以细化为作业卡，主要用于作业人员明确相应工序的操作步骤、质量标准、施工工具和检测内容、检测标准。

（4）钢构件吊装前，施工技术人员和作业人员应熟悉施工详图、施工工艺及有关技术文件的要求，检查构件及零部件的材质、规格、外观、尺寸、数量等均应符合设计要求。

（5）根据工程需要加密现场的平面和高程控制点，并且加以保护。

（6）对规定的管理人员进行合同内容、专业知识的培训，熟悉图纸和相应规范，做好工人上岗前的技术培训工作，对拟定的分包人员就操作工艺、质量要求、安全卫生、消防等知识进行交底、教育，以确保施工质量、安全、进度目标的实现。

（7）对现场及周围市政设施，地下管网等作详尽的调查。在征得业主同意后，进行现场临电、办公用房、作业棚及临时道路等进行系统规划设计，并布设实施。

（8）进行详细施工技术交底。每个专业及分系统人员必须统一接受施工技术交底，技术交底内容包括施工任务、施工组织设计或作业设计、技术要求、施工条件措施、现场环境（如原有建筑物、构筑物、障碍物、高压线、电缆线路、水道、道路等）情况、内外协作配合关系等，具有针对性和指导性，全体施工人员都要参加交底并签字，并形成书面交底记录。

（9）结构安装前应对构件进行全面检查，如构件的数量、长度、垂直度、安装接头处、螺栓孔之间的尺寸是否符合设计要求等。

（10）构件吊装前应清除表面油污、冰雪、泥沙和灰尘等杂物，并做好轴线和标高标记。

（11）钢结构吊装应根据结构安装的特点，按照合理顺序进行，并应形成稳固的空间刚度单元，必要时应增加临时支撑或采取临时措施。

（12）安装施工前，应复核吊装设备的吊装能力。应按 JGJ33《建筑机械使用安全技术规程》的有关规定，检查复核吊装设备及吊具处于安全操作状态，并核实现场环境、天气、道路状况等满足吊装施工要求。

（13）用于吊装的钢丝绳、吊索、卸扣、吊钩等吊具应经检查合格，并在其额定允许使用荷载范围内使用。

（14）所有上部结构的吊装，必须在下部结构就位，校正并系牢支撑构件以后才能进行。

（15）依据工程的具体情况，确定构件进场检验内容及适用标准，以及构件安装检验批划分、检验内容、检验标准、检测方法、检验工具，在遵循国家标准的基础上，参照部标、地标或其他权威认可的标准，确定后在工程中使用。

（16）组织必要的工艺试验,如焊接工艺试验、压型钢板施工及栓钉焊接工艺检测试验。根据结构深化图纸，验算结构框架安装时构件受力情况，科学的预计其可能的变形情况，并采取相应合理的技术措施来保证构件安装的顺利进行。

（17）和工程所在地的相关部门，如治安、交通、绿化、环保、文保进行协调等。并到当地的气象部门了解以往年份的气象资料，做好防风、防洪、防汛、防高温等措施。

（18）高强螺栓的施工要求：

1）所有构件连接接触面采用喷砂处理，构件的加工、运输、存放须保证摩擦面喷砂效果符合设计要求，经检查合格后，方能进行高强螺栓组装。

2）为了使构件紧密地结合，应将连接处构件接触面上铁锈、毛刺污垢等清除干净。

3）安装前将螺栓和螺母配套，并在螺母内涂抹少量矿物油。

4）采用螺栓连接的部位，在构件安装就位校正后，需将螺栓丝扣打毛或将螺栓与螺母焊牢，以防松动。

3.3.3 施工人员准备

（1）施工人员包括以下人员（以 220kV 变电站为例），如图 3-2 所示。

（2）现场施工人员准备，如表 3-2 所示。

在以上人员中，测量员、质检员、安全员、机械操作工、起重指挥工、电焊工、电工、高空人员等须持证上岗。

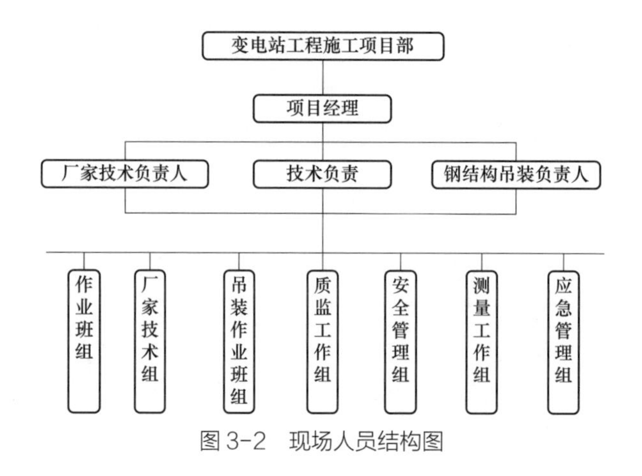

图 3-2　现场人员结构图

表 3-2　现场施工人员计划表

序号	人员 / 工种	数量	工作内容	备注
1	技术负责人	1	现场作业技术管理	
2	钢结构吊装负责人	1	吊装作业施工管理	指挥
3	质检员	1	现场作业质量检查	
4	安全员	2	现场作业安全管理	
5	安装普工	8		身体健康，熟练工
	加工普工	5		身体健康，熟练工
	其他用工	5		身体健康，熟练工
6	吊车司机	1	负责操作起重机械	持证上岗
	测量员	2	基础及吊装作业测量	持证上岗
	起重工	1		持证上岗
	电焊工	3		持证上岗
	电工	1		持证上岗
	吊装指挥	1		持证上岗
	登高作业	6		持证上岗
	机械安装	3		持证上岗
	架子工	4		持证上岗

3.3.4　施工场地准备

（1）吊装现场主控综合楼基础混凝土强度达到钢结构安装条件。并完成基础标高、轴线等复核工作。

（2）吊装场地已平整，无堆土。各种钢结构进场前应对施工场地平整夯实，清理场地障碍物。运输道路必须平整坚实，行进道路的宽度和转弯半径应满足要求。

（3）完成吊车行走路线。在吊车行驶路线上，不得摆放钢构件，并清理路面以保证行驶路线的畅通。吊车路线的路基要全面检查，如发现有地基不够牢固的应进行适当处理。

吊装前应适当储备一些地基处理材料（如钢板或枕木等），以防吊车在行驶或吊装过程中地脚下陷时临时急用。

（4）吊装前，应完成对钢构件涂层、防腐、螺栓等的验收，并做好记录。

3.3.5 施工机具、检测设备和材料准备

（1）主要机械准备。单层钢结构安装工程的普遍特点是面积大、跨度大，在一般情况下应选择可移动式起重设备如汽车式起重机、履带式起重机等。对于重型单层钢结构安装工程一般选用履带式起重机，对于较轻的单层钢结构安装工程可选用汽车式起重机。单层钢结构安装工程常用的施工机具有电焊机、栓钉机、卷扬机、空压机、倒链、滑车、千斤顶、电动扳手等。

主要施工机具配置计划如表 3-3 所示（以 220kV 变电站为例）。

表 3-3　　主要施工机具配置计划表

序号	机具名称	单位	数量	型　号	备注
1	汽车式起重机	辆	1	QY25	25t 汽车起重机
2	滑轮	个	8	若干	1.5t
3	吊带	对	4		8t（8m 长）
4	安全爬梯	架	3		7m
5	交直流电焊机	台	1	WS-315A	

（2）主要检测仪器设备配置计划如表 3-4 所示（以 220kV 变电站为例）

表 3-4　　主要检测仪器设备配置计划表

序号	名 称	型　号	单位	数量
1	经纬仪	DT-02	台	2
2	水准仪	DS-32	台	1
3	水准尺	3m（铝合金）	把	1
4	钢卷尺	50m	把	1
5	钢卷尺	10m	把	3
6	钢卷尺	5m	把	3
7	水平尺	100cm	把	2
8	线垂	500g	个	5
9	涂层测量仪	600BF	台	1
10	扭矩扳手	TG280-760N·m	个	2

（3）主要材料准备。

1）钢构件的准备。钢构件堆放场的准备；钢构件的检验。

2）钢构件堆放准备。钢构件在吊装现场堆放时一般沿吊车开行路线两侧按轴线就近

堆放。其中钢柱和钢屋架等大件吊装，应根据吊装工艺平面布置的设计进行，避免现场二次吊装。钢梁、支撑等可按吊装顺序配套供应堆放，为保证安全，堆垛高度一般不超过 2m 和三层。

3）高强度螺栓的准备。钢结构用的高强度连接螺栓应根据图纸要求配套供应至现场。应查其出厂合格证、扭矩系数或紧固轴力（预拉力）的检验报告是否齐全，并按规定做紧固轴力或扭矩系数复验。对高强度螺栓连接摩擦面的抗滑移系数按规范规定及时进行复验，其性能参数应符合设计要求。

4）焊接材料的准备。钢结构焊接施工之前应对焊接材料的品种、规格、性能进行检查，各项指标应符合现行国家产品标准和设计要求。对重要钢结构采用的焊接材料应进行抽样复验，其结果应符合要求。

3.3.6 施工进度计划

（1）工期计划及关键节点时间（以 220kV 变电站为例）。装配式钢结构配电综合楼主体房屋施工时间约为 4 个月：

1）装配式钢结构配电综合楼厂房基础施工时间为 15 天，养护 28 天。

2）装配式钢结构构件供货时间，从签订合同到材料到场一般 20 天。

3）装配式钢结构配电综合楼主框架安装施工时间约 10 天。

4）外墙板生产周期主要取决于铝镁锰合金板的订货时间，板材加工只需 10 天时间，一般外墙板生产厂家根据合同才会订货，建议应尽快签订外墙板供货合同。

5）屋顶浇筑及防水施工有效时间约为 7 天，养护 10 天。

6）外墙板安装只有在无雨的天气情况下才能施工，正常情况下 10 天可以完成外墙板的主体工作。

7）内墙板安装及装饰装修只有在外墙板安装完毕，落水管施工工序完工后进行，主体内墙板安装一般需要 15 天时间，装饰装修工作时间为 35 天，其中吊顶施工主控室需要 7 天，其他功能房和卫生间约需 7 天。

（2）装配式房屋施工双代号网络计划图见图 3-3（以 220kV 变电站为例）

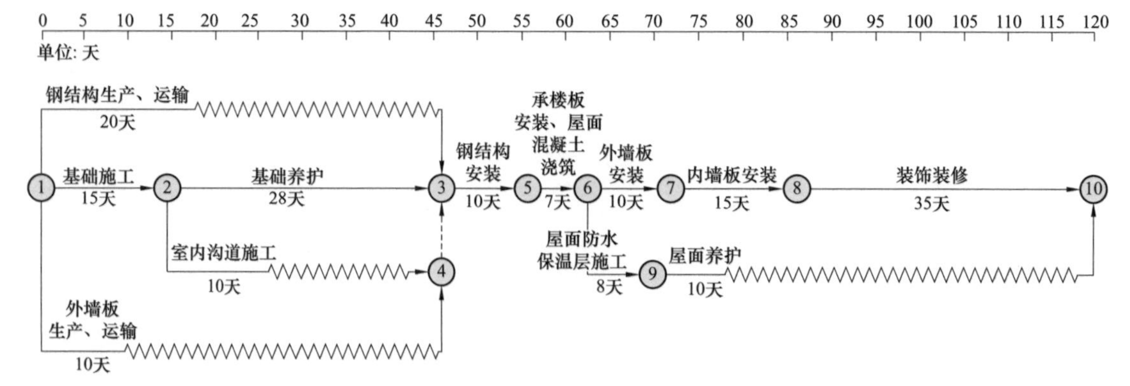

图 3-3 装配式房屋施工双代号网络计划图

3.4 主体结构安装

3.4.1 钢柱的安装

钢结构柱一般采用 H 型钢截面或箱形截面。安装步骤如下：

（1）调平。按照设计要求将钢柱柱底调平螺母或垫片提前安装到位，并用水准仪调整到设计要求水平高度。

（2）选择吊车。吊装前根据构件重量、场地情况、吊车的机械性能选用合适吊车。根据场地条件，选择合理吊点、吊具，并进行强度和稳定性验算。

（3）构件就位。

1）根据图纸轴线和厂家构件安装说明，制定构件平面排杆图。

2）构件运输、卸车排放时组装场地应平整、坚实，按照“构件平面排杆图”进行一次就近堆放，减少场内二次倒运。

3）排杆时应将构件垫平、排直，每段钢柱应保证不少于两个支点垫实。

4）结构柱组装时用道木将其垫平、排直，每段钢柱两端保证两根道木垫实，以防吊装时与地面发生摩擦，损坏构件。每根钢柱组装的道木应保证在同一平面上。组装后，对其根开、柱垂直高、柱长、柱的弯曲矢高进行测量并记录。

（4）钢柱的吊装。

1）钢柱一般采用一点法吊装方法进行吊装，将吊绳卸扣装在吊耳内，保证起吊后钢柱能够垂直。

2）吊装准备工作就绪后，首先进行试吊，指挥者发出试吊信号，当吊物离地面 100mm，停止起吊，检查索具的牢固性。待检查无误后方可继续起吊，起吊应平稳。

3）钢柱腾空处于垂直状态时，在钢柱下部绑一根绳子作为牵制幌绳并调整方向。当柱底距基础位置 40 ~ 100mm 时，调整柱底基础两基准线，指挥吊车下降就位。钢柱柱脚套入地脚螺栓时应尽量小心操作防止损伤螺纹。

4）钢柱就位后，先将地脚螺帽拧上，用水平仪调整标高，用螺栓进行微调，确保标高符合设计要求，纵轴线用两台经纬仪分别调整两个方向的垂直度，待符合要求后再将地脚螺栓拧紧，拧紧螺栓时应对角多次，顺序进行。

5）顺序安装其他钢柱。

（5）校正。钢柱校正工作一般包括标高、平面位置和垂直度三个内容。钢柱校正工作主要是校正垂直度和复查标高。

1）标高校正：钢柱标高复验时，利用吊装准备时量取的控制线（一般为 +0.500 位置）与 ±0.000 进行校对。若偏差值不在允许范围内时，可对钢柱底部的螺母进行调节，并要求整个建筑物钢柱的标高正负偏差控制在允许范围内。

2）垂直度校正：校正钢柱垂直度需用两台经纬仪同时观测。首先，将经纬仪放在钢柱正交两侧，使纵中心对准钢柱的基准线，由下而上观测，若纵中心线对准即是柱子垂直；不对准则需要调整柱子，直到对准经纬仪纵中线为止。同时以同样方法测量钢柱另一侧，使柱子另一面中心线垂直于基线。钢柱准确定位后，即可进行下步施工作业。

装配式房屋钢柱安装如图 3–4 所示。

图 3-4　装配式房屋钢柱安装

3.4.2　钢梁的安装

（1）组装。钢梁构件运到现场，根据需要确定是否需要进行拼装。如需组装，先组装主梁后组装次梁。钢结构梁组装时按照设计预起拱值进行起拱。在初装时，必须在事先搭好组装场地进行，且要有专门组装平台用靠模将梁端安装孔进行固定，梁紧固后再拆除靠模，对组装后的钢梁应进行几何尺寸核对。

（2）选择吊点。根据梁的长度选用连点或三、四点起吊，或用扁担铁、双机抬吊。梁较长时应对吊点进行计算确定，且应防止构件局部变形和损坏。

（3）试吊。钢梁吊装时应进行试吊，试吊时吊车起吊一定要缓慢上升，做到各吊点位置受力均匀并以钢梁不变形为最佳状态。达到要求后即进行吊升旋转到设计位置，再由人工在地面拉动预先扣在大梁上的控制绳，转动到位后，即可用板钳来定柱梁孔位，同时用高强螺栓固定。并且第一榀钢梁应增加两根临时固定揽风绳，第二榀后的主梁则用支撑或次梁加以固定。

组合梁在起吊过程中由专人指挥，保持钢梁平缓上升，钢梁起吊到比钢柱高大约500mm的位置时停吊，此时将钢梁调整到钢柱端头板的正上方，指挥吊车将该梁缓缓下降就位，并紧固柱梁连接螺栓，第一榀钢梁在未形成组合框架单元前应使用缆风绳使其稳定，然后用经纬仪校正该梁的纵向轴线，调整柱底垫板，最后紧固地脚螺栓上的制动螺母和止退螺母。待该区域檩条及次构件安装形成稳定框架后方可松开缆风绳。

（4）校正。在钢梁吊装时须对其进行复核，可采用葫芦拉钢丝缆索进行调整，待梁安装完后方可松开缆索。对钢梁屋脊线进行控制，使屋架与柱两端中心线等值偏差，保证各跨钢屋架均在同一中心线上。钢梁安装如图 3-5 所示。

（5）钢梁吊装注意事项：

1）钢梁吊装前，清理钢梁表面污物，对产生浮锈的连接板和摩擦面进行除锈。

2）钢梁吊装前对梁两端螺栓连接孔进行检测，核对两根钢柱连接板之间的距离，保证钢梁对接的精度。

图 3-5　钢梁安装

3）待吊装的钢梁在地面装配连接板，并用工具袋装好待用的螺栓。

4）钢梁的吊装顺序按支撑梁、主梁的吊装顺序进行，及时形成框架结构，保证构架的稳定。

5）钢梁采用两点式吊装方法进行吊装，将吊绳卸扣装在吊耳内，起吊后钢梁与吊绳的夹角在 45° ～ 60° 之间为宜。

6）钢梁吊装过程中两头应有幌绳控制

钢梁的方向，吊到连接位后一侧人员先穿连接板螺栓，另一侧人员控制、调节梁的位置，待至少穿好一颗螺栓并戴好螺母后，另一侧再开始穿螺栓。

7）钢梁安装时先用安装螺栓进行定位调整，待钢梁定位准确之后，再连接高强螺栓。

8）钢梁安装完成后，检查钢梁与连接板的贴合情况，对高强螺栓的紧固状态进行复核。

9）当临边的钢梁安装后，及时拉设安全绳，以便于施工人员行走时挂设安全带，确保施工安全。

10）主梁和支撑梁安装完成后，进行次梁的安装。

装配式房屋钢构安装效果图如图 3-6 所示。

图 3-6 装配式房屋钢构安装效果图

3.4.3 高强螺栓连接

（1）高强螺栓的紧固要求。高强螺栓安装时应先使用安装螺栓和冲钉。在每个节点上穿入的安装螺栓和冲钉数量，应根据安装过程所承受的荷载计算确定，并应符合下列规定：

1）不应少于安装孔总数的 1/3；

2）安装螺栓不应少于 2 个；

3）冲钉穿入数量不宜多于安装螺栓数量的 30%；

4）不得用高强螺栓兼作安装螺栓。

高强度螺栓安装流程图如图 3-7 所示。

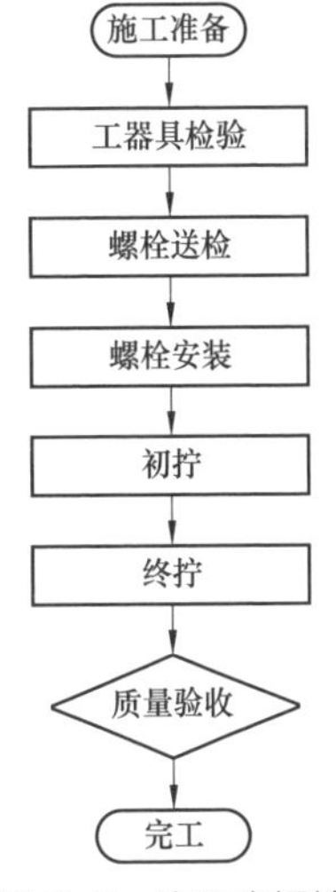

图 3-7 高强度螺栓安装流程图

（2）高强螺栓应在构件安装精度调整后进行拧紧。高强螺栓安装应符合下列规定：

1）扭剪型高强螺栓安装时，螺母带圆台面的一侧应朝向垫圈有倒角的一侧。

2）大六角头高强螺栓安装时，螺栓头下垫圈有倒角的一侧应朝向螺栓头，螺母带圆台面的一侧应朝向垫圈有倒角的一侧。

（3）高强螺栓现场安装时应能自由穿入螺栓孔，不得强行插入。螺栓不能自由穿入时可采用铰刀或锉刀修整螺栓孔，不得采用气割扩孔，扩孔数量应征得设计单位同意，修整后或扩孔后孔径不应超过螺栓直径的 1.2 倍。

（4）高强度大六角头螺栓连接副施拧宜采用扭矩法，施工时应符合下列规定：

1）施工用的扭矩扳手使用前应进行校正，其扭矩相对误差不得大于 ±5%；校正用的扭矩扳手，其扭矩相对误差不得大于 ±3%。

2）施拧时，应在螺母上施加扭矩。

3）施拧应分为初拧和终拧，大型节点应在初拧和终拧间增加复拧。初拧扭矩可取施工终拧扭矩的 50%，复拧扭矩应等于初拧扭矩。

（5）扭剪型高强螺栓连接副应采用专用电动扳手施拧，施拧时应符合下列规定：

1）施拧应分为初拧和终拧，大型节点应在初拧和终拧间增加复拧。

2）初拧扭矩值应取终拧扭矩值的 50%，复拧扭矩应等于初拧扭矩。

3）终拧应以拧掉螺栓尾部梅花头为准。

（6）高强螺栓连接节点螺栓群初拧、复拧、终拧，应采用合理的施拧顺序进行，且宜在 24h 内完成。

3.4.4 现场焊接

（1）现场焊接应按照分配的焊接顺序施焊，不得自行变更。

（2）焊接前，先将坡口及其两边 50mm 范围内的水分、赃物、铁锈、油污、涂料等清理干净，垫板应靠拢，无间隙。

（3）严禁在接接头间隙中填塞焊条头、铁块、钢筋等杂物。

（4）遇下雪、下雨、大雾、刮风等不利气候必须采用全面防护后方可施焊；严禁在雨雪天及母材表面潮湿或大风天气进行露天焊接。

（5）设计要求全熔透的一、二级焊缝应采用超声波探伤进行内部缺陷检验，超声波探伤不能对缺陷做出判断时，应采用射线探伤。

3.4.5 沉降观测点施工

建筑物沉降观测点设置在钢柱上，在外墙板底部 0m 标高处引出。沉降观测点大样图如图 3-8 所示。

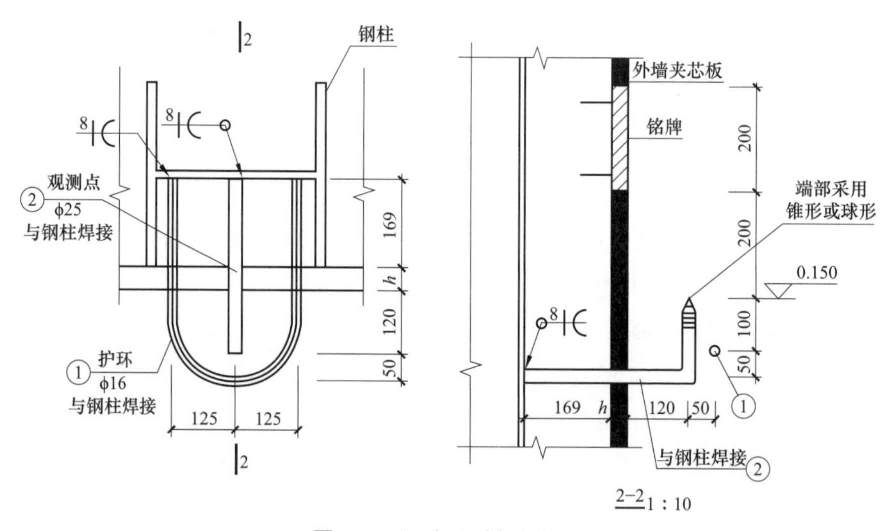

图 3-8 沉降观测点大样图

3.4.6 钢结构防腐

常用的钢结构的几种防腐措施有热浸锌、涂层法、阴极保护法等，装配式变电站钢结构为封闭式钢结构，属于室内钢结构一种，考虑防腐和现场安装，设计一般要求使用涂层法。

钢柱、钢梁出厂前，除高强螺栓连接处摩擦面、地脚螺栓及埋入式柱脚部分，经过除锈后涂防腐底漆、中间漆各两道。构件安装完后，将未涂部分及安装过程中碰撞脱落的工厂油漆部分补涂底漆、中间漆两道。防腐涂料施工按照《钢结构工程施工规范》(GB 50755—2012)第13.3节油漆防腐涂装执行。现场只对破损部位进行补涂，补涂应从底漆开始。根据变电站现场结构组装时间，超过500h，由《建筑用钢结构防腐涂料》(JG/T 224—2007)表1、2的要求，建议底漆使用长效型(1000h不起泡、不剥落、无裂纹，粉化不大于1级，变色不大于2级)，面漆使用Ⅱ型(1000h不剥落、不出现红锈)。防腐涂层施工需满足《钢结构工程施工规范》(GB 50755—2012)第13章规定。根据《钢结构工程施工质量验收规范》(GB 50205—2012)14.2.2规定设计无要求时，室内总厚度为125μm。

3.4.7 钢结构防火施工

(1)防火涂料施工流程图如图3-9所示。

(2)防火涂料施工。

根据设计耐火极限要求，1.5h及以下采用薄涂型(膨胀型)钢结构防火涂料，1.5h以上采用厚涂型(非膨胀型)钢结构防火涂料。

防火涂料应与防腐涂料相容、匹配。

钢柱防火采用防火涂料加防火石膏板外包的方式，采用轻钢龙骨作为石膏板安装骨架。丁、戊类单层钢结构的钢梁喷涂薄涂型(膨胀型)钢结构防火涂料，防火涂料喷涂后再喷涂防腐面漆，在弱、微腐蚀环境下，如防火涂层能够满足耐久性要求，可不再防腐面漆；其他情况喷涂厚涂型(非膨胀型)钢结构防火涂料，在强、中腐蚀环境下，应喷涂防腐面漆。

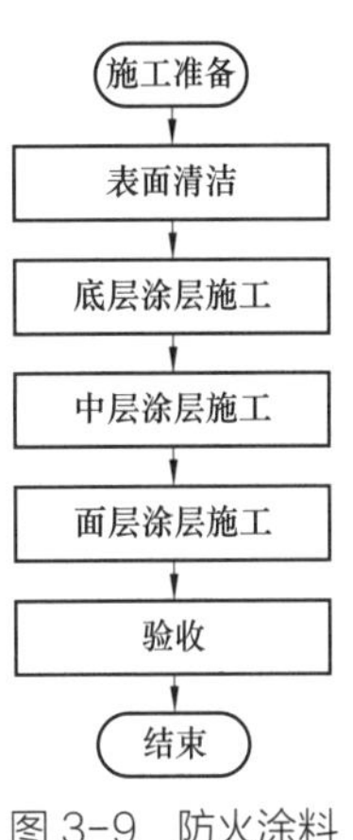

图3-9 防火涂料施工流程图

防火喷涂施工工艺要求按照《钢结构防火涂料应用技术规范》CECS24:90第三章钢结构防火涂料的施工、《钢结构工程施工规范》(GB 50755—2012)第13.6节防火涂装执行。

3.4.8 控制要点

(1)基础验收要点。钢结构安装前应对建筑物的定位轴线、基础轴线和标高等进行检查，并进行基础检查和办理交接验收。当基础工程分批进行交接时，每次交接验收不应少于一个安装单元的柱基基础，并应符合下列规定：

1)基础混凝土强度达到设计要求；

2)基础周围回填夯实完毕；

3)基础的轴线标志和标高基准点准确、齐全，其允许偏差符合设计规定；

4)预埋地脚螺栓位置准确：

(2)钢结构质量验收要点。

1)钢柱的地面验收。

①钢柱的检查验收必须符合表3-5的规定。

②检查钢柱上安装钢梁螺栓孔、安装连接板螺栓孔、钢梁螺栓孔孔距，孔距必须一致，孔内不能有毛刺、镀锌或喷漆杂物，将高强螺栓在连接板和钢梁螺栓孔内进行试穿，必须保证高强螺栓安装通畅。

表 3–5　　钢柱允许偏差（mm）

项目		允许偏差	0.8 倍控制
柱底面到柱端与钢梁连接的最上一个安装孔距离		± *L*/1500，且不能大于 ± 15.0	± *L*/1500，且不能大于 ± 12.0
柱身弯曲矢高		*H*/1200，且不应大于 12.0	*H*/1200，且不应大于 10.0
柱身扭曲		8	6.4
柱截面几何尺寸	连接处	± 3	± 2.4
	非连接处	± 4	± 3.2
翼缘板对腹板的垂直度	连接处	1.5	1.2
	非连接处	*b*/100，且不应大于 5.0	*b*/100，且不应大于 4.0
柱底板平面度		5.0	4.0

注　*L* 为构件长度，*H* 为柱高，*b* 为宽度或板的自由外伸宽度。

③检查高强螺栓的终拧及露出丝扣。高强螺栓安装终拧后，露出 2 ~ 3 扣，其中露出 1 ~ 4 扣的数量不能超过安装总数的 10%；高强螺栓的终拧值和合格率必须符合设计图纸和规范要求：对每个节点螺栓总数的 10%，但不少于一个进行扭矩检查。检验方法 1：检查初拧后在螺母与相对位置所画的终拧起始线和终止线所夹的角度是否达到规定值；在螺尾端头和螺母相对位置画线，然后全部卸松螺母，在按规定的初拧扭矩和终拧角度重新拧紧螺栓，观察与原画线是否重合。终拧转角偏差在 10° 以内为合格。检验方法 2：在螺尾端头和螺母相对位置划线，将螺母退 60° 左右，用扭矩扳手测定拧回至原来位置时的扭矩值。该扭矩值与施工扭矩值的偏差在 10% 以内为合格。如发现不合格，扩大 10% 进行检查，如仍有不合格，则整个节点高强螺栓重新进行拧紧。

④螺栓连接面应紧贴，不能有超过 0.3mm 的缝隙。

2）钢梁的地面验收。

①检查钢梁上、下弦的起拱高度，设计要求钢梁跨中起拱 60mm。

②检查安装钢梁的螺栓孔，孔内不能有毛刺、镀锌或喷漆杂物，将高强螺栓在连接板和钢梁螺栓孔内进行试穿，必须保证高强螺栓安装通畅。

③检查高强螺栓的终拧及露出丝扣。高强螺栓安装终拧后，控制露出 2 ~ 3 扣，其中露出 1 ~ 4 扣的数量不能超过安装总数的 10%；高强螺栓的终拧值和合格率必须符合设计图纸和规范要求：对每个节点螺栓总数的 10%，但不少于一个进行扭矩检查。检验方法 1：检查初拧后在螺母与相对位置所画的终拧起始线和终止线所夹的角度是否达到规定值；在螺尾端头和螺母相对位置画线，然后全部卸松螺母，在按规定的初拧扭矩和终拧角度重新拧紧螺栓，观察与原画线是否重合。终拧转角偏差在 10° 以内为合格。检验方法 2：在螺尾端头和螺母相对位置划线，将螺母退 60° 左右，用扭矩扳手测定拧回至原来位置时的扭矩值。该扭矩值与施工扭矩值的偏差在 10% 以内为合格。如发现不合格，扩大 10% 进行检查，如仍有不合格，则整个节点高强螺栓重新进行拧紧。

④螺栓连接面应紧贴，不能有超过 0.3mm 的缝隙。

⑤把钢梁吊竖起，用粉线和钢尺检查钢梁，各项数据偏差必须符合表 3–6 规定。

⑥钢结构采用扩大拼装单元进行安装时，对容易变形的钢构件应进行强度和稳定性验算，必要时采用加固措施。采用综合安装时，应划分成若干独立单元，每一单元的全部钢

表 3–6　　　　钢梁允许偏差（mm）

项　目		允许偏差（0.8 倍控制）	0.8 倍控制
钢梁最外端两个孔最外侧距离	$L>24$m	+5.0，−10.0	+4.0，−8.0
钢梁跨中拱度	设计要求起拱	± L/5000	（± L/5000）× 0.8
钢梁跨中高度		± 10.0	± 8.0
侧向弯曲矢高	$L<30$m	L/1000，且不能大于 10.0	L/1000，且不能大于 8.0
檩托板间距		± 5.0	± 4.0

注　L 为长度。

构件安装完毕后，应形成空间刚度单元。

⑦要求顶紧的节点，顶紧接触面不应小于 70%。用 0.3mm 厚的塞尺检查，可插入的面积之和不得大于接触顶紧面总面积的 30%；边缘最大间隙不得大于 0.8mm。

⑧钢结构焊接焊缝根据施工合同和设计要求进行抽样探伤检测。钢梁吊装前，要完成钢牛腿的焊缝抽检，焊缝合格后才能进行钢梁的吊装。

3）钢结构安装质量验收。

①钢柱安装允许偏差，如表 3–7 所示。

表 3–7　　　　钢柱安装的允许偏差（mm）

项　目			允许偏差	0.8 倍控制标准
柱脚底座中心线对定位轴线的偏移			5.0	4.0
柱基准点标高	有吊车梁的柱		+3.0 −5.0	+2.0 −4.0
	无吊车梁的柱		+5.0 −8.0	+2.0 −4.0
弯曲矢高			H/1200 且不大于 15.0	H/1200 且不大于 12.0
柱轴线垂直度	单层柱	H/1000	H/1000	H/1500
		H/1000 且不大于 25.0	H/1000 且不大于 25.0	H/1000 且不大于 20.0
	多节柱	H/1000 且不大于 10.0	H/1000 且不大于 10.0	H/1000 且不大于 8.0

注　H 为高度。

②钢梁安装允许偏差，如表 3–8 所示。

表 3–8　　　　钢梁安装允许误差（mm）

项　目	允许偏差	0.8 倍控制标准
梁两端顶面高差	L/1000 且 ≤ 10mm	≤ 8mm
跨中垂直度	H/500	H/400
挠曲（侧向）	L/1000 且 10.0mm	L/800 且 8mm

注　L 为长度，H 为高度。

3.5 屋面（楼承）板施工

3.5.1 屋面（楼承）板吊卸

（1）在铺设屋面（楼承）板时，安装板时要格外小心。屋面（楼承）板平板架不能直接放在附属结构上，屋面侧面板在布到屋顶上时必须采用单板或者将板捆绑成束进行升降。

屋面（楼承）板吊卸注意事项：

1）在卸载时，需使用棕绳带或尼龙带等柔性材质吊带，而不使用索和链条直接拴住板束，否则将损坏钢板。

2）压型钢板束放在屋面（楼承）板框架上时，应充分考虑屋面（楼承）板框架所承受的荷载。

3）压型钢板束要避免放在檩条的中间，应放在轴线附近，并且与结构工程协商安全的荷载。

（2）当使用吊车卸载时。

1）采用吊索必须保护好其平板架边缘，吊索带根据起吊需求选定吊点。

2）如果一捆钢板长度很长，起吊点的之间的距离很大，超过了吊绳的长度，这时必须加一横梁来增加起吊点。

3）在吊带与板束之间放一个支架来保护板束的角部免受破坏。

（3）压型钢板在施工现场的安放。

1）压型钢板在施工现场存放时应覆盖彩条布，防止灰尘积压及雨水结露，将其成一定角度放到木质的十字交叉梁上，这样可以保证空气流通。当安放到屋面(楼面)时，确保下部结构的承载能力足够，且能够抵抗风荷载不发生倾覆滑移。

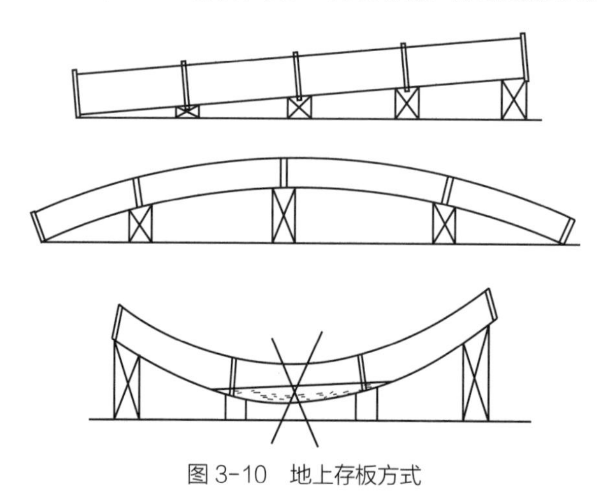

图 3-10 地上存板方式

2）板束放在楼面或屋面上后，其上严禁承受其他荷载。板束就近放在安装区域附近，以便安装。完成一天工作之后，把分散的板捆起来，避免被风损坏。在地上存板时，要按照一定的顺序，方便安装，同时不允许过分的弯曲以免形成积水坑（如图 3-10 所示）。

3.5.2 屋面（楼承板）安装

钢结构楼面一般采用压型钢板底模现浇板施工。

钢结构屋面一般采用两种形式：一种是不上人屋面，采用压型钢板复合板施工；一种是上人屋面，采用压型钢板底模现浇板施工。

（1）屋面（楼承）板压型钢板底模现浇板安装。

1）楼面或屋面檩条安装。安装楼面或屋面板的檩条骨架必须平直、无弯曲，安装前应检查校正，符合规范要求后方能安装压型钢板。

2）楼承板垂直次梁铺设。安装楼承板的次梁铺设必须平直、无弯曲，安装前应检查校正，符合规范要求后方能安装压型楼承板。

3）分别弹出每根次梁中心线于主梁上标记，梁的中心线是铺设楼承板和固定桩焊接位置的控制线。根据板型和设计配板图进行铺设，板的位置与尺寸控制应做到：

①每块板与纵向轴线必须垂直，确保整体屋面方正与角度；

②板的搭接尺寸正确，保证每块板的宽度模数尺寸；

③控制每块板的安装误差，减少积累差，使金属板材的安装与屋面尺寸相吻合，在紧固板的同时，及时进行校正。

④按照屋面尺寸，裁剪压型钢板的长度铺设于楼面钢架上或屋脊两面的屋面上，横向搭接宽度为一个波。当安装完一个主梁间隔时，将主梁上的标记反弹到楼承板上作为焊接桩位置的依据，顺序铺完全部的楼承板。

⑤屋脊采用 200mm 宽的搭接瓦接缝，屋脊两边各 100mm 或搭接处使用柔性材料填缝，钢板与搭接瓦搭接打胶，确保不漏浆。

⑥每一片压型钢板波底均需以 16mm 直径的栓钉直接透过压型钢板植焊于主、次梁上固定，间隔距离为 200mm。焊接材料应能穿透压型钢板并与钢梁材料有良好的熔接。

屋面（楼承板）安装和效果图如图 3-11 和图 3-12 所示。

图 3-11 屋面楼承板安装图

图 3-12 楼承板安装效果图

⑦注意事项：a）金属板材的吊装应用专用吊具吊装，不得损伤压型钢板。b）安装前，应在屋面上架设临时水平通道，水平通道设置应牢固可靠，并便于金属板材的安装。c）屋面（楼承板）板材的吊装应尼龙吊带，不得损伤压型钢板，屋面上成捆堆置板材时，应横跨多根钢梁，吊放于梁上时应以缓慢速度下放。

（2）压型钢板复合板屋面安装。

安装流程为放线→就位→咬边→板边修剪

1）放线。屋面板固定支座安装合格后，通过对屋面板以下固定支座的定位来控制屋面板的平面。一般以屋面板出排水沟边沿的距离为控制线，设置板端定位线，伸出边沿的长度以略大于设计为宜，便于修剪。

2）就位。将屋面板放置到安装位置，就位时先对准板端控制线，然后将搭接边用力压入前一块板的搭接边，最后检查搭接边是否紧密结合。

3）咬合屋面板位置调整好后，用专用电动锁边机进行锁边咬合。要求咬边连续、平整，不能出现扭曲和裂口。在咬边机咬合爬行过程中，其前方 1mm 范围内必须用力卡紧使搭接边结合紧密，这也是机械咬边的质量关键。当天就位的屋面板必须完成咬边，以免板块被风吹坏或刮走。

4）板边修剪。屋面板安装完成后，需对边沿处的板边进行修剪，以保证屋面板边缘整齐、美观。屋面板伸入天沟内的长度以大于或等于 80mm 为宜。

5）翻边处理修剪完毕后，在屋面檐口部位屋面板的断头，利用专用夹具，将其板面向上翻起，角度控制在 45° 左右，以保证檐口部位雨水向内侧下泄，不从堵头及泛水板一侧向室内渗入。

6）安装要点。

①完成安装前的检查之后开始进行屋面板安装。

②采用机械式咬口锁边安装。屋面板铺设完成后，应尽快咬边机咬合，以提高板的整体性和承载力。

3.5.3 屋面（楼面）压型钢板底模现浇板施工

（1）钢筋施工。

1）清扫楼面或屋面压型钢板底模上的杂物。

2）按照图纸设计要求摆放钢筋，先摆受力筋，后放分布筋，预埋件、电线管、预留孔等，及时配合施工，比如消防遥视预埋管线、室内吊顶的吊杆应在楼面或屋面压型钢板上放线定位后，开孔穿过压型钢板固定。

3）女儿墙钢筋与屋面钢筋一次安装完成。

4）先确定下方位置，再确定屋面落水口位置。落水口的位置设置应考虑落水管与门窗之间间距的协调、与台阶散水伸缩缝位置不冲突、与空调室外机不冲突，与空调基础不冲突。

5）钢筋绑扎采用顺扣或八字扣，除外围两根筋的相交点全部绑扎外其余各点可交错绑扎（双向板）。分隔缝钢筋断开处应满扎。

（2）楼面或屋面混凝土浇筑。

1）混凝土浇筑前先检查楼面或屋面板尺寸、预留洞口尺寸、标高是否符合设计要求，钢筋规格、数量、安装位置是否正确，支架是否稳固等。

2）混凝土浇筑楼层前，压型钢板底模上的垃圾等杂物要清除干净。

3）混凝土浇筑前和浇筑过程中，要分批做混凝土的坍落度的试验，如坍落度与原规定不符合时，应予调整配合比。

4）混凝土施工应避开夏季高温，或采取有效的降温增湿措施。夏季高温期间宜傍晚开始作业，防止混凝土由于高温引起表面水分蒸发过快，导致收光不及时。

5）楼面混凝土浇筑时，水平方向按顺序浇筑，采用原浆收光，使混凝土表面平整度、标高等技术指标达到混凝土的质量目标。屋面混凝土以屋脊线为分界线，两边对称浇筑。

6）浇筑混凝土时一定要均匀布料；振捣时一定要注意振捣密实，控制其作用半径（插点间距不得大于 200mm），直至混凝土面无明显气泡方可进行下一个部位的振捣，女儿墙支模、女儿墙及屋面板一次浇筑完成。

7）混凝土浇筑时应注意防止因为踩踏使钢筋错位、变形。楼板双层双向钢筋网下垫混凝土垫块，相邻垫块间间距 300 ~ 800mm，每平方米垫块数量不少于 3 个。

3.5.4 屋面防水保温施工

屋面混凝土养护完毕，进行屋面防水保温施工。当选用倒置式防水保温屋面时，施工方法如下：

（1）压型钢板底模钢筋混凝土现浇层施工完毕后，清理混凝土屋面。先进行 12mm 厚刚性防水砂浆施工，再用 20mm 厚 1 ： 3 水泥砂浆找平（加 5% 防水剂）。

1）按照图纸设计对屋面进行坡度找平。并按照图纸尺寸做好分格缝，屋面突出结构及转角部分、阴阳角等位置提前做好细石混凝土圆弧。

2）一个分格内砂浆要一次性铺完，不留施工缝，找平层表面不少于 3 遍压光，压光完成后，表面不应有漏压、凹坑、死角、砂眼，最后一遍抹光应在水泥砂浆终凝前完成。

3）砂浆找平层洒水养护不少于 7 天，分隔缝内应清理干净，并采用油膏嵌缝。

（2）刷基层处理剂一遍。

（3）防水层施工。当选用双层 2.5mm 厚 BAC 卷材防水施工时：

1）铺贴防水卷材前首先要做好附加层的施工，卷材防水采用黏结胶黏结，冷黏法贴于屋面基层。

2）天沟卷材铺贴前，应对落水口进行密封处理，在落水管埋设处，应用密封嵌填密实。

3）屋面防水卷材采用高聚物改性沥青卷材或者合成高分子防水卷材施工，防水卷材施工前应检查基层，基层表面应洁净、平整、坚实，不应有起砂、开裂、空鼓等现象，找平层表面干燥、且含水率不应大于 9%。

4）卷材的层数、厚度应符合设计要求。多层铺贴时接缝应错开。将改性沥青防水卷材剪成相应尺寸，用原卷心卷好备用；铺贴时随放卷随用喷枪加热基层和卷材的交接处，喷枪距加热面 300mm 左右，经往返均匀加热，趁卷材的材面刚刚熔化时，将卷材向前滚铺、粘贴。

5）卷材应平行屋脊从檐沟处往上铺贴，双向流水坡度卷材搭接应顺水流方向。长边及端头的搭接宽度，满黏法均为 80mm，且端头接茬要错开 50mm。卷材应从流水坡度的下坡开始，按卷材规格弹出基准线铺贴，并使卷材的长边与流水坡向垂直。注意卷材配制应减少阴阳角处的接头。铺贴平面与立面相连接的卷材，应由下向上进行，使卷材紧贴阴阳角，铺展时对卷材不宜拉得太紧，卷材完成后不得有皱折、空鼓现象。

防水卷材施工见图 3-13。

图 3-13　压型钢板底模现浇板防水卷材施工图

6）蓄水试验。蓄水试验需做两次，防水卷材敷设前和防水卷材施工后各一次。蓄水应高出屋面最高点 20mm，静置时间不小于 24h，屋面不得有渗漏现象，管根不渗漏。

（4）保温层施工。铺设 40mm 厚挤塑聚苯乙烯泡沫塑料保温板，并将接口用透明胶带封口。

（5）0.8mm 厚土工布施工。

（6）保护层施工。保护层为 40mm 厚 C40 UEA 补偿收缩混凝土防水层，表面压光，混凝土内置直径 4mm 钢筋双向中距 150 细石混凝土。纵横向 @3000mm 必须设分隔缝，分隔缝宽度不大于 20mm，且不少于 15mm 并内嵌聚氨酯密封膏。保护层与女儿墙之间应预留宽度为 30mm 的伸缩缝并密封材料内嵌聚氨酯密封膏。

3.5.5 控制要点

压型钢板安装应平整、顺直，板面不应有施工残留物和污物，不应有未经处理的孔洞。

所有的开孔、节点裁切不得用氧气乙炔焰施工，避免烧掉镀锌层。

所有的板与板、板与构件之间的缝隙不能直接透光，所有宽度大于 5mm 的缝应用胶带堵住，避免混凝土浇筑时漏浆。

屋面施工人员不可聚堆，以免集中荷载过大。

当天吊至屋面上的板材应安装完毕，如果有未安装完的板材应做临时固定，以免被风刮下，造成事故。

剪力钉（栓）进场应复验，焊接完应做抗剪试验。

3.6 内外墙板安装

围护结构包括外墙、内墙板，集中推荐取材方便、应用广泛的围护材料。围护材料力求就地取材、便于安装。维护材料尺寸采用标准模数，并节能环保、经济合理，满足保温、隔热、防水、防火、强度及稳定性要求。

外、内墙采用压型钢板复合墙体、AS 板（挤压成型水泥预制板）体系、纤维水泥板复合板；内墙也可采用石膏板复合墙体等其他内墙板材料。

3.6.1 墙板骨架安装

（1）外墙檩条安装（图 3-14）。

①在主体结构防火喷涂前，檩条支承点应按设计要求的支承点位置焊接或螺栓固定。

②檩条在地面按照安装图纸进行分配到位，单件檩条吊装至安装点，用钢尺和拉线检查檩条间距，误差值不大于 ±5mm，弯曲矢高不大于 $L/750$ 且小于 12.00mm，将调整好后的檩条与檩条支撑点焊接固定。

③检测和整平。安装前对外墙檩条支撑进行检测和整平，对檩条逐根复查其平整度，安装的檩条平整度高差控制在 ±5mm 范围内。

图 3-14 外墙檩条安装图

（2）内墙板龙骨安装。

①预先复核龙骨长度、螺栓孔距，发现问题后提前处理，保证安装过程中不出现不能就位等问题。

②在龙骨制作过程中考虑龙骨自重，计算出起拱值，保证龙骨安装完成无下挠现象。

③根据设计要求，沿地、墙、顶弹出隔墙的中心线和宽度线，宽度线应与隔墙厚度一致，弹线应清晰，位置应准确。

④在钢梁底焊接 25mm × 50mm 的镀锌方管，在镀锌方管上螺栓连接天地龙骨，再安装竖向主龙骨及穿心龙骨。

⑤龙骨安装完成后，用拉条微调龙骨，保证龙骨横平竖直，保证同一轴线龙骨在同一水平面。

3.6.2 外墙面板安装

（1）采用电脑排版工艺策划。采用电脑排版工艺能够清晰地清楚每块外墙板的位置及在遇到门窗洞口时，可在地面将墙板的具体尺寸裁剪完，并做好相应的防腐处理，有利于在窗洞口位置的收边工作；安装压型金属外墙板的檩条构件必须平直，无弯曲，安装前应检查校正，符合要求后，方能安装墙板。

（2）压型金属墙面板应自下而上，从墙面的一边向另一边依顺序进行安装。

1）先从一角安装，固定转角板，调平、临时固定，固定采用 $\phi8$ 的自攻螺栓，每块板以安装 2 个螺栓为宜，依次进行。

2）当整个房屋的第一层板安装完成后，拉线调平，确保整面墙的接缝在一条直线上，最终固定，固定采用 $\phi8$ 的自攻螺栓，间距 1.5m，然后进行第二层外墙板的安装，从第二层板开始的安装顺序按列安装，先从转角开始，一列安装完成后再安装下一列，依次向对角进行。

3）安装到顶层时应注意外墙板与落水管的配合，压型金属外墙板就位后确定落水管的位置，再将外墙板放地面开孔，上板就位固定，并及时地将外墙板与落水管之间的缝隙用填充胶封堵。

（3）第一块板安装时，在屋面女儿墙吊一根垂线，作为板安装的基准线。该垂线和第一块板将成为后续板安装和校正的引导线，以后每块板安装将其边搭接在前一块板上。

（4）压顶安装。女儿墙顶部或板材板顶，用彩钢板折弯的收边件做压顶，要向内斜，防止雨水和灰尘污染墙面板。

（5）落水管安装。

1）根据落水管的中心线确定管卡的安装轴线，再按上、下 200mm 中间距离等分且小于或等于 1.2m 的位置确定管卡安装位置并适当调整，用跟管卡螺栓同经的钻头打眼，钻眼避免打在主梁的方钢和外墙板的接缝上。

2）将管卡螺杆涂胶后穿过外墙板调整好距离，在主龙骨焊接 C 型钢再将管卡螺栓焊接在 C 型钢上固定，焊接位置应防腐，管卡穿墙位置应涂结构胶。

3）落水管上端应安装落水斗，下部距散水 1000mm 设检查口，管卡支撑螺杆和卡箍应为不锈钢或热镀锌材料。

（6）墙板缝隙填充。墙板缝隙填充一般采用勾缝或嵌金属压条方式。

1）当采用勾缝填充缝隙时：

①将外墙板接缝处的保护膜揭开，首先在接缝底层灌填充胶，中间塞防渗橡胶条，外面用同颜色的结构胶勾缝，勾缝前用分色带把两边的墙板保护起来，均匀涂抹，保证平滑，凹缝 2mm。

②外墙面可用丝绵醮稀盐酸浓度为 20% 的水刷洗表面，并随手用水清洗，用棉纱清洁。

2）当采用金属压条时，墙板全部调整固定后缝隙内填充泡沫胶或橡胶密封胶条，外部嵌与墙板同色金属压条。

（7）压型金属墙板安装注意事项。

1）熟悉安装图，预知每档檩条的间距，预先在压型金属板上弹线，用水准仪在压型金属板的最低标高弹线，保证压型金属板在同一标高，在压型金属板最上端、最下端同时施工，以防止压型金属板滑移。

2）铺设外墙压型钢板的方向应与常年风向相反，且在安装外墙压型钢板之前需先将勒脚处的墙根收边安装完成，其不但能保证压型钢板安装时的水平度，而且能加快施工进度及质量。

3）伸缩缝的墙架应断开，以保证墙面的伸缩变形需要。

4）在窗洞等位置压型金属外墙板必须得到有效紧固，采用自攻钉固定在压型金属板上。

5）安装完成后及时清理墙角的铁屑，防止生锈污染泛水板、包角板表面。

6）安装每一块压型金属板时均采用掉线法测量压型金属板垂直度。

7）在压型金属板两头檩条上按每块压型金属板的宽度弹线，以压型金属板保证垂直度。

8）安装过程中防止油漆刮伤，压型金属板上下设置两道缆风绳。

外墙板安装及效果如图 3-15、图 3-16 所示。

图 3-15　外墙板安装

图 3-16　外墙板效果图

3.6.3　内墙面板安装

内墙一般采用耐火纸面石膏板或聚苯颗粒水泥夹芯复合条板，卫生间内墙板采用纤维水泥板。

1）施工前做好以下准备：

①准备好水电、视频、安防、暖通及 GPS 等穿管材料。

②准备好控制箱、开关、插座、视频、安防等设备。

2）根据设计要求，沿地、墙、顶弹出隔墙的中心线和宽度线，宽度线应与隔墙厚度一致，弹线应清晰，位置应准确。

3）在钢梁底焊接 25mm × 50mm 的镀锌方管，在镀锌方管上螺栓连接天地龙骨，再安装竖向主龙骨及穿心龙骨。

4）根据设计定位的照明线路情况和箱柜、开关、插座位置，将开好孔的石膏板在轻钢龙骨上铺设在对应的位置，先铺第一排，用 $\phi4 \sim 6$ 的自攻螺丝钉牢，并将电缆或电线抽出，按照相同方法分别敷设第二排或第三排防火石膏板，防火石膏板的接缝应错开，接缝应紧密。

5）踢脚线安装：踢脚线凸出内墙板墙面尺寸宜控制在 8mm 以内，圈梁宽度应结合踢脚线凸出内墙板墙面尺寸综合考虑。踢脚线高度宜控制在 120 ~ 150mm。

6）墙面刮腻子时使用阴阳角线条，保证阴阳角的方正。

石膏板内墙施工如图 3-17 所示。

7）聚苯颗粒水泥夹芯复合条板安装要点。

①墙板应纵向铺板，尽量减少水平接缝；板边应落在龙骨中间（龙骨间距应与板宽密切配合）；当墙高大于板高时，板的纵向拼接缝处，应加设水平龙骨。

②墙板施工时，第二层墙板与第一层墙板施工方法一致，但第二层墙板的拉缝不能与第一层的接缝落在同一竖龙骨上（包含板的纵向接缝）。

③贴瓷砖的聚苯颗粒水泥夹芯复合条板隔墙，板的施工方法与聚苯颗粒水泥夹芯复合条板施工方法一致，但需光面朝向龙骨，毛面朝外，以使砂浆能与板紧密结合，在毛面的聚苯颗粒水泥夹芯复合条板上抹 6mm 厚 1 ∶ 1 水泥砂浆加 107 胶，然后粘贴瓷砖。

聚苯颗粒水泥夹芯复合条板安装如图 3-18 所示。

8）卫生间采用纤维水泥板，并采取防水防潮构造措施。

纤维水泥板施工要点：与耐火纸面石膏板方法相同，宜加装钢丝网然后抹灰。

卫生间采取如下防水防潮构造措施。

图 3-17 内墙施工图

图 3-18 聚苯颗粒水泥夹芯复合条板图

①卫生间墙面及地面防水材料采用合成高分子类的聚氨酯防水涂料（转角等需加聚酯布，玻纤布等）。

②墙面防水的高度宜为300mm，淋浴间防水高度1800mm以上。

纤维水泥板如图3–19所示。

图3–19　纤维水泥板图

3.6.4　收边及细部结构处理

（1）在深化设计阶段优化设计方案，根据现场实际尺寸情况再做出设计，保证每块收边泛水板实用、美观。

（2）门窗洞口处施工，先安装门框及窗框，同时放置窗台泛水、窗侧、门侧包角、门窗顶泛水。门窗的包角泛水安装应控制窗的位置尺寸，安装前应对门窗框的位置尺寸进行检验，做好包角、泛水板的配置。

（3）泛水板与彩板之间用自攻螺栓固定，在与彩板肋相切方向每隔一肋固定一颗，与彩板肋同方向每500mm固定一个，泛水板搭接处应用密封材料嵌填密实。

（4）外墙墙角收边与土建搭接处，采用水平仪找出最高点，以此为基点，并根据檩条最外边铅垂线确定收边安装具体位置，保证所有收边在同一水平面。

（5）外墙转角收边。在安装转角处压型钢板时，提前考虑收边尺寸，保证转角收边两边尺寸一样；安装外墙转角收边时，采用丁基胶带粘贴收边两侧和搭接处，保证防水性。外墙板转角收边细部处理，如图3–20所示。

（6）需要截剪的板料及墙面孔洞等应在安装前量好尺寸，截剪成料后再安装，不得随意切割。

（7）墙身阴阳角均应放置阴阳偶包板，屋顶女儿墙均应放置压檐，压檐板接缝处应用密封材料嵌填密封。

图3–20　外墙板转角收边细部处理

（8）女儿墙压顶收边时采用水平仪找出最高点，以此为基点，用Z型檩条调平，保证所有女儿墙顶面收边均在同一水平面。外墙板女儿墙收边细部处理，如图3–21所示。

（9）门、窗、洞口收边。反角边控制在10mm，既保证收边固定的足够宽度，又满足双层硅胶防水距离，所有洞口收边宽度一样，保证建筑物外观整体美观。门、窗、洞口收边细部处理，如图3–22所示。

（10）雨棚收边安装。保证雨棚美观，转角包边平整，美观，排水顺畅。雨棚收边细部处理，如图3–23所示。

图3–21　外墙板女儿墙收边细部处理

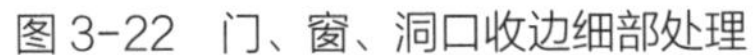

图 3-22 门、窗、洞口收边细部处理

图 3-23 雨棚收边细部处理

3.6.5 控制要点

（1）外墙板安装控制。

1）外墙板安装应尽可能的在屋面施工完成后进行。

2）彩钢岩棉夹芯板装车、卸车都要轻拿轻放，严禁运输或搬运时单头在地上拖运，吊装应使用尼龙吊带，底部有包裹软布的硬质木方托底，两侧有橡胶衬垫护角。

3）彩钢岩棉夹芯板应堆放在平整、坚实、排水畅通的场地上。堆放时应分层，堆放高度不大于 1.5m 并应铺垫木条，垫木间距不大于 1.5m。室外堆放应用油布遮盖。

4）安装时应确保外墙板的平直，门窗安装与外墙板模数匹配，上端与女儿墙顶面方钢齐平。

5）尽量不要在外墙板上开孔打洞，确实需要时应在开孔、打洞后及时进行相关物件的安装，并在接缝处打结构胶，以防渗漏，当天无法完工的孔洞应有防雨措施。

6）要注意外墙板的成品保护，有防碰撞措施，保护膜应在工程完工后才能撕掉。

7）外墙板开孔尺寸应根据墙板模数保持一致，避免孔洞跨越两块板。

（2）内墙板安装控制。

1）内墙板安装一定要在屋面施工和外墙板安装完毕后进行。

2）所有水电、遥视、安防线路以及 GPS 穿管应完成，避免重复开槽打孔。

3）控制箱、开关、插座、遥视、安防等设备应与内墙板同步安装，相互配合，考虑周全。

4）内墙板安装应平直，构造柱的阴、阳角应满足工程要求。

5）内墙板的接缝应用接口带粘贴平整。

3.7 管线布设

3.7.1 施工范围及特点

（1）施工范围：钢结构厂房管线布设适用的范围为暖通、照明、遥视、通信、空调、风机、消防、应急疏散、红外双鉴、门禁系统、五防临地等。

（2）主要特点：通过实施管线集成综合布置技术可较快完善节点设计和施工详图深化设计。

1）管线集成综合布置技术通过采用综合图纸解决在保证使用功能情况下，调整各专业系统内部管线的标高和位置问题，避免交叉时产生冲突，同时还要配合并满足结构及装修的各个位置要求。管线集成综合布置施工的水平不仅仅是依赖于各专业施工员的施工管理经验，而是通过施工过程在计算机上的预装配，尽可能全面发现施工图纸存在的技术问题，并尽可能在施工准备阶段全部解决。

2）通过管线集成综合布置技术可以在排列各种管道（线）时优先考虑安装施工和运行管理维修及二次施工对不同管线尤其是先后施工的管道（线）之间的平衡，合成后的管线集成综合布置图纸应达到先施工的管道（线）不要影响后续施工的管道（线）。同时，还应满足后续运行维修和二次施工的管道（线）的工程需要，为将来需要维修及二装预留出足够的操作空间。

3）施工成本控制是工程项目管理重点。通过应用管线集成综合布置技术，安装施工单位可以主动进行成本控制，减少施工安装后拆改工作量，从而最大限度的降低工程成本。由于管线综合集成布置图纸制作处理审核全在现场，使与项目有关的管理及施工人员（包括甲方、监理、总包、劳务分包），均通过综合图涉及的专业内容（各专业图纸的综合图、局部样板的汇总报审图、与土建的交接图、方案附图、洽商附图、报验图及工程管理用图等）进行管理调整，及时掌握变更状况。

3.7.2 工作流程及界面

（1）工作流程（如图3-24所示）。

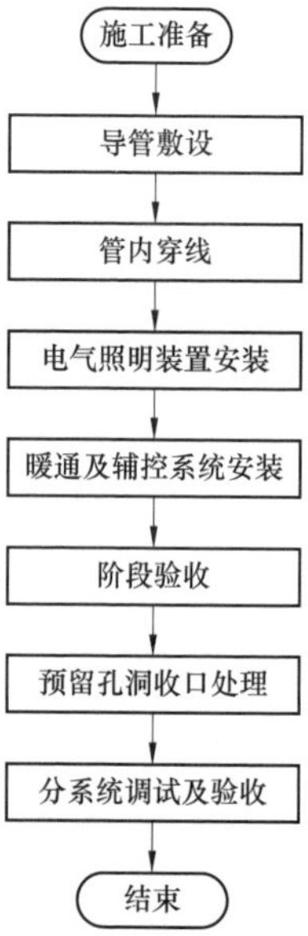

1）需组织设计、施工、生产等单位，进行钢结构厂房建筑通用设计的审核和交底工作，确定正式设计方案，并组织设计技术交底，做好各项施工准备工作。

2）按照施工图进行导管敷设、预埋及固定。

3）依据电气照明图纸完成照明线缆及灯具安装。

4）完成暖通及辅助监控系统的管线敷设，并做好标记。

5）收口前组织各参建单位完成阶段性验收并及时整改。

6）完成分系统及子系统的调试工作，形成验收报告。

（2）业务界面。

1）明确遥视安防、火灾报警等预埋管线、预留孔洞、预留基座纳入土建施工任务。

2）工程预算与结算，土建费用计列以上工程量及费用。

3）管线布设、设备安装及调试依然属于各自专业施工任务。

施工准备 → 导管敷设 → 管内穿线 → 电气照明装置安装 → 暖通及辅控系统安装 → 阶段验收 → 预留孔洞收口处理 → 分系统调试及验收 → 结束

图3-24 工作流程

3.7.3 技术要点

（1）明确钢结构厂房照明、消防、辅控等施工图纸出图情况及设计深度，依据供货技术协议复核工程管线布设应用范围、数量及要求。

（2）实施前组织生产运维、设计、监理、施工单位对钢结构厂房管线布设施工图进行审查及技术交底，复核管线布设技术条件并进行调整校核。

（3）钢结构厂房管线布设应考虑以下专业（功能）所需的配合要求。

1）房屋的接地及微机五防临地装设要求。

2）遥视安防系统布点及安装要求。

3）消防及火灾报警系统布点及安装要求。

4）散热通风系统配置和安装要求。

5）空调系统配置和安装要求。

6）普通及应急照明配置和安装要求。

7）给、排水系统的相关要求。

（4）钢结构厂房管线布设施工设计图纸需明确要预留的孔洞，预埋的保护管及设备安装的基座。

（5）钢结构厂房施工图纸与相关专业设计深度，宜达到工厂化预制的要求，便于现场的装配。

（6）设计需要根据安装的设备规格尺寸明确预留孔洞的位置、尺寸、规格及固定收口形式。

（7）设计需要明确遥视探头的安装方式、基座配置及结构强度。设计需要明确预埋的保护管型号规格路径及固定方式，护管选型应满足消防规程要求。

（8）小管让大管，越大越优先。如空调通风管道、轴流风机管道等由于是大截面、大直径的管道，占据的空间较大，如发生局部返弯，施工难度大，施工成本大，应优先做好布置。

（9）有压管道让无压管道。如雨水管道、空调冷凝水排水管等都是靠重力进行排水，因此，水平管段必须保持一定的坡度，这是排水顺利的充分必要条件。有压管道主要指给水管道，有压管道与无压管道交叉时，有压管道应尽量避让无压管道。

（10）强、弱电分开设置。由于弱电线路，如通信、门禁系统、红外双鉴、遥视安防和其他智能线路等易受动力线路电磁场的干扰，因此强电线路与弱电线路不宜敷设在同一个电缆槽内。

（11）同等情况下造价低的让造价高的。对于不属于以上几条的管线，如发生位置冲突应以那种管线改造所产生的成本低作为避让的依据。

（12）根据钢结构装配式建筑特点，照明、开关、插座、智能辅控系统及火灾报警系统的埋管，均通过三维技术预排精准策划，提前预排，消除各系统埋管的相互交叉和相互妨碍，同时埋管有图可查，方便将来变电站运行维护。

（13）材料、设备的进场及储存。材料、设备进场时，由专业工程师、质检工程师会同监理工程师检查合格后方可进入工地，确保进场的材料及设备都是合格品，且尽量缩短材料和设备现场储存的时间。

（14）线槽、管道敷设。房屋主体结构安装完成后，内墙板施工前应对动力电缆和照明线路进行敷设，现浇地面以下和内墙板里面的照明线路应穿管，横平、竖直整齐排列。施工前电缆线槽和管道位置必须与相关专业的施工图严格复核，综合会审后施工，防止与其他管线或水管相碰。

（15）管线安装。动力用线管需弯曲时，其弯曲半径不得小于管外径的10倍；保护管口做成喇叭型，管口边缘锉光滑；电缆穿管完毕，管口要用防火填料作妥善密封处理。

（16）预留孔洞及预埋件的施工应根据管线施工详图要求，在封闭内外墙板前将预埋模盒及套管用点焊或钢丝绑扎在钢梁或龙骨上，尺寸位置检验后进行墙板安装。管模内采用纸团堵塞，安装岩棉板及墙板时设专人看护，防止移位或及时复位。

（17）优化室内照明、事故、动力配电箱及控制室消防报警主机安装位置，35 ~ 220kV电压等级变电站工程在二次设备室内单独设置1面屏柜，通组屏方式将照明、事故、动力空开及消防报警主机分层集中安装在屏柜内规范管理，有助于室内布线简洁、美观。无条件安装的工程按照施工示例图布设。

（18）蓄电池室内应使用金属导管。金属导管严禁对口熔焊连接；镀锌和壁厚小于等于2mm的钢导管不得套管熔焊连接。每根电缆导管的弯头不应超过3个，直角弯不应超过2个。

电缆导管的弯曲处，不应有褶皱、凹陷及裂纹，且弯曲程度不应大于管外径的10%。电缆导管的弯曲半径不应小于导管外径的10倍。埋入建筑、构筑物内的电线保护管与建筑、构筑物表面的距离不应小于15mm。金属导管应可靠接地；多层或多排电缆直埋导管，管与管之间应可靠接地，且不应少于2处与接地干线相连。三相或单相的交流单芯电缆，不得单独穿于钢导管内。

（19）照明线管的弯曲半径不得小于管外径的6倍；直线长度超过40m或30m以上有一个弯、20m以上有两个弯、12m以上有三个弯的都必须加装接线盒。在穿线时，管口要倒口、清除毛刺并加塑料护口，防止导线绝缘层损伤。电缆和导线穿管完毕后立即测试绝缘电阻，做好记录，其阻值不得小于0.5MΩ。导线的颜色按相序区分不得混用。暗埋线管在穿线前封堵好两端，防止杂物进入管内堵塞管路。线管采用丝扣连接或套管连接。

（20）电源箱及开关、插座安装。疏散应急灯、开关、插座的高度分别应达到一致并符合设计的要求，开关、插座安装要平正。室内电源箱、开关安装高度应统一，高度底边距地面1300mm，电源箱距门边距离不小于500mm，两箱距100mm，开关距门边距离不小于200mm，两开关距20mm；淋浴间插座中心线距地面1800mm，应为防水型开关和插座；室内电源检修箱应为不锈钢双门，便于临时电源线接入时可以锁电源箱的门，电源控制箱、电源检修箱应接地，门应跨接。

（21）空调室内外机管线设计定位，提前 走线，便于厂房安装完后空调机的安装，空调柜机电源宜采用三相五线空开，高度距地面300mm，挂机插座与挂机齐平，排风扇接线在外罩内布置。

（22）空调室内挂机应安装在龙骨或次龙骨钢梁上，柜机安装在临近四角的位置，应避开电缆沟，落水管等障碍物，柜机的出口方向不能正对运行设备，以防运行的高压设备凝露。

（23）排风扇的安装应按外墙板的开孔方法在外墙板上开孔，将排风扇在固定在钢构龙骨或次龙骨上，安装应牢固，以防止震动而影响外墙板龟裂、渗水。排风扇外侧应有可自动打开的百叶窗，百叶窗与外墙板接触部位用胶粘后再用结构胶勾缝，室内应装格栅。

（24）门禁系统、照明开关、消防手报在同一侧门边，宜从门内侧开始依次按上述顺序安装。

（25）开关及各种控制器件穿墙（含配套管线）安装。

1）开关、各种控制器在安装前，应清除内、外杂物，并做好清洁保护工作；在屋面混凝土浇筑前预埋吊杆；壁灯、开关、插座及接线盒应安装在墙面横向龙骨上，固定牢固，必要时增设横向龙骨。开关及各类控制器件在墙板上面固定应牢靠，四周缝隙应一致，无明显的空隙或褶皱，完整无缺损。

2）管与管、管与盒（箱）等连接处结合面粘涂专用胶合剂，接口牢固密封，导管安装固定点间距均匀，且应同龙骨可靠固定。

3）管线安装的位置、标高、走向，应符合设计要求，电缆导管直线长度大于 30000mm 时，应加装伸缩节，直线电缆导管应有不小于 0.1% 的排水坡度。导管的安装应松紧适度，无明显扭曲。

4）所有管线、回路、开关及各类控制器敷设完毕后应做相应标记，照明系统回路控制与照明配电箱及回路的标识一致，经检测、验收合格后，方可进行收口处理。

（26）智能辅助系统以下相关子系统管线布设应综合考虑实现与监控后台的联动功能：

1）门禁系统：门禁、读卡器、开门按钮、电磁锁。

2）安全警卫系统：红外双鉴探测器。

3）环境检测系统：温湿度传感器、风速传感器、水浸探测器、SF_6 探测器、空调控制器。

4）能灯光控制系统：LED 内嵌式吊顶灯、LED 吊杆灯、壁灯。

5）助灯光：事故照明和疏散照明。

6）风系统：风机控制、百叶窗控制。

7）遥视系统：室内模拟中速球、室内网络中速球、模拟固定摄像机。

8）消防系统：消防控制器、声光报警、消防主机报警。

3.7.4 施工图例

以 110kV 变电站单层钢结构厂房为例。

（1）辅助监控系统布点及安装要求。

1）室内摄像头安装（见图 3-25）。配电室内摄像头底面安装位置宜距地面 3300mm，位于配电设备室门正上方。二次设备室室内摄像头底面安装位置宜距静电地板地面 2800mm（二次设备室吊顶高于窗户，窗框顶部标高 3000mm，考虑窗帘安装，吊顶高度常为 3200mm），距墙边 500mm，对称安装。采用 PVC32 管在预制墙内敷设至二次电缆沟，安装摄像头处在内龙骨上加 C 型钢支撑避免摄像头在防火石膏板上无法固定。

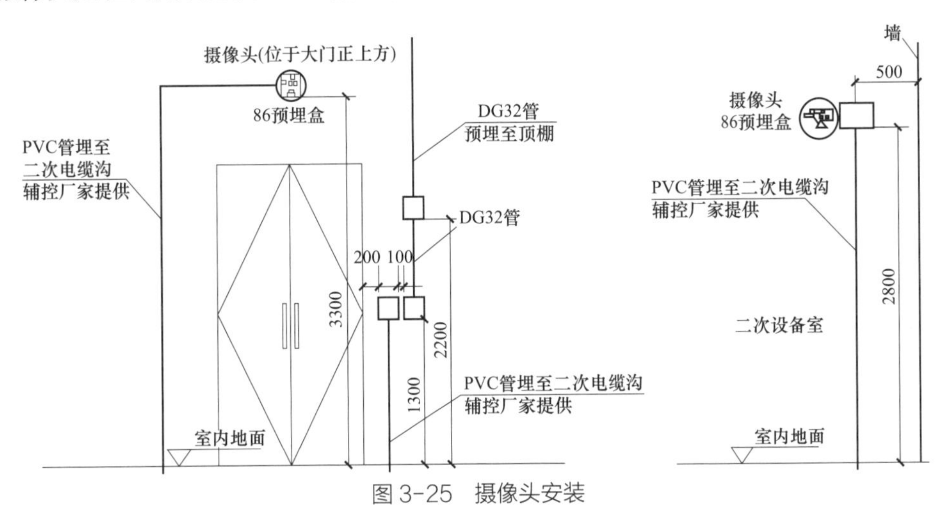

图 3-25 摄像头安装

2）温湿度传感器（见图 3-26）。温湿度传感器安装位置宜距地面 1300mm（与开关高度相同），距窗户边框边缘宜为 200mm，采用 PVC32 管在预制墙内敷设至二次电缆沟，安装温湿度传感器处开孔放置 86 型预埋盒。

3）空调控制器（见图 3-27）。空调控制器安装在空调电源插座旁，与空调插座同等高度，空调控制器距房屋钢柱边缘 500mm，空调控制器底面距地面 300mm。采用 PVC32 管在预制墙内敷设至二次电缆沟，安装空调控制器处开孔放置 86 型预埋盒。

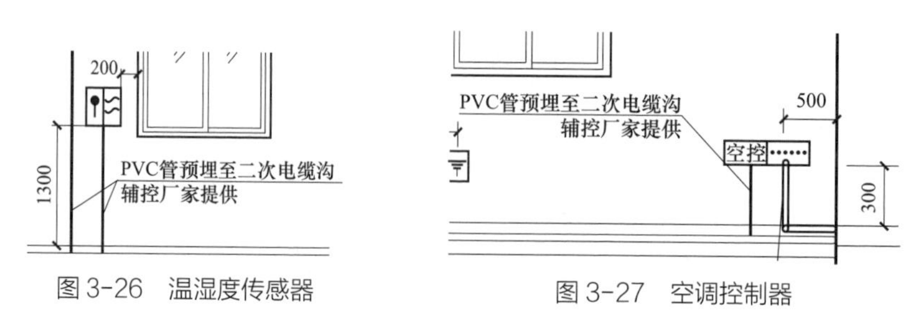

图 3-26　温湿度传感器　　　　图 3-27　空调控制器

4）红外双鉴探测器（见图 3-28）。红外双鉴探测器安装在重要建筑物主要出入大门正上方，距离门框边缘 20mm 或根据现场实际情况确定安装高度，采用 PVC32 管在预制墙内敷设至二次电缆沟，安装红外双鉴探测器处开孔放置 86 型预埋盒。

5）门禁安装（见图 3-29）。读卡器安装在室外大门旁，距离门框边缘 200m，距离地面高度 1300mm，采用 PVC32 管在预制墙内敷设至二次电缆沟，安装读卡器处开孔放置 86 型预埋盒。

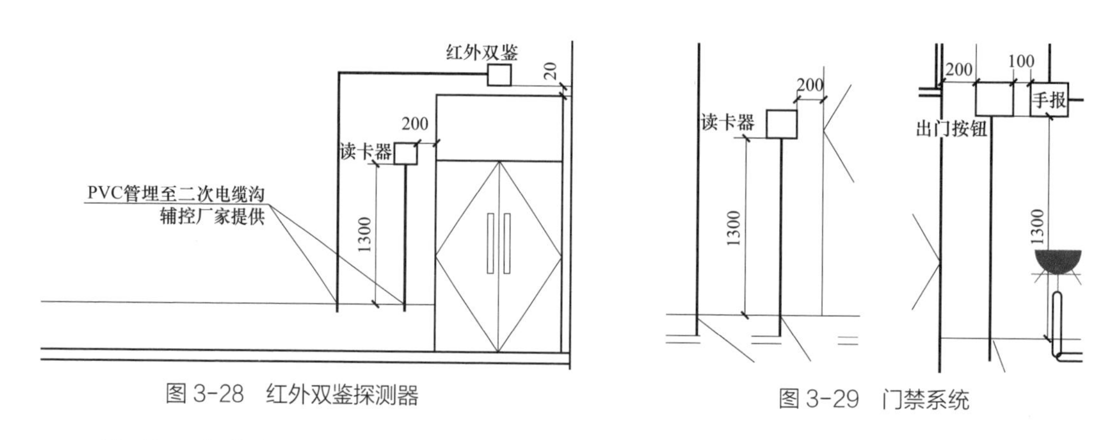

图 3-28　红外双鉴探测器　　　　图 3-29　门禁系统

开门按钮安装在室内大门旁，距离门框边缘 200mm，距离地面高度 1300mm，采用 PVC32 管在预制墙内敷设至二次电缆沟，安装开门按钮处开孔放置 86 型预埋盒。

钢结构房屋大门磁力锁安装应根据现场门框采购情况进行合理布置，遵循三个原则：一是磁力锁须和门框成 90º 直角，二是磁力锁与吸附板应是“面对面”成一直线，三是电线安装时最好能隐藏在门框内，采用 PVC32 管在预制墙内敷设至二次电缆沟。

（2）消防及火灾报警系统布点及安装要求。

1）烟感探测器（见图 3-30）。电缆沟内设置缆式感温探测器，安装方式采用近似正弦波的方式；其余场所设置智能光电感烟探测器，并设有手动报警按钮及声光报警盒。缆式感温探测器应明敷在地沟内控制电缆上。

烟感探测器根据《火灾自动报警系统设计规范》（GB 50116—2013）内规定进行布置，探测器吸顶安装，其与灯具水平净距离不小于 200mm，与墙、梁边水平净距不小于 1000mm。采用 DG32 管在预制墙内敷设至二次电缆沟。

2）手动报警按钮及声光报警器（见图 3-31）。手动报警按钮安装位置距离地面高度 1300mm，布置在建筑物室外大门旁 200mm，采用 DG32 管在预制墙内敷设至手动报警按钮，安装手动报警按钮处开孔放置 86 型预埋盒。

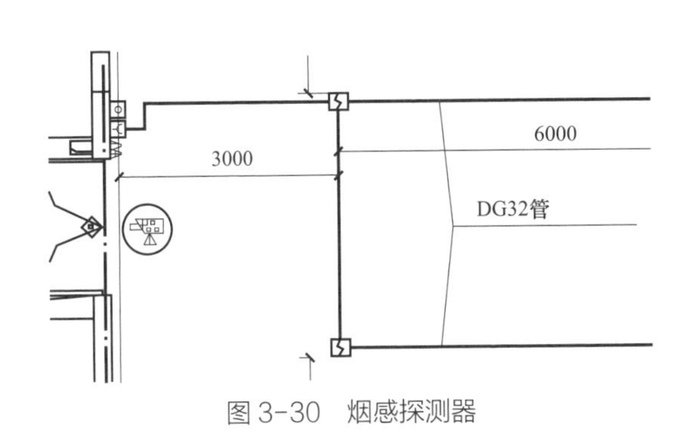

图 3-30　烟感探测器

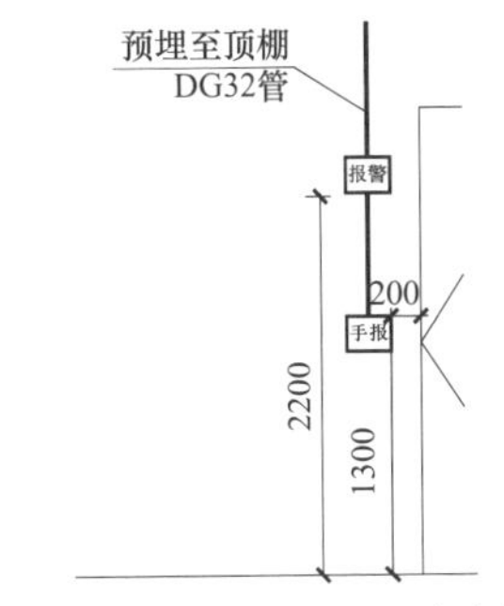

图 3-31　手动报警按钮及声光报警器

声光报警器安装位置距离地面高度 2200mm，布置在手动报警按钮正上方，采用 DG32 管在预制墙内敷设手动报警按钮及建筑物顶棚，安声光报警器处开孔放置 86 型预埋盒。

3）火灾报警主机安装位置图（见图 3-32）。不具备条件的工程火灾报警主机安装在设备室合适位置，距离地面高度 1300mm，采用 DG32 管在预制墙内敷设至手动报警按钮及顶棚，同时敷设 DG32 管至二次电缆沟。

现场具备条件的工程，火灾消防报警主机集中安装在屏柜内，如图 3-33 所示。

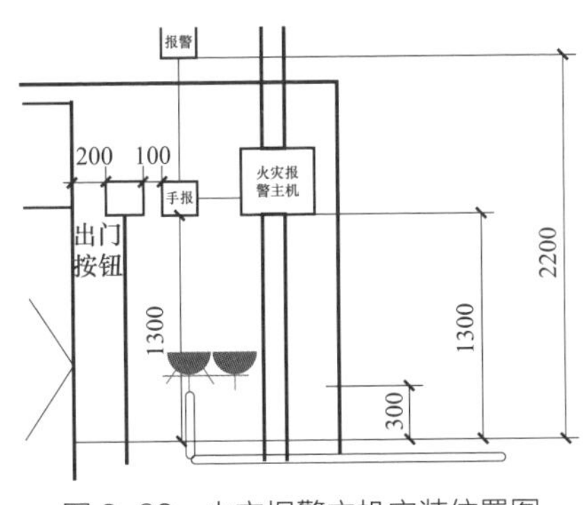

图 3-32　火灾报警主机安装位置图

图 3-33　火灾报警主机屏柜安装示意图

（3）散热通风系统安装要求。10kV 配电室装置室轴流风机安装前应预留风机孔，风机孔大小与外墙板模数协调一致。二次设备室吊顶上面设置通风百叶。排气中含有可燃气体时，事故通风系统排风口距火花溅落地点应大于 20000mm。排风口不得朝向室外空气动力阴影区和正压区。同一房屋建筑内立面轴流风机应选择同一型号、厂家、规格的风机，安装时候保证风机标高一致。现场组装的轴流风机安装叶片安装角度应一致，达到在同一平面内运转，叶轮与筒体之间的间隙应均匀，水平度允许偏差为 1/1000。轴流风机外侧应设置防雨百叶窗，室内侧加装防护网，防雨百叶窗外应加设防鸟隔网，应可靠接地，并有明显标识。满足国网“工艺标准 0101011402”墙体轴流风机窗应用要求。

火灾报警排风安装示意图如图 3-34 所示。

百叶窗底面安装高度距地面 150mm，安装于设备室大门两侧墙壁的居中位置。风口装

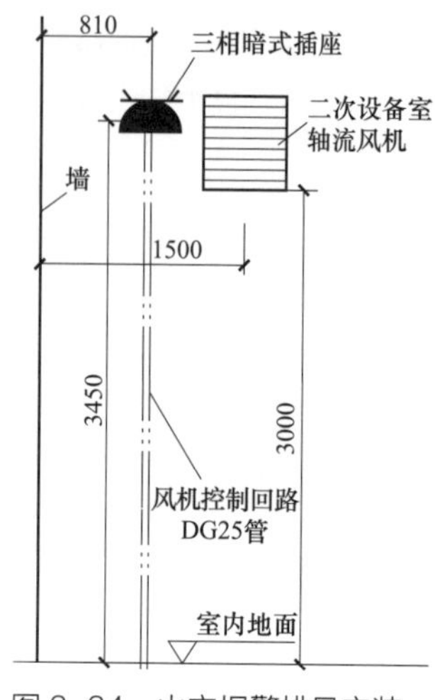

图 3-34 火灾报警排风安装示意图

饰面的颜色应一致，无花斑现象，焊点应光滑牢固。设备选择时，同一钢结构房屋建筑安装百叶风口应选择同一型号、厂家、规格的安装标高及尺寸一致（中心标高或者底标高一致）。百叶风口应防火、防沙尘、防雨水。蓄电池室内应安装强排通风设备。满足国网“工艺标准 0101011403”通风百叶窗应用要求。

（4）空调系统安装要求。单层室内机和室外机的安装，选用壁挂式时，室内机安装于侧墙底标高大于或等于 1800mm，空调机安装牢固，保持水平，满足冷风循环空间要求，空调口风口应尽量避免正对电气盘柜。穿墙预埋管高度低于空调冷凝水出水位置高度，防止冷凝水倒排，保证空调冷凝水排放通畅，管道穿墙处密封处理，布管整齐美观。空调室内机前面不应有阻挡物，保证冷风的射流距离，使室内温度比较均匀，空调室内机不应放在防静电活动的地板上。

多层室外机的安装，分体式空调机组室外机安装应牢固、可靠；除应满足冷却风循环空间要求，还应符合环境卫生保护法规的规定。室外风机组后面及侧面的进风孔应处于室外，不要使进风气道受阻，室外机宜安装在屋顶或房屋背侧，室外机应有可靠接地，室外机安装时必须留出维修空间。空调冷凝水管坡度必须符合设计要求，冷凝水管尽可能短并避免气封产生，实现有组织排水。分体空调的管路不宜过长，以免影响制冷效果，铜管的弯处不可有死褶，以保证制冷制热畅通无阻。主电源线敷设时不能与信号电缆放在同一导管内，不能与信号电缆电缆捆绑在一起。

散热通风系统如图 3-35 所示。

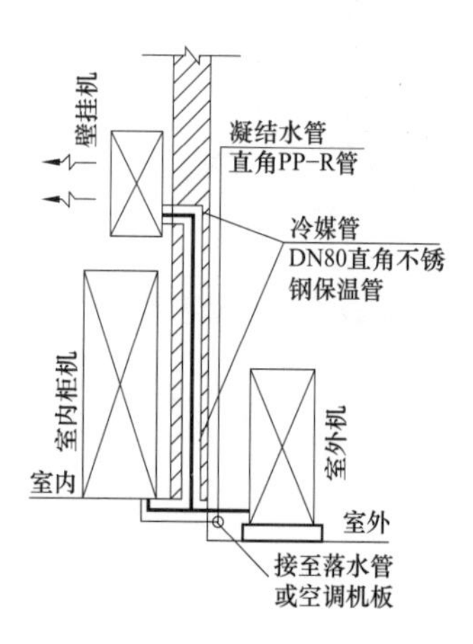

图 3-35 散热通风系统

（5）照明及开关插座安装要求。照明配置筒灯、壁灯、荧光灯、吸顶灯等灯具。灯具安装时应避开二次设备屏位、母线桥和开关柜的正上方，确保安装牢固，布局美观合理。成排灯具宜采用型材统一固定，避免出现不整齐现象。室内电源箱、开关安装高度应统一，高度底边距地面 1300mm。开关距门边距离不小于 200mm，两开关距 20mm。室内插座中心线距地面 300mm，与门边距不小于 200mm，淋浴间插座中心线距地面 1800mm，应为防水型开关和插座。开关和插座放置 86 型预埋盒。

（6）动力箱及照明控制回路系统安装要求。装配式建筑物二次设备室、配电室动力和照明回路宜通过组屏方式减少墙面箱体的设置，屏位布置在二次设备室，动力和照明模块就含在此屏体中。

（7）动力线缆安装要求。动力线缆敷设要求管口平整光滑；管与和（盒）箱等器件采用插入法连接时，连接处结合面涂专用胶合剂，接口牢固密封；敷设于地下或楼板间的刚性绝缘导管，在穿出地面或楼板易受机械损伤的一段，采取保护措施；当设计无要求时，埋设在楼板内混凝土内的绝缘导管，采用中性以上导管；多层或多排电缆导管，管与管之间宜连接固定，排列整齐。预留管道口应采用防火阻燃材料封堵。电缆导管的弯曲处，不应有褶皱、凹陷及裂缝，且弯曲程度不应大于管外径的 10%。电缆导管的弯曲半径不应小于导管外径的 10 倍；每根电缆导管的弯头不应超过 3 个，直角弯不应超过 2 个。

（8）预制门柱中电动大门控制器及导轨、门禁系统、红外对射等预埋管线以及预埋铁的位置及安装要求。

1）电动大门门禁系统安装。电动大门读卡器和开关安装在预制大门柱上，分别位于门柱内外居中位置，距离地面高度 1.5m，大门读卡器和开关处开孔放置 86 型预埋盒。

2）红外对射安装。大门内侧两个门柱分别预埋两块 100mm × 100mm 钢板用于安装红外对射，距离地面高度 2.6m。

3）不锈钢大门及轨道安装。大门内侧两个门柱方向预埋两块 150mm × 200mm 钢板，用于安装固定电动钢大门，钢板中心距离地面高度 2.4m。

典型 110kV 装配式围墙大门柱综合管线布置安装如图 3-36 所示。

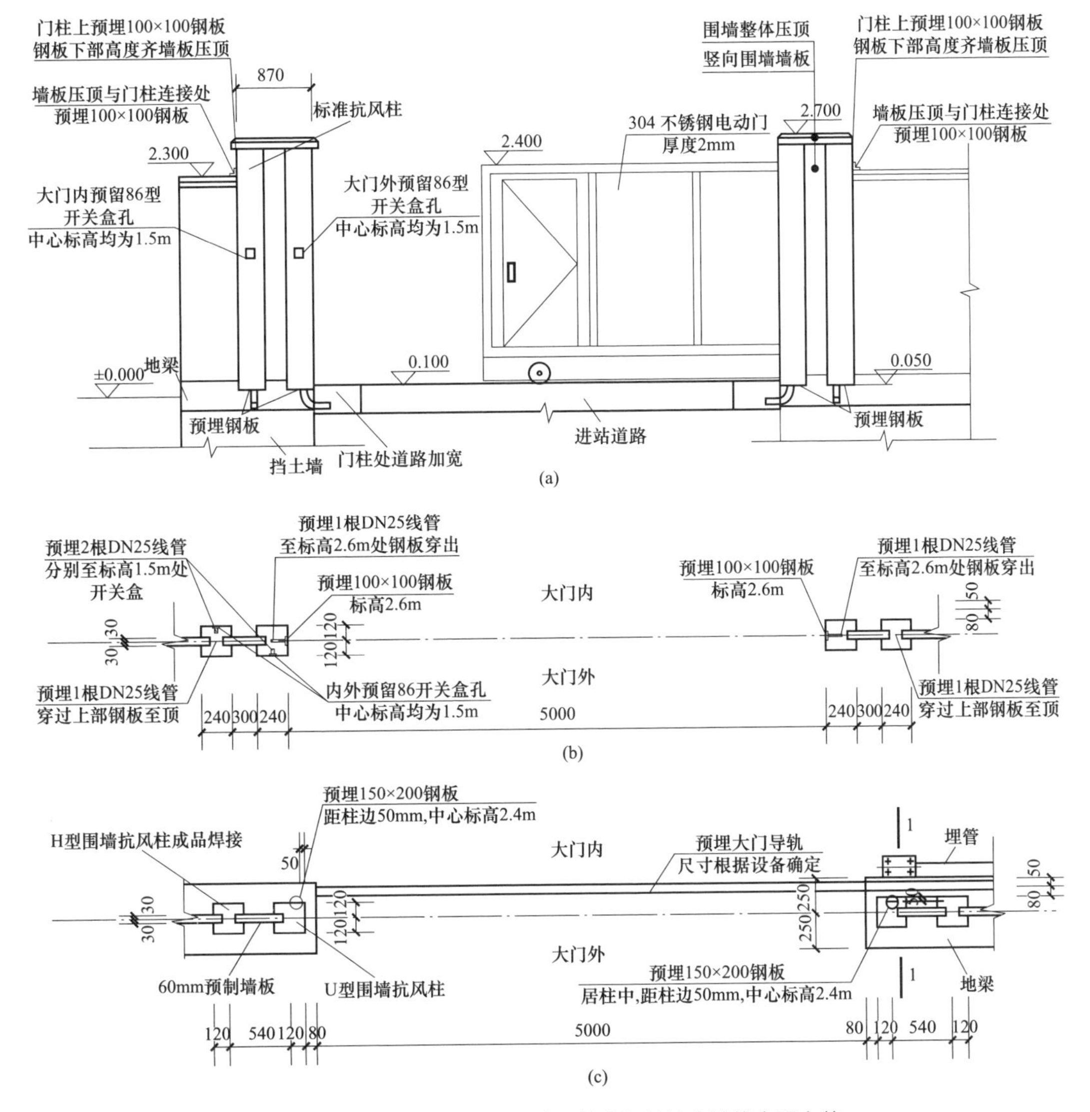

图 3-36 典型 110kV 装配式围墙大门柱综合管线布置安装

(a) 进站大门立面图；(b) 大门柱平面图；(c) 大门轨道基础图

3.8 装饰装修

3.8.1 门安装工艺

（1）木门安装工艺。

1）适用范围。适用于装配式房屋的资料室、功能房、工具室、卫生间。

2）施工流程。施工准备→门检查→门框架安装→门扇安装→修饰、固定、附件安装→成品保护→结束。

3）施工要点。

①木材应选用一、二等红白松或材质相似的木材，夹板门的面板采用五层优质胶合板或中密度纤维板，顶部设通气孔，油漆采用聚酯漆；使用耐水、无毒型胶黏剂。

②合页应按“上二下一”的要求安装，上面两个合页的间距应为300mm。合页的安装方向：主合页安装在门框上，副合页安装在门上。

③门应采用塑料胶带粘贴保护，分类侧放，防止受力变形。

④门装入洞口应横平竖直，外框与洞口应弹性连接牢固，不得将门外框直接埋入墙体。

⑤防腐处理：若设计无要求时，门与墙体连接部位可涂刷橡胶型防腐涂料或聚内乙烯树脂保护装饰膜。

⑥涉水房间的门套底部应采取防水防潮措施。

⑦门框与墙体间空隙填充：门框与墙体间空隙采用发泡材料填充密实。门扇底部与地面间隙应为5～6mm。

⑧施工时加强成品保护，不允许随意撕掉框表面所贴的保护膜。在交叉作业中，应采用木档或其他物件进行保护，以免钢管及其他硬物碰坏门框。墙体抹灰完成后才能将门保护膜撕去。涂刷工程施工前，应在门边框四周贴上美纹胶纸，防止涂料及油漆对门窗框造成二次污染。

4）工艺标准。

①木门只限于室内，用于卫生间、淋浴间时，下部应设置通风百叶窗。

②门套制作与安装所使用材料的材质、规格、花纹和颜色、木材的燃烧性能等级和含水率及人造木板的甲醛含量应符合设计要求及现行国家标准的有关要求。

③门套表面应平整、洁净、线条顺直、接缝严密、色泽一致，无裂缝、翘曲及损坏。

④翘曲（框、扇）偏差不大于2mm；对角线长度差（框、扇）不大于2mm；表面平整度（扇）偏差不大于2mm；裁口、线条结合处高低差（框、扇）偏差不大于0.5mm；相邻棂子两端间距偏差不大于1mm。

⑤门槽口对角线长度差不大于2mm；门框正、侧面垂直度偏差不大于1mm；框与扇、扇与扇接缝高低差不大于1mm；双扇门内外框间距偏差不大于3mm。

⑥门轴应垂直，门应能在开启过程中任意位置停留。

⑦满足《木门窗》（GB/T 29498—2013）、《中密度纤维板》（GB 11718—2009）和《变电（换流）站土建工程施工质量验收规范》（Q/GDW 1183—2012）的要求。

5）木门安装效果图如图3-37所示。

（2）防火门安装工艺。

1）适用范围。适用于装配式房屋的门厅大门、主控室、高压室。

2）施工流程。施工准备→门检查→门框架安装→门扇安装→修饰、固定、附件安装→成品保护→结束。

3）施工要点。

①门框的安装：采用镀锌铁片连接固定，严禁采用射钉固定。镀锌铁片厚度不小于1.5mm，固定点间距：门拼接转角180mm，框边处不大于500mm。预埋件的数量、位置、埋设方式、与框的连接方式必须符合设计要求。门框与楼地面采用嵌入式安装方式，门槛一侧顶面与地面齐平。

图3-37 木门安装效果图

②门扇安装方向应为疏散方向，启闭灵活（在不大于80N的推力作用下即可打开），并具有自行关闭的功能。

③设备间防火门应设可视窗。

④门框与墙体间空隙填充：门框外侧和墙体室外二次粉刷应预留5～8mm缝隙，采用发泡剂填充，发泡剂应连续施打、一次成型、充填饱满，溢出门框外的发泡剂应在结膜前塞入缝隙内，防止发泡剂外膜破损。槽口用硅酮耐候胶密封，严禁在涂层上打密封胶。

⑤钢制门要做可靠接地，并有明显标识。

4）工艺标准。

①门表面应洁净、平整、光滑、色泽一致，无锈蚀。大面应无划痕、碰伤。漆膜或保护层应连续。

②门扇必须安装牢固，并应开关灵活、关闭严密，无倒翘。

③钢制防火门及附件质量必须符合设计要求和有关消防验收标准的规定，应由厂家提供合格证，防火门的功能指标必须符合设计和使用要求。防火门密封要求必须满足设计及规范要求。

④门槽口宽度、高度偏差不大于2.5mm。门槽口对角线长度差不大于5mm。门框的正、侧面垂直度偏差不大于3mm。门横框的水平度偏差不大于3mm。门横框的标高偏差不大于5mm，门竖向偏离中心偏差不大于4mm。双扇门内外框间距偏差不大于5mm。

5）防火门安装效果图如图3-38所示。

3.8.2 窗户安装工艺

（1）适用范围。适用于装配式房屋。

（2）施工流程。施工准备→窗检查→窗框架安装→窗扇安装→修饰、固定、附件安装→成品保护→结束。

（3）施工要点。

1）塑钢主材UPVC，耐老化时间不小于4000h；主型材壁厚不小于2.5mm，加强型钢壁厚不小于1.2mm；铝合金主材采用隔热型的铝

图3-38 防火门安装效果图

型材。受力杆件最小壁厚应不小于 1.4mm，粉末喷涂，膜厚不小于 4μm；氟碳漆喷涂，膜厚不小于 30μm：五金件采用中档防腐材料；密封条采用三元乙丙密封胶条，橡胶密封条应安装完好，不得脱槽。面积大于 1.5m² 的门窗玻璃选用厚度不小于 5mm 的安全玻璃；外门窗采用厚度不小于 5mm 的中空玻璃（中空玻璃的空气层厚度等于 12mm）。

2）门窗框（扇）割角、拼缝严密，横平竖直，表面平整洁净，无划痕碰伤。

3）门窗扇缝隙均匀、平直、关闭严密，开启灵活。推拉门窗必须设置防撞及防跌落装置。

4）合页、拉手、插销、门锁等小五金附件齐全，位置统一，安装牢固，使用灵活。

5）窗框与墙体间空隙填充。窗框和墙体应预留 5 ~ 8mm 缝隙，采用发泡剂填充，发泡剂应连续施打、一次成型、充填饱满，溢出门框外的发泡剂应在结膜前塞入缝隙内，防止发泡剂外膜破损。槽口用硅酮耐候胶密封，严禁在涂层上打密封胶。

6）卫生间、淋浴间门下部应设通风百叶，窗玻璃应采用磨砂型，卫生间磨砂面朝内，淋浴间磨砂面朝外。

7）窗的固定宜用定型扁铁，扁铁间距应符合要求，用螺钉拧紧。把扁铁拧在砌体中的预制混凝土砌块或混凝土门、窗框上。

8）固定窗框的螺钉宜用配套的塑料盖封好，四周打上玻璃胶，确保密封防水。

9）槽轨内做溢水孔，溢水孔不少于 2 个，内外成一定坡度，以免积水。

10）泡沫胶的充盈系数宜达 100%，施工前窗台干净、干燥，不留灰尘、水分，便于黏接。

11）砂浆层宜从塑钢窗边近乎 45° 出发抹圆弧形，浇水养护，不得开裂。

12）待粉刷、养护、干燥后，在窗外侧些周塑钢窗与砂浆结合处打硅酮耐候密封胶，压实使其表面光滑。

13）施工时应加强成品保护，不允许随意撕掉成品所贴的保护膜。在交叉作业中，应采用木档或其他物件进行保护，以免钢管及其他硬物碰坏门窗框（推拉门安装完成后，下槛内外两侧需加斜形的木板或采用其他保护措施，以免损坏下槛）。内外墙抹灰完成后才能将门窗框保护膜撕去，保护膜的胶质物在型材表面如留有胶痕，宜用香蕉水清理干净。涂刷工程施工前，应在门窗边框四周贴上美纹胶纸，防止涂料及油漆对门窗框造成二次污染。

14）窗户应加限位装置。

（4）工艺标准。

1）门窗框（扇）安装牢固，无变形、翘曲、窜角现象。

2）窗的抗风压性能、气密性能、水密性能、隔声性能、保温性能应满足设计图纸的要求。

3）门窗槽口宽度、高度偏差不大于 2mm。门窗槽口对角线长度差不大于 3mm。门窗框的正、侧面垂直度偏差不大于 3mm。门窗横框的水平度偏差不大于 3mm。门窗横框的标高偏差不大于 5mm。门窗竖向偏离中心偏差不大于 5mm。双扇门窗内外框间距偏差不大于 4mm。

4）满足《门、窗用未增塑聚氯乙烯（PVC-U）型材》（GB/T 8814—2017）、《变电（换流）站土建工程施工质量验收规范》（Q/GDW 1183）的要求。

（5）窗户安装效果图如图 3-39 所示。

图 3-39　窗户安装效果图

3.8.3　吊顶施工工艺

（1）适用范围。适用于变电站装配式钢结构配电综合楼中的主控室、门厅、卫生间、功能房的吊顶装饰工程。

（2）施工流程。施工准备→龙骨吊装→面板安装→压条安装→结束。

（3）施工要点。

1）龙骨为轻钢龙骨，铝板烤漆。

2）吊顶宜事先预排，避免出现尺寸小于 1/2 的块料。

3）根据吊顶的设计标高在四周墙上弹线，弹线应清楚，位置准确，其水平允许偏差 ±5mm。

4）沿标高线固定角铝，作为吊顶边缘部位的封口，常用规格为 25mm×25mm，其色泽应与铝合金面板相同，角铝多用水泥钉固定在墙、柱上。

5）确定龙骨位置线，根据铝扣板的尺寸规格，以及吊顶的面积计算吊顶骨架的结构尺寸。对铝扣板饰面的基本布置是：板块组合要完整，四围留边时，留边的四周要对称均匀，将安排布置好的龙骨架位置线画在标高线的上边。

6）吊杆、龙骨和饰面材料安装必须牢固。吊杆应采用预埋铁件或预留锚筋固定，在顶层屋面板严禁使用膨胀螺栓。

7）主龙骨吊点间距按设计推荐系列选择，中间部分应起拱，龙骨起拱高度不小于房间面跨度的 1/200。主龙骨安装后应及时校正位置及高度。要控制龙骨架的平整，首先应拉出纵横向的标高控制线，从一端开始，一边安装一边调整吊杆的悬吊高度。待大面平整后，再对一些有弯曲翘边的单条龙骨进行调整，直至平整符合要求为止，

8）吊杆应通直并有足够的承载力。当吊杆需接长时，必须搭接焊牢，焊缝应均匀饱满，做防锈处理，吊杆距主龙骨端部不得超过 300mm，否则应增设吊杆，以免主龙骨下坠；次龙骨（中龙骨或小龙骨，下同）应紧贴主龙骨安装。

9）全面校正主、次龙骨的位置及水平度。连接件应错位安装，检查安装好的吊顶骨架，牢固可靠，符合有关规范后方可进行下一步施工。

10）安装方形铝扣板时，把次龙骨调直，扣板半整，无翘曲，吊顶平面平整误差不得超过 5mm，饰面板洁净、色泽一致，无翘曲、裂缝及缺损。压条应无变形、宽窄一致，压条宽度 30 ~ 50mm，安装牢固、平直，与吊顶和墙面之间无明显缝隙。

（4）工艺标准。

1）铝扣板安装平整、牢固，排版合理，无翘曲、变形。

2）表面平整度偏差不大于 2mm。接缝直线度偏差不大于 1mm。接缝高低差偏差不大于 0.5mm。

3）吊顶四周水平偏差：±3mm。

（5）铝扣板安装效果图如图 3-40 所示。

图 3-40　铝扣板安装效果图

3.8.4 地面施工工艺

（1）贴通体砖地面。

1）适用范围。适用于装配式钢结构配电综合楼中的门厅、卫生间、功能房的板块铺设工程。

2）施工流程。施工准备→面砖浸水湿润、预选、排砖→基层处理→分区、预埋、设计汇大样→水平及垂直控制线、标志块→面砖加工与镶贴→面砖清洁→结束。

3）施工要点。

①将砖用干净水浸泡约 15min，捞起待表面无水再进行施工。

②基层表面的浮土和砂浆应清理干净，有油污时，应用 10% 工业碱水刷净，并用压力水冲洗干净。

③有防水要求的地面，防水层在墙地交接处上翻高度：卫生间不少于 1.8m。有防水要求的地面，应确认找平层已排水放坡，不积水，地面及给排水管道预埋套管处按设计要求做好防水处理。隐蔽工程验收合格，蓄水试验无渗漏；穿楼地面的管洞封堵密实。

④相连通的房间规格相同的砖应对缝，确实不能对缝的要用过门石隔开。

⑤图纸设计阶段应考虑各房间、走廊等部位设计尺寸符合地砖模数，铺设前应进行预排。

⑥板材铺贴前，应先放线排版，并对地面基层进行湿润，刷水胶比为 1∶0.5 的水泥浆，随刷随铺干硬性砂浆结合层。从里往外、从大面往小面摊铺：铺好后用大杠尺刮平，再用抹子拍实找平，采用干硬性砂浆（宜采用 M10）结合层。结合层砂浆干硬程度以手捏成团，落地即散为宜。

⑦铺设地板砖时地板砖间设置定型卡具，使得地板砖间均匀留设 0.5 ~ 0.8mm 的缝隙。在砂浆初凝后终凝前，将地砖竖向缝隙内的砂浆剔除，有效解决地砖涨裂、破损，又便于受损地砖的更换。根据地区温差情况处理缝隙，如温差较小时，可用水泥浆嵌缝。如地板砖采用密贴时，应考虑温差的影响。

⑧一个区段施工铺完后应挂通线调整砖缝，使缝口平直贯通。地砖铺完后 24h 要洒水 1 ~ 2 次，地砖铺完 2d 后将缝口和地面清理干净，最后用棉纱将地面擦干净。地板砖铺设后，覆盖浇水养护至少 7d。

⑨成品保护：切割地砖时，不得在刚铺贴好的砖面层上操作。面砖铺贴完成后应撒锯末或其他材料覆盖保护。铺贴砂浆抗压强度达到 1.2MPa 时，方可上人进行操作，但必须注意油漆、砂浆不得放在板块上，铁管等硬器不得碰坏砖面层。涂料施工时要对面层进行覆盖保护。

4）工艺标准。

①地砖与下卧层结合牢固，不得有空鼓。地砖面层表面洁净，色泽一致，接缝平整，地砖留缝的宽度和深度一致，周边顺直。地面砖无裂缝、无缺棱掉角等缺陷，套割粘贴严密、美观。阴阳角做 45° 对角拼砖，且边无破损。

②平整度偏差不大于 2mm。缝格平直偏差不大于 3mm。接缝高低差不大于 0.5mm。

③踢脚线为瓷砖时，宜采用成品踢脚线。踢脚线缝与地砖缝对齐，踢脚线瓷砖出墙 5 ~ 6mm。

④涉水房间地面应采用防滑地板砖。

5）地面砖安装效果图如图 3-41 所示。

图 3-41 地面砖安装效果图

（2）自流平地面。

1）适用范围。适用于装配式钢结构配电综合楼中的 10kV 室。

2）施工流程。施工准备→基层处理→涂刷界面剂→浇注自流平→封闭剂施工→切缝→结束。

3）施工要点。

①施工环境要求：地面应干燥，温度宜为 15 ~ 35℃，地面相对湿度不宜大于 85%；不要有过强的穿堂风，以免造成局部过早干燥。若夏季宜选择夜间施工。

②基层处理：基层混凝土强度应不小于 C25，厚度不应小于 150mm，基层含水率应在 8% 以下，除去浮浆和附着的杂物、油污等，清扫干净，使地平面清洁平整。地面受到破损或有小凹陷，可采用环氧树脂加石英砂修补；较大裂缝，可采用环氧树脂灌缝修补，满足《环氧树脂自流平地面工程技术规范》（GB/T 50589—2010）相关要求。基层平整、分格缝留置合理，间距不大于 6m，柔性材料填塞平整。

③施工用水宜用洁净自来水，以免影响表面观感质量。

④在寒冷的情况下，要用温水（水温不超过 35℃）搅拌。

⑤工完成后设备安装前应对地面采取保护措施，避免出现划痕和油渍污迹。

4）工艺标准。

①自流平地面层应洁净，色泽一致，无接茬痕迹，与地面埋件、预留洞口、踢脚线处接缝顺直，收边整齐，阴阳角方正。

②满足《环氧树脂自流平地面工程技术规范》（GB/T 50589—2010）和《自流平地面工程技术标准》（JGJ/T 175—2018）的相关要求。

③表面平整度偏差≤ 1mm。

5）自流平面效果图如图 3-42 所示。

（3）防静电活动地板。

1）适用范围。适用于装配式钢结构配电综合楼中的主控室。

2）施工流程。施工准备→基层处理与清理→找中、套方、分格、定位弹线→安装固定可调支架和引条→铺设活动地板面层→清擦和打蜡→结束。

3）施工要点。

①防静电活动地板宜采用全钢制，贴面材料与周围地面一致。防静电活动地板及其配套支撑系列的技术性能要符合设计及《防静电工程施工与质量验收规范》（GB 50944—2013）要求。

②铺设前应进行活动地板排版、设计。选择符合房间尺寸的板块模数，如无法满足时，不得有小

图 3-42 自流平地面效果图

于 1/2 非整块板块出现，且应放在房间拐角部位。板材面层无裂纹、掉角和缺棱等缺陷，切割边不经处理不得镶补安装，并不得有局部膨胀变形。大面积施工操作前，要根据实际现场测量情况进行预排敷设。

③弹完方格网实线后，要及时插入铺设活动地板下的电缆管线的工序，并经验收合格后再安支撑系统，防止因工序颠倒，造成支撑架碰撞或松动。

④金属支撑架应支撑在坚实的基层上，基层应半整、光洁、干燥、不起灰。

⑤在墙体四周弹设标高控制线，依据标高控制线，由外往里铺设。铺设时应规范，并预留洞口与设各位置。

⑥地板支架应可靠接地，接地系统可利用防静电的支架系统构成接地网，接地网与室内接地端子连接。

⑦先将活动地板各部分组装好，以基准线为准，连接支撑架和框架。根据标高控制线确定面板高度，带线调整支撑架螺杆。用水平尺调整每个支座的高度，使支撑架均匀受力，安装底座时，要检查是否对准方格网中心交点，横梁仓部安装完后拉横竖线，检查横梁的平直度，保证缝格的平直度不大于 1mm，面板安装之后拉小线再次进行检查。横梁的顶标高也要严格控制，用水平仪核对整个横梁的上平面。

⑧所有支座柱和横梁框架成为一体后，应用水平仪检查，然后将支座柱固定牢固。活动地板靠墙边处宜采用 *L*50mm × 5mm 角钢（角钢采用间距不大于 600mm 的膨胀螺栓固定）或其他横向支撑，使整体框架稳定牢靠，保证地板四边支撑。

⑨在横梁上铺设缓冲条，使用乳液胶与横梁粘合。活动地板应从相邻两边依次向外铺装，为保证平整，可调整方向或调换活动地板位置，但不得在地板下加垫。活动地板与墙边接缝处，安装踢脚线覆盖。通往风口等处采用异形活动地板安装。

⑩活动地板安装完后应做好成品保护，防止涂料二次污染，严禁对地板表面造成硬物损伤。

⑪ 防止全钢地板四周导电橡胶缺少、破损、脱落，确保导电橡胶的接触面完整。

4）工艺标准。

①面层应排列整齐、表面洁净、色泽一致、接缝均匀、周边顺直。

②面层无裂纹、掉角和缺棱等缺陷，切割边不经处理不得镶补安装，并不得有局部膨胀变形。行走无响声、无晃动。

③支撑架螺栓紧固，缓冲垫放置平稳整齐，所有的支座柱和横梁构成框架一体，并与基层连接牢固。

④平整度偏差不大于 2mm；缝格平直偏差不大于 1mm；接缝高低差不大于 0.4mm 支架高度偏差为 ±1mm。

5）静电地板效果图如图 3-43 所示。

图 3-43　静电地板效果图

3.8.5　内墙涂料

（1）适用范围。适用于变电站装配式钢结构配电综合楼中的高压室、主控室、门厅、卫生间、功能房等建、构筑物涂刷工程。

（2）施工流程。施工准备→基层处理→打底找平→打磨→施涂封底涂料→施涂主层涂料→施涂面层涂料→涂料清理→结束。

（3）施工要点。

1）涂料采用环保乳胶漆。

2）基层处理：将墙面基层上起皮、松动及空鼓等清除凿平；基层的缺棱掉角处用M15水泥砂浆或聚合物砂浆修补；表面的麻面和缝隙应用腻子找平，干燥后用砂纸打磨平整，并将残留在基层表面上的灰尘、污垢、溅沫和砂浆流痕等杂物清扫干净。涂刷溶剂型涂料时，基层的含水率不大于8%；涂的水性涂料时，基层的含水率不大于10%。

3）刮腻子的遍数应根据基层表面的平整度确定，第一遍腻子应横向满刮，一刮板接着一刮板，接头处不留槎，每一刮板收头要干净利索。刮第二遍腻子前必须将第一遍腻子磨平、磨光，将墙面清扫干净，没有浮腻子及斑迹污染。第二遍腻子应竖向满刮，待腻子干燥后打磨平整，清扫干净。第三遍腻子用胶皮刮板找补腻子，用钢片刮板满刮腻子、墙面应平整光滑、棱角顺直。尤其要注意梁板柱接头部位及墙顶面、门窗口等阴角部位的施工质量。

4）涂料施工前，应在门窗边框、踢脚线、开关、插座等周边粘贴美纹胶纸，防止涂料二次污染。

5）涂料施工时涂刷或滚涂一般三遍成活，喷涂不限遍数。涂料使用前要充分搅拌，涂涂料时，必须清理干净墙面。调整涂料的黏稠度，确保涂层厚薄均匀。

6）面层涂料待底层涂料完成并干燥后进行，从上往下、分层分段进行涂刷。涂料涂刷后应颜色均匀、分色整齐、不漏刷、不透底，每个分格应一次性完成。

7）施工前要注意对金属埋件的防腐处理，防止金属锈蚀污染墙面。涂料与埋件应边缘清晰、整齐、不咬色。

（4）工艺标准。

1）墙面应平整光滑、棱角顺。颜色均匀一致，无返碱、咬色，无流坠、疙瘩，无砂眼、刷纹。

2）分格线偏差不大于3mm

（5）内墙涂料效果图如图3-44所示。

图3-44　内墙涂料效果图

3.8.6　墙面砖

（1）适用范围。适用于变电站装配式钢结构配电综合楼外墙（0.7M以下）和卫生间墙面砖镶贴工程。

（2）施工流程。施工准备→面砖浸水湿润、预选、排砖→基层处理→分区、预埋、设计汇大样→水平及垂直控制线、标志块→面砖加工与镶贴→勾缝与擦缝→面砖清洁→结束。

（3）施工要点。

1）墙砖地砖排布基本要求：宜事先预排，尽量不出现或少出现大半砖，不出现小于整砖的1/2。在门旁位置应保持整砖。面砖不得吃门窗框：墙面砖压地面砖。

2）墙面砖与地面砖的排砖关系．墙面砖与地面砖砖缝应对缝，内墙砖与地砖的选用应优先考虑在一个方向上尺寸相同，地砖一般采用正方形规格。

3）墙砖与吊顶关系：吊顶边条宜止好压墙砖平缝．显示墙面整砖为好。

4）基层处理：检查墙面基层，凸出墙面的砂浆、砖、混凝土等应清除干净，孔洞封堵密实。光滑的混凝土表面要凿毛（附有脱模剂的混凝土面层，采用10%的工业碱溶液冲洗，再用钢丝刷刷洗干净），在填充墙与混凝土接槎处，钉钢丝网加强，钢丝网与基体的搭接宽度每边不小于150mm，然后用M15水泥砂浆（内掺适量胶粘剂）或界面砂浆，采用机械喷涂的方法进行墙面毛化处理，并进行洒水养护。

5）有防水要求的墙面，在1.8m高度范围内涂防水材料。

6）水平及垂直控制线、标识块：根据设计大样设立皮数杆，对窗心墙、墙垛处事先测好中心线、水平分格线、阴阳角垂直线，然后镶贴标识点。标识点间距为1.5m×1.5m，面砖铺贴到此处时再敲掉。

7）面砖镶贴：砖墙面要提前一天湿润好，混凝土墙可以提前3～4h湿润，瓷砖要在施工前浸水，浸水时间不小于2h，然后取出晾至手按砖背无水渍方可贴砖。阳角拼缝可将面砖边沿磨成45°斜角，保证接缝平直、密实。阴角应大面砖压小面砖，并注意考虑主视线方向，确保阴阳角处格缝通顺。厕所、洗浴间缝隙宜采用塑料十字卡控制。

8）瓷砖粘贴时注意调和好粘接层的黏稠度。

9）采用白水泥擦缝或专用填缝剂。

10）太光滑的墙面要凿毛或刷界面处理剂。

11）吊垂直、套方、找规矩。用经纬仪在四大角（建筑物边角）、门窗口边打垂直线；高层建筑可使用线坠、崩铁丝吊垂直，根据面砖尺寸分层设点、做标识。横向水平线以楼层为水平基线交圈控制，竖向线则以四大角和通天柱（框架柱）、垛子（砖跺）为基线控制，宜采用整砖，阳角处要双面排直，灰饼（标识砖）间距1.6m。

12）外墙面砖粘贴前应做淋水试验。

13）外墙面排砖保证砖缝均匀。图纸设计尺寸符合墙砖模数，并进行预排。施工前外墙面砖排列方式进行横竖向排砖、弹线。凡阳角部位应是整砖，并切45°角对称粘贴。如遇有突出的卡件，应用整砖套割吻合，不得用非整砖随意拼凑镶贴。外墙曲砖的缝隙均匀一致，缝宽6～10mm，阳角套割吻合。外墙砖需设置伸缩缝，间距不大于6m，宽度为20mm，耐候密封胶嵌缝。

14）外墙面选砖、浸砖、镶贴前应先挑选颜色、规格一致的砖，然后浸泡2h以上，取出晾干备用。

15）外墙面砖应做黏结强度试验，墙砖破坏强度不小于1300N。

16）外墙面砖镶贴时，在面砖背面满铺胶黏剂。粘贴后，用小铲柄轻轻敲击，使之与基层黏牢，随时用靠尺找平、找方。

17）外墙面分格条在使用前用水充分浸泡，以防胀缩变形。在粘贴面砖次日（或当日）取出，起条应轻巧，避免碰动面砖。完成一个流水段后，用专用勾缝剂勾缝，凹进深度为3mm，十字交叉处应有贯穿线。

18）外墙面有抹灰与面砖相接的墙、柱面，应先在抹灰面上打好底，粘好面砖后再抹灰。

19）整个工程完工后，应加强养护，用清水冲洗干净。

（4）工艺标准。

1）内外墙砖套割吻合，边缘整齐。粘贴牢固，无窒鼓，表面平整、洁净、色泽一致，无裂痕和缺损。接缝应平直、光滑，填嵌应连续、密实。

2）内墙砖垂直度偏差不大于2mm：平整度偏差不大于1.5mm；阴阳角方正偏差不大于2mm；接缝直线度偏差不大于2mm；接缝高低差不大于0.5mm。

3）外墙砖垂直度不大于3mm。平整度不大于2mm。阴阳角方正不大于2mm接缝直线度不大于3mm。接缝高低差不大于1mm。

（5）墙面砖效果图如图3-45所示。

图3-45 墙面砖效果图

3.8.7 卫生器具

（1）适用范围。适用于变电站装配式钢结构配电综合楼中的卫生间。

（2）施工流程。施工准备→外观检查→安装→通水试验→成品保护→结束。

（3）施工要点。

1）大便器宜采用自闭式冲洗阀蹲式大便器，小便器宜采用自闭式冲洗阀小便器。

2）在施工主体结构时要对卫生洁具的位置以及砖缝的位置进行预排，保证洁具居中对称布置。

3）卫生器具本体与墙体或地面缝隙对称，连接处打密封胶。

4）卫生器具各连接件不渗漏，排水顺畅。

5）同一房间内，同类型的卫生器具及配件应安装在同一高度。

6）卫生器具安装时应采取有效措施防止损坏和腐蚀。

7）卫生器具交工前应做满水和通水试验。

8）卫生器具的支托架必须防腐良好，安装半整、牢固，与器具接触紧密、平稳。

9）卫生器具给水配件应完好无损伤，接口严密，启闭部分灵活。

10）卫生器具安装完成后表面无划痕及无外力冲击破坏。

11）蹲便应设隔断。

（4）工艺标准。

1）卫生器具应满足节约用水和减少噪声的要求，器具表面要光滑、不易积污垢，粘污后要容易清洗。

2）卫生器具的安装高度应满足《建筑给水排水设计规范》（GB 50015—2003）的要求。

3）卫生器具排水管应设存水弯。

4）卫生器具安装允许偏差见表 3-9。

表 3-9　卫生器具安装允许偏差

序号	项目	允许偏差	
1	标高（mm）	单独器具	± 15
		成排器具	± 10
2	器具水平度（mm/m）	2	
3	器具垂直度（mm/m）	3	

5）施工质量应满足《建筑给水排水及采暖工程施工质量验收规范》（GB 50242—2002）等相关规程、规定要求。

6）卫生间器具安装效果图如图 3-46 所示。

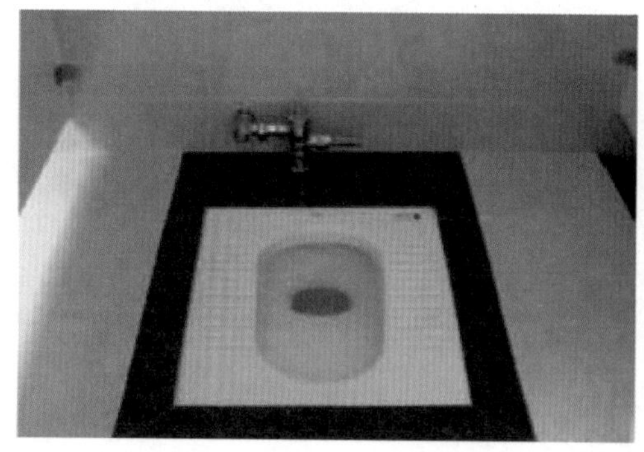

图 3-46　卫生间器具安装效果图

3.9　质量验收

3.9.1　验收程序

（1）装配式钢结构厂房应进行隐蔽工程及阶段性转序验收，验收内容及要求需符合《变电站装配式钢结构建筑施工验收规范》（Q/GDW 11688—2017）相关规定。工程开工前，施工项目部编制单位工程及分部、分项项目验收计划。

（2）工序作业前后，按要求对施工作业过程的关键环节或材料的质量进行的验收，包括隐蔽工程验收、原材料及成品的进场验收等。

（3）检验批（单元工程）、分项、分部、单位工程完工后，均应开展班组自检、施工项目部复检、公司级专检。具备监理初检条件后，完成监理初检、中间验收。

（4）工程完工并完成所有中间验收后，开展竣工预验收、启动与系统调试、试运行、移交。

（5）各类验收中发现的问题需经整改闭环并经验收方认可方可开展后续工作。

3.9.2　验收比例

（1）依据《国家电网公司输变电工程验收管理办法》（基建/3）188—2019，施工三级自检抽检及监理初检比例为：

1）班组自检率为100%。

2）施工项目部级复检率为100%。

3）公司专检率不少于30%，且应覆盖所有分项工程。

（2）依据《国家电网公司输变电工程验收管理办法》（基建/3）188—2019，输变电工程监理初检比例为：变电工程监理初检应全检或采用覆盖所有分项工程的抽查方式。

3.9.3　验收重点

（1）高强度螺栓。

1）高强度螺栓连接工程可按相应的钢结构制作或安装工程检验批的划分原则划分一个或若干个检验批进行验收。

2）高强度螺栓连接安装时，穿入方向应一致，连接副终拧后，螺栓丝扣外露应为2～3扣，其中允许有10%的螺栓丝扣外露1～4扣。

3）高强度螺栓安装时应先使用安装螺栓和冲钉。在每个节上穿入的安装螺栓和冲钉数量，应根据安装过程所承受的荷载计算确定，并应符合下列规定：

①不应少于安装孔总数的1/3；

②安装螺栓不应少于2个；

③冲钉穿入数量不宜多于安装螺栓数量的30%；

④不得用高强螺栓兼做安装螺栓。

4）高强度螺栓应在构件安装精度调整后进行拧紧。高强度螺栓安装应符合下列规定：

①扭剪型高强度螺栓安装时，螺母带圆台面的一侧应朝向垫圈有倒角的一侧；

②大六角头高强度螺栓安装时，螺栓头下垫圈有倒角的一侧应朝向螺栓头，螺母带圆台面的一侧应朝向垫圈有倒角的一侧。

5）高强度螺栓现场安装时能自动穿入螺栓孔，不得强行穿入。螺栓不能自由穿入时，可采用铰刀或锉刀修整螺栓孔，不得采用气割孔，扩孔数量应就得设计单位同意，修整后或扩孔后的孔径不应超过螺栓直径的1.2倍。

6）高强度大六角头螺栓连接副施拧可采用扭矩法或转角法，施工时应的合下列规定：

①施工用的扭矩扳手使用前应进行校正，只扭矩相对误差不得大于±5%；校正用的扭矩扳手，其扭矩相对误差不得大于±3%。

②施拧时，应在螺母上施加扭矩。

③施拧应分为初拧和终拧，大型节点在初拧和终拧之间增加复拧。初拧扭矩可取施工终拧扭矩的50%，复拧扭矩应等于初拧扭矩。

④采用转角法施工时，初拧（复拧）后连接副的终拧角度应满足表3-10的要求；初拧或复拧后应对螺母涂上颜色标记；高强度螺栓施工预拉力，可按表3-11选用；扭剪型高强度螺栓初拧（复拧）扭矩值可按照表3-12选用。

表 3-10　　初拧（复拧）后连接副的终拧转角度

螺栓长度	螺母转角	连接状态
$L \leqslant 4d$	1/3 圈（120°）	连接型式为一层芯板加两层盖板
$4d<L \leqslant 8d$ 或 200mm 及以上	1/2 圈（180°）	
$8d<L \leqslant 12d$ 或 200mm 及以上	2/3 圈（240°）	

注　1. d 为螺栓公称直径。
2. 螺母的转角位螺母与螺栓杆之间的相对转角。
3. 当螺栓长度≥超过螺栓公称直径 d 的 12 倍时，螺母的终拧角度应由试验确定。

表 3-11　　高强度大六角头螺栓施工预拉力（kN）

螺栓性能等级	M12	M16	M20	M22	M24	M27	M30
8.8S	50	90	140	165	195	255	310
10.9S	60	110	170	210	250	320	390

表 3-12　　扭剪型高强度螺栓初拧（复拧）扭矩值（N·m）

螺栓公称直径（mm）	M16	M20	M22	M24	M27	M30
初拧（复拧）扭矩	115	220	300	390	560	760

7）高强度螺栓连接工程验收时应提供资料。

①高强度螺栓连接副出厂合格证和复验报告；

②高强度螺栓接头摩擦面处理和抗滑移系数试、复验报告；

③高强度螺栓安装初拧、复拧、终拧质量检查记录及扭矩扳手的检测记录；

④在该项工程施工过程中产生的其他相关的技术文件资料。

8）验收等级。

①主控项目必须符合规范规定的合格质量标准的要求；

②一般项目其检验结果应有 90% 及以上的检查点（值）符合规范规定的合格质量标准偏差值的要求，且超差部分的最大值不超过 1.1 倍的偏差限值；

③质量检查记录，质量证明文件等资料应完整。

9）高强度螺栓分项工程检验批优质质量标准。

①主控项目必须符合规范规定的合格质量标准的要求；

②一般项目其检验结果应有 95% 及以上的检查点（值）符合规范规定的合格质量标准偏差值的要求。

10）高强度螺栓分项工程优质质量标准。

①分项工程所含的各检验批应符合规范规定的优质质量标准；

②分项工程所含的检验批质量验收记录、质量证明文件应完整。

11）钢结构厂房防腐。

①涂装前刚才表面除锈应符合设计要求和国家现行有关标准的规定。处理后的刚才表面不应有焊渣、焊疤、灰尘、油污、水和毛刺等。当设计无要求时，钢材表面除锈等级应符合最低除锈等级。

②钢结构的防锈和涂装设计应综合考虑结构的重要性、环境条件、维护条件及使用寿命等各种因素，除镀锌构件外，钢构件制作前表面均应进行喷砂（抛丸）除锈处理，不得手工除锈，除锈质量等级应达到《涂覆涂料前钢材表面处理 表面清洁度的目视评定 第1部分：未涂覆过的钢材表面和全面清除原有涂层后的钢材表面的锈蚀等级和处理等级》（GB/T 8923.1—2011）中Sa2.5级标准。

③钢结构防锈涂层由底漆、中间漆和面漆组成，即无机富锌底漆两遍（100μm+100μm），脂肪族聚氨酯面漆两遍（50μm）。各涂层的匹配组合和厚度应根据钢结构所处环境类别满足《工业建筑防腐蚀设计规范》（GB/T 500046—2018）的要求。

④涂料、涂装遍数、涂层厚度均应符合设计要求。当设计对涂层厚度无要求时，涂层干漆膜总厚度：室外应为150μm，室内应为125μm，其允许偏差为–25μm。每遍涂层干漆膜厚度的允许偏差为–5μm。

⑤构件表面不应误涂、漏涂，涂层不应脱皮和返锈等。涂层应均匀、无明显皱皮、流坠、针眼和气泡等。

⑥当钢结构处在有腐蚀介质环境或外露且设计有要求时，应进行涂层附着力测试，在检测处范围内，当涂层完整程度达到90%以上时，涂层附着力达到合格质量标准的要求。

⑦涂装完成后，构件的标志、标记和编号应清晰完整。

（2）钢结构厂房防火。

1）根据相关规范要求，丙类钢结构厂房主变压器室和散热器室的耐火等级为一级，钢柱的耐火极限为3h，钢梁的耐火极限为2h；其余房间的耐火极限为二级，钢柱耐火极限为2.5h，钢梁的耐火极限为1.5h。戊类单层钢结构厂房耐火等级为二级，钢柱的耐火极限为2h，钢梁的耐火极限为1.5h。

2）钢结构建筑物内各配电室、二次设备室等房间的钢柱、钢梁宜选用厚涂型防火涂料，防火涂料的涂刷厚度分别为：钢结构耐火极限为不小于1.5h的其防火涂料涂刷厚度不小于20mm，钢结构耐火极限为不小于2.0h的其防火涂料涂刷厚度不小于30mm，钢结构耐火极限为不小于2.5h的其防火涂料涂刷厚度不小于40mm，钢结构耐火极限为不小于3.0h的其防火涂料涂刷厚度不小于50mm。防火涂料的黏结强度宜大于0.05MPa；钢结构节点部位的防火涂料宜适当加厚。

3）防火涂料的进场验收除检查资料文件外，还要开桶抽查。开桶抽查除检查涂料结皮、结块、凝胶等现象外，还要与质量证明文件对照涂料的型号、名称、颜色及有效期等。

4）采用防火涂层作耐火防护时，防火涂料的材料必须选用经消防管理部门鉴定认可的，选用的防火涂料应与底漆相适应，并有良好的结合能力。

①用于保护钢结构的防火材料，应符合现行国家产品标准和设计的要求。

②钢结构防火保护工程的施工单位应具备相应的施工资质。施工现场质量管理应有相应的施工技术标准、质量管理体系、质量控制和检验制度。

③钢结构防火保护工程的设计修改必须由设计单位出具设计变更通知单，改变防火保护材料或构造时，还必须报经当地消防监督机构批准。

④钢结构防火保护工程应按下列规定进行施工质量控制：钢结构防火保护工程所使用的主要材料必须具有中文质量合格证明文件，并具有有检测资质的试验室出具的检测报告。

钢结构防火保护工程施工前钢材表面除锈及防锈底漆涂装应符合设计要求和国家现行有关标准的规定。

3.9.4 验收标准

（1）装配式钢结构厂房主体结构验收标准。依据《变电（换流）站土建工程施工质量验收规范》（Q/GDW 1183—2012）及《变电站装配式钢结构建筑施工验收规范》（Q/GDW 11688—2017）规定，装配式钢结构厂房主体结构验收标准如表 3-13 ~ 表 3-32 所示。

（2）屋面（楼承板）验收标准。依据《变电（换流）站土建工程施工质量验收规范》（Q/GDW 1183—2012）及《变电站装配式钢结构建筑施工验收规范》（Q/GDW 11688—2017）规定，压型钢板底模产品质量验收标准如表 3-33 和表 3-34 所示。

表 3-13　　钢结构制作（安装）焊接质量验收

类别	序号	检查项目	质量标准	单位
主控项目	1	焊接材料的品种、规格、性能等	应符合现行国家产品标准和设计要求	
	2	焊工	必须经考试合格并取得合格证书且在其考试合格项目及其认可范围内施焊	
	3	设计要求全焊透的一、二级焊缝	探伤检验应符合《钢结构工程施工质量验收规范》（GB 50205—2001）的规定	
	4	重要钢结构采用的焊接材料	应进行抽样复验，复验结果应符合现行国家产品标准和设计要求	
	5	焊接材料与母材的匹配	应符合设计要求及现行有关标准的规定	
	6	首次采用的钢材、焊接材料、焊接方法、焊后热处理等	应进行焊接工艺评定，并应根据评定报告确定焊接工艺	
	7	焊缝表面质量	不得有裂纹、焊瘤等缺陷	
			一级：焊缝不得有表面气孔、夹渣、弧坑裂纹、电弧擦伤等；且不得有咬边、未焊满、根部收缩等缺陷	
			二级：焊缝不得有表面气孔、夹渣、弧坑裂纹、电弧擦伤等缺陷	
	8	要求熔透的组合焊缝焊脚尺寸允许偏差	0 ~ 4	mm
一般项目	1	焊条外观质量	不应有药皮脱落、焊芯生锈等缺陷；焊剂不应受潮结块	
	2	对于需要进行焊前预热或焊后热处理的焊缝	应符合国家现行有关标准的规定或通过工艺试验确定	
	3	凹形的角焊缝	焊出凹形的角焊缝应过渡平缓；加工成凹形的角焊缝，不得有切痕	
	4	焊缝感观	外形均匀、成型较好，焊道与焊道、焊道与基本金属间过渡较平滑，焊渣和飞溅物基本清除干净	

续表

类别	序号	检查项目				质量标准	单位
一般项目	5	二级、三级焊缝外观质量	未焊满		二级	不大于 $0.2+0.02t$，且不大于 1.0mm	
					三级	不大于 $0.2+0.04t$，且不大于 2.0mm	
	6		根部收缩		二级	不大于 $0.2+0.02t$，且不大于 1.0mm	
					三级	不大于 $0.2+0.04t$，且不大于 2.0mm	
	7	二级、三级焊缝外观质量	咬边		二级	不大于 $0.05t$，且不大于 0.5mm	
					三级	不大于 $0.1t$，且不大于 1.0mm	
	8		弧坑裂纹		三级	≤ 5.0	mm
	9		电弧擦伤		三级	允许个别	
	10		接头不良		二级	缺口深度不大于 $0.05t$，且不大于 0.5mm	
					三级	缺口深度不大于 $0.1t$，且不大于 1.0mm	
	11		表面夹渣		三级	深度不大于 $0.2t$ 长不大于 $0.5t$，且不大于 2.0mm	
	12		表面气孔		三级	每 50.0mm 焊缝长度允许直径不大于 $0.4t$，且不大于 3.0mm 数量不多于 2 个，孔距不小于 6 倍孔径	
	13	对接焊缝尺寸偏差	焊缝余高	$B<20$	一级	2.0 ~ 0.5	mm
					二级	2.5 ~ 0.5	mm
					三级	3.5 ~ 0.5	mm
				$B \geq 20$	一级	3.0 ~ 0.5	mm
					二级	3.5 ~ 0.5	mm
					三级	3.5 ~ 0	mm
	14		焊缝错边		一、二级	小于 $0.10t$，且不大于 2.0mm	
					三级	小于 $0.15t$，且不大于 3.0mm	
	15	部分焊透组合焊缝尺寸偏差	焊脚尺寸		$h_f \leq$ 6mm	1.5 ~ 0	mm
					$h_f >$ 6mm	3.0 ~ 0	mm
	16		角焊缝余高		$h_f \leq$ 6mm	1.5 ~ 0	mm
					$h_f >$ 6mm	3.0 ~ 0	mm

注 表中 t 为板、壁的厚度，h_f 为焊缝厚度，B 为焊缝宽度。

表 3-14　普通紧固件连接质量验收

类别	序号	检查项目	质量标准	单位
主控项目	1	钢结构连接用材料的品种、规格、性能等	应符合现行国家产品标准和设计要求	
	2	普通螺栓最小拉力载荷复验	普通螺栓作为永久性连接螺栓时，当设计有要求或对其质量有疑义时，螺栓实物最小拉力载荷复验应符合现行国家标准的规定	
	3	连接薄钢板采用的自攻螺栓、拉铆钉、射钉等规格尺寸、间距、边距	连接薄钢板采用的自攻螺栓、拉铆钉、射钉等其规格尺寸应与连接钢板相匹配，其间距、边距等应符合设计要求	
一般项目	1	螺栓紧固	螺栓紧固应牢固、可靠、外露丝扣不应少于 2 扣	
	2	自攻螺栓、拉铆钉、射钉等与连接钢板	应紧固密贴，外观排列整齐	

表 3–15 **高强度螺栓连接质量验收**

<table>
<tr><th>类别</th><th>序号</th><th colspan="2">检查项目</th><th>质量标准</th><th>单位</th></tr>
<tr><td rowspan="4">主控项目</td><td>1</td><td colspan="2">钢结构连接用材料的品种、规格、性能等</td><td>应符合现行国家产品标准和设计要求</td><td></td></tr>
<tr><td>2</td><td colspan="2">摩擦面的抗滑移系数试验和复验</td><td>应符合设计要求</td><td></td></tr>
<tr><td>3</td><td colspan="2">高强度大六角头螺栓连接副扭矩系数或扭剪型高强度螺栓连接副预拉力复验</td><td>应符合现行有关标准的规定</td><td></td></tr>
<tr><td>4</td><td colspan="2">终拧扭矩</td><td>应符合现行有关标准的规定</td><td></td></tr>
<tr><td rowspan="7">一般项目</td><td>1</td><td colspan="2">螺栓、螺母、垫圈外观表面</td><td>应涂油保护，不应出现生锈和沾染脏物，螺纹不应损伤</td><td></td></tr>
<tr><td>2</td><td colspan="2">高强度螺栓表面硬度试验</td><td>高强度螺栓不得有裂纹或损伤，表面硬度试验应符合现行有关标准的规定</td><td></td></tr>
<tr><td>3</td><td colspan="2">高强度螺栓连接副的施拧顺序和初拧、复拧扭矩</td><td>应符合设计要求和有关现行标准的规定</td><td></td></tr>
<tr><td>4</td><td colspan="2">摩擦面</td><td>应干燥、整洁，不应有飞边、毛刺、焊接飞溅物、焊疤、氧化铁皮、污垢等，且不应涂漆（除设计要求外）</td><td></td></tr>
<tr><td rowspan="2">5</td><td rowspan="2">连接外观质量</td><td>丝扣外露</td><td>2 ~ 3</td><td>扣</td></tr>
<tr><td>丝扣外露 1 扣或 4 扣</td><td>≤ 10%</td><td></td></tr>
<tr><td>6</td><td colspan="2">扩孔孔径</td><td>≤ 1.2d_1</td><td>mm</td></tr>
</table>

注 表中 d_1 为孔设计直径。

表 3–16 **钢结构零、部件加工质量验收**

<table>
<tr><th>类别</th><th>序号</th><th colspan="5">检查项目</th><th>质量标准</th><th>单位</th></tr>
<tr><td rowspan="13">主控项目</td><td>1</td><td colspan="5">钢材、钢铸件的品种、规格、性能等</td><td>应符合现行国家产品标准和设计要求。进口钢材产品的质量应符合设计和合同规定标准的要求</td><td></td></tr>
<tr><td>2</td><td colspan="5">原材料的抽样复验</td><td>应符合现行国家产品标准和设计要求</td><td></td></tr>
<tr><td>3</td><td colspan="5">钢材切割面或剪切面</td><td>应无裂纹、夹渣、分层和大于 1mm 的缺棱</td><td></td></tr>
<tr><td>4</td><td colspan="5">矫正和成型</td><td>应符合有关现行标准的规定</td><td></td></tr>
<tr><td>5</td><td colspan="5">边缘加工的刨削量</td><td>≥ 2.0</td><td></td></tr>
<tr><td rowspan="4">6</td><td rowspan="4">制孔</td><td rowspan="4">A、B 级</td><td colspan="2">孔壁表面粗糙度</td><td>≤ 12.5</td><td>μm</td></tr>
<tr><td rowspan="3">孔径</td><td>10 ~ 18mm</td><td>+0.18 ~ 0.00</td><td>mm</td></tr>
<tr><td>18 ~ 30mm</td><td>+0.21 ~ 0.00</td><td>mm</td></tr>
<tr><td>30 ~ 50mm</td><td>+0.25 ~ 0.00</td><td>mm</td></tr>
<tr><td rowspan="4">7</td><td rowspan="4">制孔</td><td rowspan="4">C 级</td><td colspan="2">孔壁表面粗糙度</td><td>≤ 25</td><td>μm</td></tr>
<tr><td colspan="2">直径</td><td>+1.0 ~ 0.0</td><td>mm</td></tr>
<tr><td colspan="2">圆度</td><td>≤ 2.0</td><td>mm</td></tr>
<tr><td colspan="2">垂直度</td><td>不大于 0.03t，且不大于 2.0</td><td>mm</td></tr>
<tr><td rowspan="2">一般项目</td><td>1</td><td colspan="5">钢板厚度、型钢的规格尺寸及允许偏差</td><td>应符合产品标准的要求</td><td></td></tr>
<tr><td>2</td><td colspan="5">钢材的表面外观质量</td><td>应符合现行有关标准的规定</td><td></td></tr>
</table>

续表

类别	序号	检查项目			质量标准	单位
一般项目	3	切割	气割	零件宽度、长度	± 3.0	mm
				切割面平面度	不大于 0.05t，且不大于 2.0mm	mm
				割纹深度	≤ 0.3	mm
				局部缺口深度	≤ 1.0	mm
	4		机械剪切	零件宽度、长度	± 3.0	mm
				边缘缺棱	≤ 1.0	mm
				型钢端部垂直度	≤ 2.0	mm
	5	矫正	表面		不应有明显的凹面或损伤，划痕深度不得大于 0.5mm，且不应大于该钢材厚度负允许偏差的 1/2	mm
	6		钢板的局部平面度	$t \leq 14$	≤ 1.5	mm
				$t>14$	≤ 1.0	mm
	7		型钢弯曲矢高		不大于 $L/1000$，且不大于 5.0	mm
	8		角钢肢的垂直度		≤ $b_1/100$，≤ 90°（双肢拴接）	mm
	9		翼缘对腹板的垂直度	槽钢	mm	mm
				工字钢、H 型钢	不大于 $b_1/100$，且不大于 2.0	mm
	10	边缘加工	零件宽度、长度		± 1.0	mm
	11		加工边直线度		不大于 $l/3000$，且不大于 2.0mm	mm
	12		相邻两边夹角		± 6′	
	13		加工面垂直度		不大于 0.025t，且不大于 0.5mm	mm
	14		加工面表面粗糙度		≤ 50	μm
	15	螺栓孔孔距	同一组内任意两孔间距离	≤ 500	± 1.0	mm
				501 ~ 1200	± 1.2	mm
	16		相邻两组的端孔间距离	≤ 500	± 1.2	mm
				501 ~ 1200	± 1.5	mm
				1201 ~ 3000	± 2.0	mm
				>3000	± 3.0	mm

注 b_1 为宽度或板的自由外伸宽度；t 为板、壁的厚度；L 为构件的长度。

表 3-17　　钢构件（单层钢柱）组装质量验收

类别	序号	检查项目		质量标准	单位
主控项目	1	端部铣平	两端铣平时构件长度偏差	± 2.0	mm
			两端铣平时零件长度偏差	± 0.5	mm
			铣平面的平面度	≤ 0.3	mm
			铣平面对轴线的垂直度	≤ $L_2/1500$	mm
	2	外形尺寸	单层柱受力支托（支承面）表面至第一安装孔距离偏差	± 1.0	mm
			构件连接处的截面几何尺寸偏差	± 3.0	mm
			柱连接处的腹板中心线偏移	≤ 2.0	mm
			受压构件（杆件）弯曲矢高	不大于 $L_2/1000$，且不大于 10.0	mm

续表

类别	序号	检查项目			质量标准	单位
一般项目	1	焊接H型钢接缝			应符合现行有关标准的规定	
	2	顶紧接触面			应有75%以上的面积紧贴	
	3	外露铣平面			应防锈保护	
	4	焊接H型钢精度	截面高度	$h_1 \leqslant 500$	±2.0	mm
				$500<h_1 \leqslant 1000$	±3.0	mm
				$h_1>1000$	±4.0	mm
	5		截面宽度偏差		±3.0	mm
	6		腹板中心偏移		≤2.0	mm
	7		翼缘板垂直度		不大于$b_1/100$，且不大于3.0	mm
	8		弯曲矢高（受压构件除外）		不大于$L_2/1000$，且不大于10.0	mm
	9		扭 曲		不大于$h_1/250$，且不大于5.0	mm
	10		腹板局部平面度	$t<14$	≤3.0	mm
				$t \geqslant 14$	≤2.0	mm
	11	焊接组装精度	对口错边		不大于$t/10$，且不大于3.0	
	12		间隙偏差		±1.0	mm
	13		搭接长度偏差		±5.0	mm
	14		缝隙		≤1.5	mm
	15		高度偏差		±2.0	mm
	16		垂直度		不大于$b_1/100$，且不大于3.0	mm
	17		中心偏移		±2.0	mm
	18		型钢错位	连接处	≤1.0	mm
				其他处	≤2.0	mm
	19		箱形截面	高度偏差	±2.0	mm
	20			宽度偏差	±2.0	mm
	21			垂直度	不大于$b_1/200$，且不大于3.0	mm
	22	安装焊缝坡口		坡口角度	±5°	mm
				钝边	±1.0	mm
	23	外形尺寸	柱底面到柱端与桁架连接的最上一个安装孔距离偏差		$\pm L_2/1500$，±15.0	mm
	24		柱底面到牛腿支承面距离偏差		$\pm L_2/2000$，±8.0	mm
	25		牛腿面的翘曲		≤2.0	mm
	26		柱身弯曲矢高		不大于$H_6/1200$，且不大于12.0	mm
	27		柱身扭曲	牛腿处	≤3.0	mm
				其他处	≤8.0	mm
	28		柱截面几何尺寸偏差	连接处	±3.0	mm
				非连接处	±4.0	mm
	29		翼缘对腹板的垂直度	连接处	≤1.5	mm
				其他处	不大于$b_1/100$，且不大于5.0	mm
	30		柱脚底板平面度		≤5.0	mm
	31		柱脚螺栓孔中心对柱轴线的距离		≤3.0	mm

注 L_2为长度；b_1为宽度或板的自由外伸宽度；h_1为截面高度；H_6为柱高度；t为板、壁的厚度。

表 3–18　　钢构件（多节钢柱）组装质量验收

类别	序号	检查项目			质量标准	单位
主控项目	1	端部铣平	两端铣平时构件长度偏差		±2.0	mm
			两端铣平时零件长度偏差		±0.5	mm
			铣平面的平面度		≤ 0.3	mm
			铣平面对轴线的垂直度		≤ L_2/1500	mm
	2	外形尺寸	多节柱铣平面至第一安装孔距离偏差		±1.0	mm
			构件连接处的截面几何尺寸		±3.0	mm
			柱连接处的腹板中心线偏移		≤ 2.0	mm
			受压构件（杆件）弯曲矢高		不大于 L_2/1000，且不大于 10.0	mm
一般项目	1	焊接 H 型钢接缝			应符合现行有关标准的规定	
	2	顶紧接触面			应有 75% 以上的面积紧贴	
	3	外露铣平面			应防锈保护	
	4	焊接 H 型钢精度	截面高度	h_1 ≤ 500	±2.0	mm
				500<h_1 ≤ 1000mm	±3.0	mm
				h_1>1000	±4.0	mm
	5		截面宽度偏差		±3.0	mm
	6		腹板中心偏移		≤ 2.0	mm
	7		翼缘板垂直度		不大于 b_1/100，且不大于 3.0	mm
	8		弯曲矢高（受压构件除外）		不大于 L_2/1000，且不大于 10.0	mm
	9		扭曲		不大于 h_1/250，且不大于 5.0	mm
	10	焊接组装精度	对口错边		不大于 t/10，且不大于 3.0	
	11		间隙偏差		±1.0	mm
	12		搭接长度偏差		±5.0	mm
	13		缝隙		≤ 1.5	mm
	14		高度偏差		±2.0	mm
	15		垂直度		不大于 b_1/100，且不大于 3.0	mm
	16		中心偏移		±2.0	mm
	17		型钢错位	连接处	≤ 1.0	mm
				其他处	≤ 2.0	mm
	18		箱形截面	高度偏差	±2.0	mm
	19			宽度偏差	±2.0	mm
	20			垂直度	不大于 b_1/200，且不大于 3.0	mm
	21	安装焊缝坡口		坡口角度	±5°	
				钝边	±1.0	mm
	22	外形尺寸偏差	一节柱高度偏差		±3.0	mm
	23		两端最外侧安装孔距离偏差		±2.0	mm
	24		柱身弯曲矢高		不大于 H_0/1500，且不大于 5.0	mm

续表

类别	序号	检查项目			质量标准	单位
一般项目	25	外形尺寸偏差	一节柱的柱身扭曲		不大于 h_6/250，且不大于 5.0	mm
	26		牛腿端孔到柱轴线距离偏差		± 3.0	mm
	27		牛腿的翘曲或扭曲	≤ 1000	≤ 2.0	mm
				>1000	≤ 3.0	mm
	28		柱截面尺寸偏差	连接处	± 3.0	mm
				非连接处	± 4.0	mm
	29		柱脚底板平面度		≤ 5.0	mm
	30		翼缘板对腹板的垂直度	连接处	≤ 1.5	mm
				其他处	不大于 b_1/100，且不大于 5.0	mm
	31		柱脚螺孔对柱轴线的距离		≤ 3.0	mm
	32		箱型截面连接处对角线差		≤ 3.0	mm
	33		箱型柱身板垂直度		不大于 h_1（b_1）/150，且不大于 5.0	mm

注 表中 L_2 为长度；b_1 为宽度或板的自由外伸宽度；h_1 为截面高度；h_6 为柱截面高度；H_6 为柱高度；t 为板、壁的厚度。

表 3–19　　钢构件（钢梁）组装质量验收

类别	序号	检查项目			质量标准	单位
主控项目	1	吊车梁和吊车桁架			不应下挠	
	2	端部铣平	两端铣平时构件长度偏差		± 2.0	mm
			两端铣平时零件长度偏差		± 0.5	mm
			铣平面的平面度		≤ 0.3	mm
			铣平面对轴线的垂直度		≤ L_2/1500	mm
	3	外形尺寸	梁受力支托（支承面）表面至第一安装孔距离偏差		± 1.0	mm
			实腹梁两端最外侧安装孔距离		± 3.0	mm
			构件连接处的截面几何尺寸偏差		± 3.0	mm
			梁连接处的腹板中心线偏移		≤ 2.0	mm
一般项目	1	焊接 H 型钢接缝			应符合现行国家标准的规定	
	2	顶紧接触面			应有 75% 以上的面积紧贴	
	3	外露铣平面			应防锈保护	
	4	焊接H型钢精度	截面高度偏差	H_1 ≤ 500	± 2.0	mm
				500<h_1 ≤ 1000	± 3.0	mm
				h_1>1000	± 4.0	mm
	5		截面宽度偏差		± 3.0	mm
	6		腹板中心偏移		≤ 2.0	mm
	7		翼缘板垂直度		不大于 b_1/100，且不大于 3.0	mm

表 3–20　　钢构件（钢实腹梁）组装质量验收

类别	序号	检查项目			质量标准	单位
一般项目	1	焊接 H 型钢精度	弯曲矢高（受压构件除外）		不大于 L_2/1000，且不大于 10.0	mm
	2		扭曲		不大于 h_1/250，且不大于 5.0	mm
	3		腹板局部平面度	t<14	≤ 3.0	
				t ≥ 14	≤ 2.0	
	4	焊接组装精度	对口错边		不大于 t/10，且不大于 3.0	mm
	5		间隙偏差		± 1.0	mm
	6		搭接长度偏差		± 5.0	mm
	7		缝隙		≤ 1.5	mm
	8		高度偏差		± 2.0	mm
	9		垂直度		不大于 b_1/100，且不大于 3.0	mm
	10		中心偏移		± 2.0	mm
	11		型钢错位	连接处	≤ 1.0	mm
				其他处	≤ 2.0	mm
	12		箱形截面	高度偏差	± 2.0	mm
	13			宽度偏差	± 2.0	mm
	14			垂直度	不大于 b_1/200，且不大于 3.0	mm
	15	安装焊缝坡口		坡口角度	± 5°	mm
				钝边	± 1.0	mm
	16	外形尺寸偏差	梁长度	端部有凸缘支座板	0 ~ −5.0	mm
				其他形式	± L_2/2500， ± 10.0	mm
	17		端部高度	≤ 2000	± 2.0	mm
				>2000	± 3.0	mm
	18		拱度	设计要求起拱	± L_2/5000	mm
				设计未要求起拱	+10.0 ~ −5.0	mm
	19		侧弯矢高		不大于 L_2/2000，且不大于 10.0	mm
	20		扭曲		不大于 h_1/250，且不大于 10.0	mm
	21		腹板局部平面度	t ≤ 14	≤ 5.0	mm
				t > 14	≤ 4.0	mm
	22		翼缘板对腹板的垂直度		不大于 b_1/100，且不大于 3.0	mm
	23		吊车梁上翼缘与轨道接触面平面度		≤ 1.0	mm
	24		箱型截面对角线差		≤ 5.0	mm
	25		箱型截面两腹板到翼缘板中心线距离	连接处	≤ 1.0	mm
				其他处	≤ 1.5	mm
	26		梁端板的平面度（只允许凹进）		不大于 h_1/500，且不大于 2.0	mm
	27		梁端板与腹板的垂直度		不大于 h_1/500，且不大于 2.0	mm

注　表中 L_2 为长度；b_1 为宽度或板的自由外伸宽度；h_1 为截面高度；t 为板、壁的厚度。

表 3-21　　钢构件（屋架、桁架）组装质量验收

类别	序号	检查项目			质量标准	单位
主控项目	1	端部铣平	两端铣平时构件长度偏差		± 2.0	mm
			两端铣平时零件长度偏差		± 0.5	mm
			铣平面的平面度		≤ 0.3	mm
			铣平面对轴线的垂直度		≤ L_2/1500	mm
	2	外形尺寸	桁架受力支托（支承面）表面至第一安装孔距离偏差		± 1.0	mm
			构件连接处的截面几何尺寸偏差		± 3.0	mm
			受压构件（杆件）弯曲矢高		不大于 L_2/1000，且不大于 10.0	mm
	3	阀厅阀吊梁梁底标高偏差			0 ~ 10	mm
一般项目	1	焊接 H 型钢接缝			应符合现行有关标准的规定	
	2	顶紧接触面			应有 75% 以上的面积紧贴	
	3	外露铣平面			应防锈保护	
	4	焊接组装精度	对口错边		不大于 t/10，且不大于 3.0	mm
	5		间隙偏差		± 1.0	mm
	6		搭接长度偏差		± 5.0	mm
	7		缝隙		≤ 1.5	mm
	8		高度偏差		± 2.0	mm
	9		垂直度		不大于 b_1/100，且不大于 3.0	mm
	10		中心偏移		± 2.0	mm
	11		型钢错位	连接处	≤ 1.0	mm
				其他处	≤ 2.0	mm
	12	焊接组装精度	箱形截面	高度偏差	± 2.0	mm
	13			宽度偏差	± 2.0	mm
	14			垂直度	不大于 b_1/200，且不大于 3.0	mm
	15	桁架结构杆件轴件交点错位			≤ 3.0	mm
	16	安装焊缝坡口		坡口角度	± 5°	
				钝边	± 1.0	mm
	17	外形尺寸偏差	桁架最外端两个孔或两端支承面最外侧距离偏差	l ≤ 24m	+3.0 ~ −7.0	mm
				l>24m	+5.0 ~ −10.0	mm
	18		桁架跨中高度偏差		± 10.0	mm
	19		桁架跨中拱度	设计要求起拱	± L_2/5000	mm
				设计未要求起拱	+10.0 ~ −5	mm
	20		相邻节间弦杆弯曲（受压除外）		≤ L_2/1000	mm
	21		檩条连接支座间距偏差		± 5.0	mm

注　表中 L_2 为长度；t 为板、壁的厚度；b_1 为宽度或板的自由外伸宽度。

表 3-22　　钢构件（钢管构件）组装质量验收

类别	序号	检查项目		质量标准	单位
主控项目	1	端部铣平	两端铣平时构件长度偏差	± 2.0	mm
			两端铣平时零件长度偏差	± 0.5	mm
			铣平面的平面度	≤ 0.3	mm
			铣平面对轴线的垂直度	≤ L_2/1500	mm
	2	外形尺寸	构件连接处的截面几何尺寸	± 3.0	mm
			受压构件（杆件）弯曲矢高	不大于 L_2/1000，且不大于 10.0	mm
一般项目	1	顶紧接触面		应有 75% 以上的面积紧贴。	
	2	外露铣平面		应防锈保护	
	3	焊接组装精度	对口错边	不大于 t/10，且不大于 3.0	mm
	4		间隙偏差	± 1.0	mm
	5		搭接长度偏差	± 5.0	mm
	6		缝隙	≤ 1.5	mm
	7		高度偏差	± 2.0	mm
	8		垂直度	不大于 b_1/100，且不大于 3.0	mm
	9		中心偏移	± 2.0	mm
	10	安装焊缝坡口	坡口角度	± 5°	
			钝边	± 1.0	mm
	11	外形尺寸偏差	直径偏差	± d/500，± 5.0	mm
	12		构件长度偏差	± 3.0	mm
	13		管口圆度偏差	不大于 d/500，且不大于 5.0	mm
	14		管面对管轴的垂直度	不大于 d/500，且不大于 3.0	mm
	15		弯曲矢高	不大于 L_2/1500，且不大于 5.0	mm
	16		对口错边	不大于 t/10，且不大于 3.0	mm

注　表中 L_2 为长度；t 为板、壁的厚度；b_1 为宽度或板的自由外伸宽度；d 为孔设计直径。

表 3-23　　钢构件（墙架、檩条、支撑系统）组装质量验收

类别	序号	检查项目		质量标准	单位
主控项目	1	端部铣平	两端铣平时构件长度偏差	± 2.0	mm
			两端铣平时零件长度偏差	± 0.5	mm
			铣平面的平面度	≤ 0.3	mm
			铣平面对轴线的垂直度	≤ L_2/1500	mm
	2	外形尺寸	构件连接处的截面几何尺寸偏差	± 3.0	mm
			受压构件（杆件）弯曲矢高	不大于 L_2/1000，且不大于 10.0	mm
一般项目	1	焊接 H 型钢接缝		应符合现行国家标准的规定	
	2	顶紧接触面		应有 75% 以上的面积紧贴	
	3	外露铣平面		应防锈保护	

续表

类别	序号	检查项目			质量标准	单位
一般项目	4	焊接H型钢精度	截面高度偏差	h_1<500	±2.0	mm
				500<h_1<1000	±3.0	mm
				h_1>1000	±4.0	mm
	5		截面宽度偏差		±3.0	mm
	6		腹板中心偏移		≤2.0	mm
	7		翼缘板垂直度		不大于 b_1/100，且不大于 3.0	mm
	8		弯曲矢高（受压构件除外）		不大于 L_2/1000，且不大于 10.0	mm
	9		扭 曲		不大于 h_1/250，且不大于 5.0	mm
	10		腹板局部平面度	t<14	≤3.0	mm
				t≥14	≤2.0	mm
	11	焊接组装精度	对口错边		不大于 t/10，且不大于 3.0	
	12		间隙偏差		±1.0	mm
	13		搭接长度偏差		±5.0	mm
	14		缝隙		≤1.5	mm
	15		高度偏差		±2.0	mm
	16		垂直度		不大于 b_1/100，且不大于 3.0	mm
	17		中心偏移		±2.0	mm
	18		型钢错位	连接处	≤1.0	mm
				其他处	≤2.0	mm
	19		箱形截面	高度偏差	±2.0	mm
				宽度偏差	±2.0	mm
				垂直度	不大于 b_1/200，且不大于 3.0	mm
	20	安装焊缝坡口		坡口角度	±5°	
				钝边	±1.0	mm
	21	外形尺寸	构件长度偏差		±4.0	mm
	22		构件两端最外侧安装孔距离偏差		±3.0	mm
	23		构件弯曲矢高		不大于 L_2/1000，且不大于 10.0	mm
	24		截面尺寸偏差		+5.0 ~ −2.0	mm

注 表中 L_2 为长度；b_1 为宽度或板的自由外伸宽度；h_1 为截面高度；t 为板、壁的厚度。

表 3-24　　钢构件（钢梯、平台及栏杆）组装质量验收

类别	序号	检查项目		质量标准	单位
主控项目	1	外形尺寸	构件连接处的截面几何尺寸	±3.0	mm
			受压构件（杆件）弯曲矢高	不大于 L_2/1000，且不大于 10.0	mm
一般项目	1	焊接组装精度	对口错边	不大于 t/10，且不大于 3.0	mm
	2		间隙	±1.0	mm
	3		搭接长度偏差	±5.0	mm

续表

类别	序号	检查项目				质量标准	单位
一般项目	4	焊接组装精度	缝隙			≤ 1.5	mm
	5	焊接组装精度	高度偏差			± 2.0	mm
	6	焊接组装精度	垂直度			不大于 b_1/100，且不大于 3.0	mm
	7	焊接组装精度	中心偏移			± 2.0	mm
	8	焊接组装精度	型钢错位	连接处		≤ 1.0	mm
	8	焊接组装精度	型钢错位	其他处		≤ 2.0	mm
	9	安装焊缝坡口		坡口角度		± 5°	
	9	安装焊缝坡口		钝边		± 1.0	mm
	10	外形尺寸差	平台长度和宽度			± 4.0	mm
	11	外形尺寸差	平台两对角线差			≤ 6.0	mm
	12	外形尺寸差	平台支柱高度			± 3.0	mm
	13	外形尺寸差	平台支柱弯曲矢高			≤ 5.0	mm
	14	外形尺寸差	平台表面平面度			≤ 3.0	mm
	15	外形尺寸差	梯梁长度			± 5.0	mm
	16	外形尺寸差	钢梯宽度			± 3.0	mm
	17	外形尺寸差	钢梯安装孔距离			± 3.0	mm
	18	外形尺寸差	钢梯纵向挠曲矢高			≤ L_2/1000	mm
	19	外形尺寸差	踏步（棍）间距			± 5.0	mm
	20	外形尺寸差	踏步、踏棍平直度偏差	梯宽		≤ B/1000，且≤ 5	mm
	21	外形尺寸差	踏步、踏棍平直度偏差	踏步宽		b/100	mm
	22	外形尺寸差	栏杆高度			± 5.0	mm
	23	外形尺寸差	栏杆立柱间距			± 10.0	mm
	24	外形尺寸差	格栅板	栅板片（棍）间距		± 3.0	mm
	25	外形尺寸差	格栅板	对角线	板长大于 3m	± 6.0	mm
	25	外形尺寸差	格栅板	对角线	板长不大于 3m	± 3.0	mm
	26	外形尺寸差	格栅板	栅板不平直度		≤ 3.0	mm

注 表中 L_2 为长度；t 为板、壁的厚度；b_1 为宽度或板的自由外伸宽度。

表 3-25　　构件预拼装质量验收

类别	序号	检查项目		质量标准	单位
主控项目	1	多层板叠试孔通过率		应符合现行有关标准的规定	
一般项目	1	多节柱	预拼装单元总长偏差	± 5.0	mm
	2	多节柱	预拼装单元弯曲矢高	不大于 L_2/1500，且不大于 10.0	mm
	3	多节柱	接口错边	≤ 2.0	mm
	4	多节柱	预拼装单元柱身扭曲	不大于 h_1/200，且不大于 5.0	mm
	5	多节柱	顶紧面至任一牛腿距离	± 2.0	mm

续表

类别	序号	检查项目			质量标准	单位
一般项目	6	梁、桁架	跨度最外两端安装孔或两端支承面最外侧距离		+5.0 ~ −10.0	mm
	7		接口截面错位		≤ 2.0	mm
	8		拱度	设计要求起拱	± L_2/5000	mm
				设计未要求起拱	L_2/2000 ~ 0	mm
	9		节点处杆件轴线错位		≤ 4.0	mm
	10	管构件	预拼装单元总长偏差		± 5.0	mm
	11		预拼装单元弯曲矢高		不大于 L_2/1500，且不大于 10.0	mm
	12		对口错边		不大于 t/10，且不大于 3.0	mm
	13		坡口间隙偏差		+2.0 ~ −1.0	mm
	14	构件平面总体预拼装	各楼层柱间距偏差		± 4.0	mm
	15		相邻楼层梁与梁之间距离		± 3.0	mm
	16		各层间框架两对角线之差		不大于 H_6/2000，且不大于 5.0	mm
	17		任意两对角线之差		不大于 $\sum H$/2000，且不大于 8.0	mm

注 表中 L_2 为长度；h_1 为截面高度；t 为板、壁的厚度；H_6 为柱高度。

表 3-26 **钢构件（单层）安装质量验收**

类别	序号	检查项目			质量标准	单位
主控项目	1	主体结构	整体垂直度		不大于 H_6/1000，且不大于 25.0	mm
			整体平面弯曲		不大于 L_2/1500，且不大于 25.0	mm
	2	钢构件			应符合设计要求和现行有关标准的规定，无因运输、堆放和吊装等造成变形及涂层脱落（或已矫正和修补）	
	3	设计要求顶紧的节点接触面			接触面不应少于 70% 紧贴，且边缘最大间隙不应大于 0.8	mm
	4	屋（托）架、桁架、梁及受压杆件	跨中的垂直度		不大于 h_1/250，且不大于 15.0	mm
	5		侧向弯曲矢高	L_2 ≤ 30m	不大于 L_2/1000，且不大于 10.0	mm
				30m<L_2 ≤ 60m	不大于 L_2/1000，且不大于 30.0	mm
				L_2>60m	不大于 L_2/1000，且不大于 50.0	mm
一般项目	1	标记			主要构件的中心线及标高基准点等标记应齐全	
	2	结构表面			应干净，不应有疤痕、泥沙等污垢	
	3	钢桁架、梁	支座中心对定位轴线的偏差		≤ 5	mm
			间距偏差		≤ 10	mm
			两端支承点标高偏差		± 4.0	mm
	4	柱脚底座中心线对定位轴线的偏移			≤ 5.0	mm
	5	柱基准点标高偏差	有吊车梁的柱		+3.0 ~ −5.0	mm
			无吊车梁的柱		+5.0 ~ −8.0	mm

续表

类别	序号	检查项目			质量标准	单位
一般项目	6	弯曲矢高			不大于 $H_6/1200$，且不大于 5.0	mm
	7	柱轴线垂直度	单层柱	$H_6 \leqslant 10m$	$\leqslant H_6/1000$	mm
				$H_6>10m$	不大于 $H_6/1000$，且不大于 25.0	mm
			多节柱	单节柱	不大于 $H_6/1000$，且不大于 10.0	mm
				柱全高	≤ 35.0	mm
	8	相邻柱脚中心对角线偏差		≤ 20m	≤ 3.0	mm
				>20m	≤ 5.0	mm
	9	相邻柱间距偏差			± 4.0	mm
	10	现场焊缝组对间隙偏差		无垫板间隙	+3.0 ~ 0.0	mm
				有垫板间隙	+3.0 ~ −2.0	mm

注 表中 L_2 为长度；h_1 为截面高度；H_6 为柱高度。

表 3–27　钢构件（多层）安装质量验收

类别	序号	检查项目			质量标准	单位
主控项目	1	主体结构	整体垂直度		不大于 $H_6/2500+10.0$，且不大于 50.0	mm
			整体平面弯曲		不大于 $L_2/1500$，且不大于 25.0	mm
	2	钢构件			应符合设计要求和现行有关标准的规定，无因运输、堆放和吊装等造成变形及涂层脱落（或已矫正和修补）	
	3	设计要求顶紧的节点接触面			接触面不应少于 70% 紧贴，且边缘最大间隙不应大于 0.8	mm
	4	钢柱安装精度	底层柱柱底轴线对定位轴线偏移		≤ 3.0	mm
			柱子定位轴线偏差		≤ 1.0	mm
			单节柱的垂直度		不大于 $h_1/1000$，且不大于 10.0	mm
	5	钢主梁、次梁及受压杆件	跨中的垂直度		不大于 $h_1/250$，且不大于 15.0	mm
	6		侧向弯曲矢高	$L_2 \leqslant 30m$	不大于 $L_2/1000$，且不大于 10.0	mm
				$30m<L_2 \leqslant 60m$	不大于 $L_2/1000$，且不大于 30.0	mm
				$L_2>60m$	不大于 $L_2/1000$，且不大于 50.0	mm
一般项目	1	标记			主要构件的中心线及标高基准点等标记应齐全	
	2	结构表面			应干净，结构主要表面不应有疤痕、泥沙等污垢	
	3	钢桁架、梁		支座中心对定位轴线的偏差	≤ 5	mm
				间距偏差	≤ 10	mm
	4	上、下柱连接处的错口			≤ 3.0	mm
	5	同一层柱的各柱顶高度差			≤ 5.0	mm
	6	同一根梁两端顶面的高差			不大于 $l/1000$，且不大于 10.0	mm

续表

类别	序号	检查项目		质量标准	单位
一般项目	7	主梁与次梁表面的高差		± 2.0	mm
	8	主体结构总高度	用相对标高控制安装	$\pm\sum(\varDelta_h+\varDelta_z+\varDelta_w)$	mm
			用设计标高控制安装	$\pm H_6/1000$，且 ± 30.0	mm
	9	现场焊缝组对间隙	无垫板间隙	+3.0 ~ 0.0	mm
			有垫板间隙	+3.0 ~ −2.0	mm

注 表中 L_2 为长度；h_1 为截面高度；H_6 为柱高度；$\varDelta_h$ 为每节柱子长度的制造允许偏差；$\varDelta_z$ 为每节柱子长度受荷载后的压缩值；$\varDelta_w$ 为每节柱子接头焊缝的收缩值。

表 3–28　　钢构件（吊车梁、单轨及轨道）质量验收

类别	序号	检查项目			质量标准	单位
主控项目	1	钢构件			应符合设计要求和现行有关标准的规定，无因运输、堆放和吊装等造成变形及涂层脱落（或已矫正和修补）	
	2	设计要求顶紧的节点			接触面不应少于 70% 紧贴，且边缘最大间隙不应大于 0.8	mm
一般项目	1	标记			主要构件的中心线及标高基准点等标记应齐全	
	2	结构表面			应干净，不应有疤痕、泥沙等污垢	
	3	梁的跨中垂直度			$\leqslant h_1/500$	mm
	4	侧向弯曲矢高			不大于 $L_2/1500$，且不大于 10.0	mm
	5	垂直上拱矢高			≤ 10.0	mm
	6	两端支座中心位移	安装在钢柱上时，对牛腿中心的偏移		≤ 5.0	mm
			安装在混凝土柱上时，对定位轴线的偏移		≤ 5.0	mm
	7	吊车梁支座加劲板中心与柱子承压加劲板中心的偏移			$\leqslant t/2$	mm
	8	同跨间内同一横截面吊车梁顶面高差		支座处	≤ 10.0	mm
				其他处	≤ 15.0	mm
	9	同跨间内同一横截面下挂式吊车梁底面高差			≤ 10.0	mm
	10	同列相邻两柱间吊车梁顶面高差			不大于 $L_2/1500$，且不大于 10.0	mm
	11	相邻两吊车梁接头部位	中心错位		≤ 3.0	mm
			上承式顶面高差		≤ 1.0	mm
			下承式底面高差		≤ 1.0	mm
	12	同跨间任一截面的吊车梁中心跨距			± 10.0	mm
	13	单轨轨道	中心线对定位轴线偏差		≤ 5.0	mm
	14		轨顶标高偏差	支点处	≤ 10.0	mm
				其他处	≤ 15.0	mm
	15	行车轨道	相邻轴间轨道不平直度		≤ 3.0	mm

续表

类别	序号	检查项目			质量标准	单位
一般项目	16	行车轨道	轨道中心对吊车梁（腹板）轴线的偏移		≤ 5（$t/2$）	mm
	17		轨道在同跨间任一截面的跨距偏差		≤ 10.0	mm
	18		相邻轨道端部连接处高差及平面差		≤ 1.0	mm
	19		每节轨道中心线的不平直度		≤ 3.0	mm
	20		跨间同一截面内轨顶标高偏差	支座处	≤ 10.0	mm
				其他处	≤ 15.0	mm
	21	现场焊缝组对间隙		无垫板间隙	+3.0 ~ 0.0	mm
				有垫板间隙	+3.0 ~ −2.0	mm

注 表中 L_2 为长度；h_1 为截面高度；t 为板、壁的厚度。

表 3-29　　钢构件（墙架、檩条）安装质量验收

类别	序号	检查项目			质量标准	单位
主控项目	1	钢构件			应符合设计要求和现行有关标准的规定，无因运输、堆放和吊装等造成变形及涂层脱落（或已矫正和修补）	
	2	设计要求顶紧的节点			接触面不应少于 70% 紧贴，且边缘最大间隙不应大于 0.8	mm
一般项目	1	标记			主要构件的中心线及标高基准点等标记应齐全	
	2	结构表面			应干净，不应有疤痕、泥沙等污垢	
	3	墙架立柱	中心线对定位轴线的偏移		≤ 5.0	mm
	4		垂直度	一节	≤ 5.0	mm
				全高	不大于 H_6/1000，且不大于 10.0	mm
	5		弯曲矢高		不大于 H_6/1000，且不大于 15.0	mm
	6	抗风桁架	水平偏差		不大于 h_1/250，且不大于 15.0	mm
	7		垂直偏差		不大于 h_1/250，且不大于 15.0	mm
	8		弦杆在相邻节间不平度		不大于 l_2/1000，且不大于 5.0	mm
	9	檩条、墙梁的间距			± 5.0	mm
	10	檩条的弯曲矢高			不大于 L_3/750，且不大于 12.0	mm
	11	墙梁的弯曲矢高			不大于 L_3/750，且不大于 10.0	mm
	12	现场焊缝组对间隙		无垫板间隙	+3.0 ~ 0.0	mm
				有垫板间隙	+3.0 ~ −2.0	mm

注 表中 l_2 为弦杆长度；L_3 为檩条长度；h_1 为截面高度；H_6 为柱高度。

表 3-30　　钢构件（钢梯、平台及栏杆）安装质量验收

类别	序号	检查项目	质量标准	单位
主控项目	1	钢构件	应符合设计要求和现行有关标准的规定，无因运输、堆放和吊装等造成变形及涂层脱落（或已矫正和修补）	
	2	设计要求顶紧的节点	接触面不应少于 70% 紧贴，且边缘最大间隙不应大于 0.8	mm

续表

类别	序号	检查项目		质量标准	单位
一般项目	1	标记		主要构件的中心线及标高基准点等标记应齐全	
	2	结构表面		应干净，不应有疤痕、泥沙等污垢	
	3	平台高度偏差		± 10.0	mm
	4	平台梁水平度		不大于 L_2/1000，且不大于 20.0	mm
	5	平台支柱垂直度		不大于 H_6/1000，且不大于 15.0	mm
	6	平台梁侧向弯曲		不大于 L_2/1000，且不大于 10.0	mm
	7	平台梁垂直度		不大于 h_1/250，且不大于 10.0	mm
	8	直梯垂直度		不大于 H_T/1000，且不大于 15.0	mm
	9	栏杆高度偏差		± 15.0	mm
	10	栏杆立柱间距偏差		± 15.0	mm
	11	格栅板底面搁置点不平度		≤ 2.0	mm
	12	相邻格栅板间隙偏差		≤ 3.0	mm
	13	现场焊缝组对间隙偏差	无垫板间隙	+3.0 ~ 0.0	mm
			有垫板间隙	+3.0 ~ −2.0	mm

注 表中 L_2 为长度；H_6 为柱高度；h_1 为截面高度；H_T 为直梯高度。

表 3–31　　防腐涂料涂装工程质量验收

类别	序号	检查项目		质量标准	单位
主控项目	1	漆料、涂装遍数、涂层厚度		应符合设计要求	
	2	涂层厚度偏差（设计无要求时）	室外：150μm	≥ −25	μm
			室内：125μm		μm
	3	每遍涂层厚度偏差		≥ −5	μm
	4	防腐涂料、稀释剂和固化剂等材料的品种、规格、性能等		符合现行国家产品标准和设计要求	
	5	涂装前钢材表面除锈		应符合设计要求和国家现行有关标准规定	
一般项目	1	防腐涂料的型号、名称、颜色及有效期		应与其质量证明文件相符	
	2	构件表面		不应误漆、漏涂，涂层应均匀，无脱皮、返锈且无明显皱皮、流坠、针眼和气泡等	
	3	涂层附着力测试		在检测处范围内，当涂层完整程度达到 70% 以上时，涂层附着力达到合格质量标准的要求	
	4	构件的标志、标记和编号		应清晰完整	

表 3–32　　防火涂料涂装工程质量验收

类别	序号	检查项目		质量标准	单位
主控项目	1	防火涂料的涂层厚度	薄涂型	应符合有关耐火极限的设计要求	
			厚涂型	80% 及以上面积应符合有关耐火极限的设计要求，且最薄处厚度不应低于设计要求的 85%	
	2	防火涂料的品种和技术性能		应符合设计要求及国家现行有关标准的规定	

续表

<table>
<tr><th>类别</th><th>序号</th><th colspan="2">检查项目</th><th>质量标准</th><th>单位</th></tr>
<tr><td rowspan="4">主控项目</td><td>3</td><td colspan="2">涂装前钢材表面除锈及防锈底漆涂装</td><td>应符合设计要求和国家现行有关标准的规定</td><td></td></tr>
<tr><td>4</td><td colspan="2">钢结构防火漆料的黏结强度、抗压强度</td><td>应符合国家现行标准的规定</td><td></td></tr>
<tr><td rowspan="2">5</td><td rowspan="2">裂纹宽度</td><td>薄涂型</td><td>≤ 0.5</td><td>mm</td></tr>
<tr><td>厚涂型</td><td>≤ 1</td><td>mm</td></tr>
<tr><td rowspan="3">一般项目</td><td>1</td><td colspan="2">防火涂料的型号、名称、颜色及有效期</td><td>应与其质量证明文件相符，无结皮、结块、凝胶等现象</td><td></td></tr>
<tr><td>2</td><td colspan="2">基层</td><td>不应有油污、灰尘和泥砂等污垢</td><td></td></tr>
<tr><td>3</td><td colspan="2">防火涂料涂层</td><td>防火涂料不应有误涂、漏涂，涂层应闭合无脱层、空鼓、明显凹陷、粉化松散和浮浆等外观缺陷，乳突已剔除</td><td></td></tr>
</table>

表 3-33　　压型钢板底模产品质量验收标准

类别	序号	检查项目	质量标准	单位	检验方法与器具
主控项目	1	压型钢板及其原材料的品种、规格、性能	应符合现行国家产品标准和设计要求		检查产品的质量合格证明文件、中文标志及检验报告
	2	泛水板、包角板和零配件的品种、规格以及防水密封材料的性能	应符合现行国家产品标准和设计要求		检查产品的质量合格证明文件、中文标志及检验报告
	3	外观质量	不应有裂纹，涂、镀层不应有肉眼可见的裂纹、剥落、擦痕及颜色不匀等缺陷		观察和用 10 倍放大镜检查
	4	栓钉	应按现行国家相关标准的规定抽取试件作力学性能和重量偏差检验，检验结果必须符合有关标准的规定		检查产品合格证、出厂检验报告和进场复验报告
一般项目	1	压型金属板表面	应干净，不应有明显凹凸和皱褶		观察检查

表 3-34　　压型钢板底模安装质量验收标准

<table>
<tr><th>类别</th><th>序号</th><th>检查项目</th><th>质量标准</th><th>单位</th><th>检验方法与器具</th></tr>
<tr><td rowspan="3">主控项目</td><td>1</td><td>连接件（锚固件）位置、数量、间距</td><td>应符合要求，安装固定可靠、牢固，接缝严密，搭接顺流水向，防腐涂料涂刷和密封材料敷设应完好</td><td></td><td>观察检查和尺量</td></tr>
<tr><td>2</td><td>压型钢板与主体结构（梁）的锚固支承长度</td><td>应符合设计要求，且不应小于 50</td><td>mm</td><td>钢尺检查</td></tr>
<tr><td>3</td><td>在支承构件上的搭接长度</td><td>≥ 200</td><td>mm</td><td>钢尺检查</td></tr>
<tr><td rowspan="5">一般项目</td><td>1</td><td>安装</td><td>应平整，板面不应有施工残留物和污物；不应有未经处理的错钻孔洞</td><td></td><td>观察检查</td></tr>
<tr><td>2</td><td>相邻搭接</td><td>不小于 1 个波</td><td></td><td></td></tr>
<tr><td>3</td><td>水平接缝平直偏差</td><td>≤ 25</td><td>mm</td><td rowspan="2">拉线、吊线和钢尺检查</td></tr>
<tr><td>4</td><td>栓钉排列水平偏差</td><td>≤ 20</td><td>mm</td></tr>
<tr><td>5</td><td>压型钢板在钢梁上相邻列的错位</td><td>≤ 15</td><td>mm</td><td>用直尺和钢尺检查</td></tr>
</table>

依据《钢结构工程施工质量验收规范》(GB 50205—2001)，压型钢复合板质量验收标准如表 3-35 所示。

表 3-35 压型钢板复合板质量验收

类别	序号	检查项目	质量标准	单位	检验方法与器具
主控项目	1	压型金属板及其原材料	金属压型板及制造金属压型板所采用的原材料，其品种、规格、性能等应符合现行国家产品标准和设计要求		检查产品的质量合格证明文件、中文标志及检验报告等
	2	基板裂纹、涂层缺陷	压型金属板成型后，其基板不应有裂纹；有涂层、镀层压型金属板成型后，涂、镀层不应有肉眼可见的裂纹、剥落和擦痕等缺陷		观察检查和用 10 倍放大镜检查
	3	现场安装	压型金属板、泛水板和包角板等应固定可靠、牢固，防腐涂料涂刷和密封材料应敷设完好，连接件数量、间距应符合设计要求和国家现行有关标准规定		观察检查及尺量
	4	搭接	压型金属板应在支承构件上可靠搭接，搭接长度应符合设计要求，且不应小于 GB 50205—2001 中表 13.3.2 所规定的数值		观察检查及钢尺检查
	5	端部锚固	与主体结构（梁）的锚固支承长度应符合设计要求，且不应小于 50mm，端部锚固件连接应可靠，设置位置应符合设计要求		观察检查及钢尺检查
一般项目	1	压型金属板精度	压型金属板的规格尺寸及允许偏差、表面质量、涂层质量等应符合设计要求和 GB 50205—2001 的相关规定		观察和用 10 倍放大镜检查及尺量
	2	轧制精度	应符合 GB 50205—2001 中表 13.2.3、表 13.2.5 的规定		用钢尺、拉线、角尺等检查
	3	表面质量	压型金属板成型后，表面应干净，不应有明显凹凸和皱褶		观察检查
	4	安装质量	压型金属板成型后，表面应干净，不应有明显凹凸和皱褶		观察检查
	5	安装精度	应符合 GB 50205—2001 中表 13.2.5 的规定		用钢尺、角尺等检查

(3) 外墙板验收标准。依据《变电（换流）站土建工程施工质量验收规范》(Q/GDW 1183—2012)、《建筑用金属面绝热夹芯板》(GB/T 23932—2009)、《建筑用金属面绝热夹芯板安装及验收规程》(CECS 304—2011)，铝镁锰夹芯板外墙板验收标准如表 3-36 和表 3-37 所示。

表 3-36 铝镁锰夹芯板产品质量验收标准

类别	序号	检查项目	质量标准	单位	检验方法与器具
主控项目	1	夹芯板的品种、规格、性能	应符合现行国家产品标准和设计要求		观察检查产品合格证、性能检验报告
	2	夹芯板安装所用密封材料的品种	应符合设计要求		观察检查产品合格证
	3	面板质量	不应有裂纹，涂、镀层不应有肉眼可见的裂纹、剥落、擦痕及颜色不匀等缺陷		观察检查

续表

类别	序号	检查项目		质量标准	单位	检验方法与器具
一般项目	1	外观质量	板面	板面平整，无明显凹凸、翘曲、变形；表面清洁，色泽均匀；无胶痕、油污；无明显划痕、磕碰、伤痕等		观察检查
	2		切口	切口平直、切面整齐、无毛刺、面材与芯材间黏结牢固、芯材密实		观察检查
	3		芯板	芯板切面应整齐、无大块剥落，块与块之间接缝无明显间隙		观察检查
	4	长度偏差	单板长度不大于3000	±2	mm	直尺和钢尺
	5		单板长度大于3000	±5	mm	直尺和钢尺
	6	宽度偏差		±2	mm	直尺和钢尺
	7	厚度偏差		±2	mm	直尺和钢尺
	8	对角线差	单板长度不大于3000	≤4	mm	直尺和钢尺
	9		单板长度大于3000	≤6	mm	直尺和钢尺

表 3–37　铝镁锰夹芯板安装质量验收标准

类别	序号	检查项目		质量标准	单位	检验方法与器具
主控项目	1	夹芯板安装所需预埋件、紧固件的位置、数量和连接方法		应符合设计要求		观察、尺量和检查施工记录
	2	夹芯板安装所用密封方法		应符合设计要求		检查施工记录
	3	夹芯板之间、夹芯板与主体结构之间结合		应牢固、稳定，连接方法应符合设计要求		观察手扳
一般项目	1	安装		应垂直、平整、位置正确，转角规整，板面清洁，无施工残留物和污物；檐口和墙下端应呈直线，不应有未经处理的错钻孔洞		观察检查
	2	相邻两板的下端错位		≤6	mm	
	3	水平接缝平直偏差		≤25	mm	
	4	各种洞口中心线偏差		≤5	mm	
	5	各种洞口截面尺寸偏差		≤10	mm	
	6	基准线位移		≤5	mm	吊线、直尺、水准仪或经纬仪检查
	7	墙板垂直度	3m <墙体全高≤10m	≤6	mm	
	8		墙体全高≥10m	≤10	mm	
	9	墙面横向平整度	墙面长度不大于10m	≤6	mm	
	10		墙面长度大于10m	≤10	mm	

续表

类别	序号	检查项目		质量标准	单位	检验方法与器具
一般项目	11	门窗洞口	水平（垂直）度每米长度	±5	mm	吊线、直尺、水准仪或经纬仪检查
	12	外墙上下窗口偏移		≤ 20	mm	
	13	墙阳角方正		≤ 3	mm	用方尺和楔形塞尺检查

（4）管线验收标准如表 3–38 ~ 表 3–46 所示。

表 3–38　　动力、照明配电箱（盘）安装质量验收

类别	序号	检查项目	质量标准	单位
主控项目	1	金属箱体的接地或接零	金属框架必须接地或接零可靠；装有电器的可开门，门和框架的接地端子间应用裸编织铜线连接或压接线鼻，且有标识	
	2	柜、箱（盘）间线路绝缘电阻测试值	柜、箱（盘）间线路的线间和线对地间绝缘电阻值，馈电线路必须大于 0.5MΩ；二次回路必须大于 1MΩ	
	3	电击保护和保护导体截面积	动力、照明配电箱（盘）应有可靠的电击保护。柜（屏、台、箱、盘）内保护导体应有裸露的连接外部保护导体的端子，当设计无要求时，箱（盘）内保护导体最小截面积 S_p 不应小于现行标准的规定	
	4	成套配电柜交接试验	1. 每路配电开关及保护装置的规格、型号，应符合设计要求； 2. 相间和相对地绝缘电阻值应大于 0.5MΩ； 3. 电气装置的交流工频耐压试验电压为 1kV，当绝缘电阻值大于 10MΩ 时，可采用 2500V 绝缘电阻表摇测替代，试验持续时间 1min，无击穿闪络现象	
	5	柜、箱（盘）间二次回路交流工频耐压试验	当绝缘电阻值大于 10MΩ 时，用 2500V 绝缘电阻表摇测 1min，应无闪络击穿现象；当绝缘电阻值在 1 ~ 10MΩ 时，做 1000V 交流工频耐压试验，时间 1min，应无闪络击穿现象	
	6	照明配电箱（盘）安装	1. 箱（盘）内配线整齐，无绞接现象。导线连接紧密，不伤芯线，不断股。垫圈下螺栓两侧压的导线截面积相同，同一端子上导线连接不多于 2 根，防松垫圈等零件齐全； 2. 箱（盘）内开关动作灵活可靠，带有漏电保护的回路，漏电保护装置动作电流不大于 30mA，动作时间不大于 0.1s； 3. 照明箱（盘）内，分别设置中性线（N）和保护地线（PE 线）汇流排，中性线和保护地线经汇流排配出	
一般项目	1	成套配电柜安装	安装垂直度允许偏差为 1.5‰，相互间接缝不应大于 2mm，成列盘面偏差不应大于 5mm	
	2	柜、箱（盘）内检查试验	1. 控制开关及保护装置的规格、型号符合设计要求； 2. 闭锁装置动作准确、可靠； 3. 主开关的辅助开关切换动作与主开关动作一致； 4. 柜、箱（盘）上的标识器件标明被控设备编号及名称，或操作位置，接线端子有编号，且清晰、工整、不易脱色； 5. 回路中的电子元件不应参加交流工频耐压试验；48V 及以下回路可不做交流工频耐压试验	

续表

类别	序号	检查项目	质量标准	单位
一般项目	3	低压电器组合	1. 发热元件安装在散热良好的位置； 2. 熔断器的熔体规格、自动开关的整定值符合设计要求； 3. 切换压板接触良好，相邻压板间有安全距离，切换时不触及相邻的压板； 4. 外壳需接地（PE）或接中性线（PEN）的，连接可靠； 5. 端子排安装牢固，端子有序号，强电、弱电端子隔离布置，端子规格与芯线截面积大小适配	
	4	柜、箱（盘）间配线	电流回路应采用额定电压不低于 750V、芯线截面积不小于 2.5mm² 的铜芯绝缘电线或电缆；除电子元件回路或类似回路外，其他回路的电线应采用额定电压不低于 750V、芯线截面积不小于 1.5mm² 的铜芯绝缘电线或电缆。二次回路连线应成束绑扎，不同电压等级、交流、直流线路及计算机控制线路应分别绑扎，且有标识	
	5	箱与其面板间可动部位的配线	1. 采用多股铜芯软电线，敷设长度留有适当余量； 2. 线束有外套塑料管等加强绝缘保护层； 3. 与电器连接时，端部绞紧，且有 不开口的终端端子或搪锡，不松散、断股； 4. 可转动部位的两端用卡子固定	
	6	照明配电箱（盘）安装位置、开孔、回路编号等	1. 位置正确，部件齐全，箱体开孔与导管管径适配，暗装配电箱箱盖紧贴墙面，箱（盘）涂层完整； 2. 箱（盘）内接线整齐，回路编号齐全，标识正确； 3. 箱（盘）不得采用可燃材料制作； 4. 箱（盘）安装牢固，垂直度允许偏差为 1.5‰；照明配电箱底边距楼地面高度不应小于 1.8m；当设计无要求时，照明配电箱安装高度应符合国家现行有关标准的规定	

表 3–39　　电线导管、电缆导管和线槽敷设安装（Ⅰ）室内质量验收

类别	序号	检查项目	质量标准	单位
主控项目	1	金属导管的连接☆	金属导管严禁对口熔焊连接；镀锌和壁厚小于等于 2mm 的钢导管不得套管熔焊连接	
	2	金属导管和线槽	金属的导管和线槽必须接地（PE）或接中性线（PEN）可靠，并符合下列规定： 1. 镀锌钢导管，可挠性导管和金属线槽不得熔焊跨接接地线，以专用接地卡跨接的两卡间连线为铜芯软导线，截面积不小于 4mm²； 2. 当非镀锌钢导管采用螺纹连接时，连接处的两端焊跨接接地线，当镀锌钢导管采用螺纹连接时，连接处的两端用专用接地卡固定跨接接地线； 3. 金属线槽不作设备的接地导体，当设计无要求时，金属线槽全长至少 2 处与接地（PE）或接中性线（PEN）干线连接； 4. 非镀锌金属线槽间连接板的两端跨接铜芯接地线，镀锌线槽间连接的两端不跨接接地线，但连接板两端至少 2 个有防松螺帽或防松垫圈的连接固定螺栓	
	3	防爆导管连接	防爆导管不应采用倒扣连接；当连接有困难时，应采用防爆活接头，其接合面应严密	
	4	绝缘导管在砌体上剔槽埋设	应采用强度等级不小于 M10 的水泥砂浆抹面保护，保护层厚度大于 15mm	

续表

类别	序号	检查项目	质量标准	单位
一般项目	1	电缆导管的弯曲半径	不应小于电缆最小允许弯曲半径，同时应符合现行标准的规定	
	2	金属导管防腐处理	金属导管内外壁应进行防腐处理；埋设于混凝土内的导管内壁应做防腐处理，外壁可不做防腐处理	
	3	室内进入落地式柜、台、箱、盘内的导管管口高度	室内进入落地式柜、台、箱、盘内的导管管口，应高出柜、台、箱、盘的基础面 50 ~ 80mm	
	4	暗配的导管埋设深度，明配导管的固定	暗配导管埋设深度与建筑物、构筑物表面的距离不应小于 15mm；明配导管应排列整齐，固定点间距均匀，安装牢固；在终端、弯头中点或柜、台、箱、盘等边缘的距离 150 ~ 500mm 范围内设有管卡，中间直线段管卡间的最大距离应符合现行标准的规定	
	5	线槽固定及外观检查	线槽应安装牢固，无扭曲变形，紧固件的螺母应在线槽外侧	
	6	防爆导管敷设	1. 导管间及与灯具、开关、线盒等的螺纹连接处紧固，除设计有特殊要求外，连接处不跨接接地线，在螺纹上涂以电力复合酯或导电性防锈酯； 2. 安装牢固顺直，镀锌层锈蚀或剥落处做防腐处理	
	7	绝缘导管敷设	1. 管口平整光滑；管与管，管与盒（箱）等器件采用插入法连接时，连接处结合面涂专用胶合剂，接口牢固密封； 2. 直埋于地下或楼板间的刚性绝缘导管，在穿出地面或楼板易受机械损伤的一段，采取保护措施； 3. 当设计无要求时，埋设在墙内或混凝土内的绝缘导管，采用中型以上的导管； 4. 沿建筑物、构筑物表面和在去架上敷设的刚性绝缘导管，按设计要求装设温度补偿装置	
	8	金属、非金属柔性导管敷设	1. 刚性导管经柔性导管与电气设备、器具连接，柔性导管的长度在动力工程中不大于 0.8m，在照明工程中不大于 1.2m； 2. 可挠金属管或其他柔性导管与刚性导管或电气设置、器具间的连接采用专用接头；复合型可挠金属管或其他柔性导管的连接处密封良好，防液覆盖层完整无损； 3. 可挠性金属导管和金属柔性导管不能做接地（PE）或接中性（PEN）的连续导体	
	9	导管和线槽在建筑物变形缝处的处理	导管和线槽，在建筑物变形缝处，应设补偿装置	

表 3–40　电线导管、电缆导管和线槽敷设安装（Ⅱ）室外质量验收

类别	序号	检查项目	质量标准	单位
主控项目	1	金属导管的连接	金属导管严禁对口熔焊连接；镀锌和壁厚不大于 2mm 的钢导管不得套管熔焊连接	
	2	金属的导管和线槽	必须接地（PE）或接中性线（PEN）可靠，并符合下列规定： 1. 镀锌钢导管，可挠性导管和金属线槽不得熔焊跨接接地线，以专用接地卡跨接的两卡间连线为铜芯软导线，截面积不小于 $4mm^2$； 2. 当非镀锌钢导管采用螺纹连接时，连接处的两端焊跨接接地线；当镀锌钢导管采用螺纹连接时，连接处的两端用专用接地卡固定跨接接地线； 3. 金属线槽不作设备的接地导体，当设计无要求时，金属线槽全长至少 2 处与接地（PE）或接中性线（PEN）干线连接； 4. 非镀锌金属线槽间连接板的两端跨接铜芯接地线，镀锌线槽间连接的两端不跨接接地线，但连接板两端至少 2 个有防松螺帽或防松垫圈的连接固定螺栓	

续表

类别	序号	检查项目	质量标准	单位
一般项目	1	室外埋地电缆导管选择和埋设深度	室外埋地敷设的电缆导管，埋深不应小于 0.7m。壁厚小于等于 2mm 的钢电线导管不应埋设于室外土壤内	
	2	室外导管的管口设置处理	室外导管的管口应设置在盒、箱内。在落地式配电箱内的管口，箱底无封板的,管口应高出基础面 50 ~ 80mm。所有管口在穿入电线、电缆后应做密封处理。由箱式变电所或落地式配电箱引向建筑物的导管，建筑物一侧的导管管口应设在建筑物内	
	3	电缆导管的弯曲半径	电缆导管的弯曲半径不应小于电缆最小允许弯曲半径，同时应符合现行标准的规定	
	4	金属导管的防腐处理	金属导管内外壁应防腐处理；埋设于混凝土内的导管内壁应防腐处理，外壁可不做防腐处理	
	5	绝缘导管敷设	1. 管口平整光滑；管与盒（箱）等器件采用插入法连接时，连接处结合面涂专用胶合剂，接口牢固密封； 2. 直埋于地下或楼板间的刚性绝缘导管，在穿出地面或楼板易受机械损伤的一段，采取保护措施； 3. 当设计无要求时,埋设在墙内或混凝土内的绝缘导管,采用中型以上的导管； 4. 沿建筑物、构筑物表面和在去架上敷设的刚性绝缘导管，按设计要求装设温度补偿装置	
	6	金属、非金属柔性导管敷设	1. 刚性导管经柔性导管与电气设备、器具连接，柔性导管的长度在动力工程中不大于 0.8m，在照明工程中不大于 1.2m； 2. 可挠金属管或其他柔性导管与刚性导管或电气设置、器具间的连接采用专用接头；复合型可挠金属管或其他柔性导管的连接处密封良好，防液覆盖层完整无损； 3. 可挠性金属导管和金属柔性导管不能做接地（PE）或接中性线（PEN）的连续导体	

表 3-41　　电线、电缆穿管和线槽敷线安装质量验收

类别	序号	检查项目	质量标准	单位
主控项目	1	三相或单相的交流单芯电缆	三相或单相的交流单芯电缆不得单独穿于钢导管内	
	2	电线穿管	不同回路、不同电压和交流与直流的电线,不应穿于同一导管内；同一交流回路电线应穿于同一金属导管内，且管内电线不得有接头	
	3	爆炸危险环境照明线路的电线、电缆选用和穿管	爆炸危险环境照明线路的电线和电缆额定电压不得低于 750V，且电线必须穿于钢导管内	
一般项目	1	电线、电缆管内清扫和管口处理	电线、电缆穿管前,应清除管内杂物和积水。管口应有保护措施,不进入接线盒（箱）的垂直管口穿入电线、电缆后，管口应密封	
	2	当采用多相供电时，同一建筑物、构筑物的电线绝缘层颜色选择	选择应一致，即保护地线（PE 线）应是黄绿相间色，中性线线用淡蓝色；相线用：A 相 – 黄色、B 相 – 绿色、C 相 – 红色	
	3	线槽敷线	1. 电线在线槽内有一定余量，不得有接头。电线按回路编号分段绑扎，绑扎点间距不应大于 2m； 2. 同一回路的相线和中性线，敷设于同一金属线槽内； 3. 同一电源的不同回路无抗干扰要求的线路可敷设于同一线槽内，敷设于同一线槽内有抗干扰要求的线路用隔板隔离，或采用屏蔽电线且屏蔽护套一端接地	

表 3–42　　普通灯具安装质量验收

类别	序号	检查项目	质量标准	单位
主控项目	1	花灯吊钩选用、固定及悬吊装置的过载试验☆	1. 花灯吊钩圆钢直径不应小于灯具挂销直径，且不应小于 6mm。大型花灯的固定及悬吊装置，应按灯具质量的 2 倍做过载试验； 2. 质量大于 10kg 的灯具，其固定装置应按 5 倍灯具质量的恒定均布全数做强度试验，历时 15min，固定装置的部件应无明显变形	
	2	距地面高度小于 2.4m 的灯具的可靠性裸露导体接地或接零☆	1. 当灯具距地面高度小于 2.4m 时，灯具的可靠性裸露导体必须接地（PE）或接中性线（PEN）可靠，并应有专用接地螺栓，且有标识； 2. Ⅰ类灯具的不带电的外露可导电部分必须与保护接地线（PE）可靠连接，且应有标识	
	3	灯具的固定	1. 灯具质量大于 3kg，时，固定在螺栓或预埋吊钩上； 2. 软线吊灯，灯具重量在 0.5kg 及以下时，采用软电线自身吊装；大于 0.5kg 的灯具采用吊链，且软电线编叉在吊链内，使电线不受力； 3. 灯具固定牢固可靠，不使用木楔。每个灯具固定用螺钉或螺栓至少 2 个；当绝缘台直径在 75mm 及以下时，采用 1 个螺钉或螺栓固定	
	4	钢管吊灯灯杆检查	当钢管做灯杆时，钢管内径不应小于 10mm，钢管厚度不应小于 1.5mm	
	5	灯具的绝缘材料及耐火检查	固定灯具带电部件的绝缘材料以及提供防触电保护的绝缘材料，应耐燃烧和防明火	
	6	灯具的安装高度和使用电压等级	当设计无要求时，灯具的安装高度和使用电压等级应符合下列规定： 1. 一般敞开式灯具，灯头对地面距离不小于下列数值（采用安全电压时除外）：室外：2.5m（室外墙上安装）；厂房：2.5m；室内：2m； 2. 危险性较大及特殊危险场所，当灯具距地面高度小于 2.4m 时，使用额定电压为 36V 及以下的照明灯具，或有专用保护措施	
一般项目	1	引向每个灯具的导线线芯最小截面积	应符合现行标准的规定	
	2	灯具的外形、灯头及其接线	1. 灯具及配件齐全，无机械损伤、变形、涂层剥落和灯罩破裂等缺陷； 2. 软线吊灯的软线两端做保护扣，两端芯线搪锡；当装升降器时，套塑料软管，采用安全灯头； 3. 除敞开式灯具外，其他各类灯具灯泡容量在 100W 及以上者采用瓷质灯头； 4. 连接灯具的软线盘扣、搪锡压线，当采用螺口灯头时，相线接于螺口灯头中间的端子上； 5. 灯头的绝缘外壳不破损和漏电；带有开关的灯头，开关手柄无裸露的金属部分	
	3	灯具安装的位置	1. 高低压配电设备及裸母线的正上方不应安装灯具，灯具与裸母线的水平净距不应小于 1m； 2. 卫生间照明灯具不宜安装在便器正上方	
	4	装有白炽灯泡的吸顶灯具隔热检查	装有白炽灯泡的吸顶灯具，灯泡不应紧贴灯罩；当灯泡与绝缘台间距离小于 5mm 时，灯泡与绝缘台间应采取隔热措施	
	5	在重要场所的大型灯具的玻璃罩安全措施	安装在重要场所的大型灯具的玻璃罩，应采取防止玻璃罩碎裂后向下溅落的措施	
	6	投光灯的固定检查	投光灯的底座及去架应固定牢固，枢轴应沿需要的光轴方向拧紧固定	
	7	室外壁灯的防水检查	露天安装的灯具及其附件、紧固件、底座和其相连的导管、接线盒等应有防腐蚀和防水措施	

表 3–43　　专用灯具安装质量验收

类别	序号	检查项目	质量标准	单位
主控项目	1	36V 及以下行灯变压器和行灯安装	1. 行灯电压不大于 36V，在特殊潮湿场所或导电良好地面上以及工作地点狭窄、行动不便的场所行灯电压不大于 12V； 2. 变压器外壳、铁芯和低压侧的任意一端或中性点，接地（PE）或接中性线（PEN）可靠； 3. 行灯变压器为双圈变压器，其电源侧和负荷侧有熔断器保护，熔丝额定电流分别不应大于变压器一次、二次的额定电流； 4. 行灯灯体及手柄绝缘良好，坚固耐热耐潮湿；灯头与灯体结合紧固，灯头无开关，灯泡外部有金属保护网、反光罩及悬吊挂钩，挂钩固定在灯具的绝缘手柄上	
	2	应急照明灯具安装	1. 应急照明灯具必须采用经消防检测中心检测合格的产品；应急照明灯的电源除正常电源外，另有一路电源供电；或者是独立于正常电源的柴油发电机组供电；或由蓄电池柜供电或选用自带电源型应急灯具； 2. 疏散照明由安全出口标志灯和疏散标志灯组成。安全出口标志灯距地高度不低于 2m，且安装在疏散出口和楼梯口里侧的上方；安全出口标志灯应设置在疏散方向的里侧上方，灯具底边在门框上方 0.2m。地面上的疏散指示标志灯，应有防止被重物或外力损坏的措施。当厅室面积较大，疏散指示标志灯无法装设在墙面上时，宜装设在顶棚下且距地面高度不宜大于 2.5m；疏散标志灯安装在安全出口的顶部，楼梯间、疏散走道及其转角处应安装在 1m 以下的墙面上。不易安装的部位可安装在上部。疏散通道上的标志灯间距不大于 20m 3. 疏散照明灯投入使用后，应检查灯具始终处于点亮状态； 4. 应急照明灯回路的设置除符合设计要求外，尚应符合防火分区设置的要求； 5. 应急照明灯安装完毕，应检验灯具电源转换时间，其值为：备用照明不大于 5s；疏散照明不大于 5s；安全照明不大于 0.25s；应急照明最少持续供电时间应符合设计要求。 6. 应急照明灯具、运行中温度大于 60℃的灯具，当靠近可燃物时，采取隔热、散热等防火措施。当采用白炽灯，卤钨灯等光源时，不直接安装在可燃装修材料或可燃物件上； 7. 应急照明线路在每个防火分区有独立的应急照明回路，穿越不同防火分区的线路有防火隔堵措施； 8. 疏散照明线路采用耐火电线、电缆，穿管明敷或在非燃烧体内穿刚性导管暗敷，暗敷保护层厚度不小于 30mm。电线采用额定电压不低于 750V 的铜芯绝缘电线	
	3	防爆灯具的选型及其开关的位置和高度	1. 灯具的防爆标志、外壳防护等级和温度组别与爆炸危险环境相适配。当设计无要求时，灯具种类和防爆结构的选型应符合现行标准的规定； 2. 灯具配套齐全，不用非防爆零件替代灯具配件（金属护网、灯罩、接线盒等）； 3. 灯具的安装位置离开释放源，且不在各种管道的泄压口及排放口上下方安装灯具； 4. 灯具及开关安装牢固可靠，灯具吊管及开关与线盒螺纹啮合扣数至少 5 扣，螺纹加工光滑、完整、无锈蚀，并在螺纹上涂以电力复合酯或导电性防锈酯； 5. 开关安装位置便于操作，安装高度 1.3m	
一般项目	1	36V 及以下行灯变压器和行灯安装	1. 行灯变压器的固定支架牢固，油漆完整； 2. 携带式局部照明灯电线采用橡套软线	
	2	应急照明灯具安装	1. 疏散照明采用荧光灯或白炽灯；安全照明采用卤钨灯，或采用瞬时可靠点燃的荧光灯； 2. 安全出口标志灯和疏散标志灯装有玻璃或非燃材料的保护罩，面板亮度均匀度为 1 ： 10（最低：最高），保护罩应完整、无裂纹	
	3	防爆灯具安装	1. 灯具及开关的外壳完整，无损伤、无凹陷或沟槽，灯罩裂纹，金属护网无扭曲变形，防爆标志清晰； 2. 灯具及开关的紧固螺栓无松动、锈蚀，密封垫圈完好	

表 3–44 开关、插座安装质量验收

类别	序号	检查项目	质量标准	单位
主控项目	1	插座接线	1. 单相两孔插座，面对插座的右孔或上孔与相线连接，左孔或下孔与中性线连接；单相三孔插座，面对插座的右孔与相线接连，左孔与中性线连接； 2. 单相三孔、三相四孔及三相五孔插座接地（PE）或接中性线（PEN）线接在上孔。插座的接地端子不与中性线端子连接。同一场所的三相插座，接线的相序一致； 3. 接地（PE）或接中性线（PEN）线在插座间不串联连接	
	2	交流、直流或不同电压等级在同一场所的插座	当交流、直流或不同电压等级的插座安装在同一场所时，应有明显的区别，且必须选择不同结构、不同规格和不能互换的插座；配套的插头应按交流、直流或不同电压等级区别使用	
	3	特殊情况下的插座安装	1. 当接插有触电危险家用电器的电源时，采用能断开电源的带开关插座，开关断开相线； 2. 潮湿场所采用密封型并带保护地线触头的保护型插座，安装高度不低于 1.5m	
	4	照明开关安装	1. 同一建筑、构筑物的开关采用同一系列的产品，开关的通断位置一致，操作灵活、接触可靠； 2. 相线经开关控制； 3. 民用住宅无软线引至床边的床头开关	
一般项目	1	插座安装和外观检查	1. 当设计无要求时，插座底边距地面高度不宜小于 0.4m； 2. 暗装的插座面板紧贴墙面或装饰面，四周无缝隙，安装牢固，表面光滑整洁、无碎裂、划伤，装饰帽（板）齐全；接线盒应安装到位，接线盒内干净整洁，无修饰。安装在装饰面上的插座，电线不得裸露在装饰层内	
	2	照明开关的安装位置、控制顺序	1. 开关安装位置便于操作，开关边缘距门框边缘的距离 0.15 ~ 0.2m，开关距地面高度 1.3 ~ 1.4m；拉线开关距地面高度 2 ~ 3m，层高小于 3m 时，拉线开关距顶板不小于 100mm，拉线出口垂直向下； 2. 相同型号并列安装及同一室内开关安装高度一致，且控制有序不错位。并列安装的拉线开关的相邻间距不小于 20mm； 3. 暗装的开关面板应紧贴墙面，四周无缝隙，安装牢固，表面光滑整洁、无碎裂、划伤，装饰帽齐全；接线盒应安装到位，其电线不得裸露在装饰层内	

表 3–45 通风机安装质量验收

类别	序号	检查项目	质量标准	单位
主控项目	1	通风机安全措施	传动装置的外露部位以及直通大气的进、出口，必须装设防护罩（网）或采取其他安全设施	
	2	通风机的安装	1. 型号、规格应符合设计规定，其出口方向应正确； 2. 叶轮旋转应平稳，停转后不应每次停留在同一位置上； 3. 固定通风机的地脚螺栓应拧紧，并有防松动措施	
一般项目	1	离心风机的安装	叶轮转子与机壳的组装位置应正确；叶轮进风口插入风机机壳进风口或密封圈的深度，应符合设备技术文件的规定，或为叶轮外径值的 1/100	
	2	轴流风机的安装	现场组装的轴流风机叶片安装角度应一致，达到在同一平面内运转，叶轮与筒体之间的间隙应均匀，水平度允许偏差为 1/1000	
	3	隔振器地面高度误差	≤ 2	mm

续表

类别	序号	检查项目			质量标准	单位
一般项目	4	隔振器支吊架安装			隔振钢支、吊架结构形式和外形尺寸应符合设计或设备技术文件的规定；焊接应牢固，焊缝应饱满、均匀	
	5	通风机安装允许偏差	中心线的平面位移		≤ 10	mm
	6		标高		± 10	mm
	7		皮带轮轮宽中心平面偏移		≤ 1	mm
	8		传动轴水平度	纵向	≤ 0.2/1000	mm
				横向	≤ 0.3/1000	mm
	9	通风机安装允许偏差	联轴器	两轴芯径向位移	≤ 0.05	mm
				两轴线倾斜	≤ 0.2/1000	mm
				垂直度	≤ 2/1000	mm

表 3-46　空调设备安装质量验收

类别	序号	检查项目		质量标准	单位
主控项目	1	空调机组安装		型号、规格、方向和技术参数应符合设计要求	
	2	设备混凝土基础的检验		设备的混凝土基础必须进行质量交接验收，合格后方可安装	
	3	管道及管配件的安装	管道、管件和阀门	型号、材质及工作压力等必须符合设计要求，并应具有出厂合格证、质量证明书	
			法兰、螺纹等处的密封材料	应与管内的介质性能相适应	
			安装	制冷剂液体管不得向上装成 Ω 形。气体管道不得向下装成 U 形（特殊回油管除外）；液体支管引出时，必须从干管底部或侧面接出；气体支管引出时，必须从干管顶部或侧面接出；有两根以上得支管从干管引出时，连接部位应错开，间距不应小于 2 倍支管直径，且不小于 200mm	
			连接坡度破向	应符合设计及设备技术文件或现行国家标准、规范要求	
			安全阀调校	制冷系统投入运行前，应对安全阀进行调试校核，其开启和回座压力应符合设备技术文件的要求	
一般项目	1	空调机组安装	机组安装	分体式空调机组室外机和风冷整体式空调机组的安装，固定应牢固、可靠；除应满足冷却风循环空间要求，还应符合环境卫生保护法规的规定	
			空调室内机	分体式空调室内机位置应正确、并保持水平，冷凝水排放畅通。管道穿墙处必须密封，不得有雨水渗入	
			管道连接	整体式空调机组管道的连接应严密、无渗漏，四周应留有相应的维修空间	
	2	制冷系统管道管件安装	基本要求	内外壁应清洁、干燥；支吊架的型式、位置、间距及管道安装标高应符合设计要求；连接制冷机的吸、排气管道应设单独支架；管径不大于 20mm 的铜管道，在阀门处应设置支架；管道上下平行敷设时，吸气管应在下方	

续表

类别	序号	检查项目			质量标准	单位
一般项目	2	制冷系统管道管件安装	制冷剂管道弯管	弯曲半径	≥ 3.5D	mm
				最大外径与最小外径之差	≤ 0.08D	mm
			分支管与主管连接	角度	应按介质流向弯成 90° 弧度	
				弯曲半径	≥ 1.5D	mm
			铜管切口倾斜偏差		≤ 1%	

（5）装饰装修验收标准如表 3–47 ~ 表 3–56 所示。

表 3–47　木门窗安装质量验收

类别	序号	检查项目	质量标准		单位
主控项目	1	木门窗的品种、类型、规格、开启方向、安装位置及连接方式	应符合设计要求		
	2	门窗框安装	木门窗框的安装必须牢固。预埋木砖的防腐处理、木门窗框固定点的数量、位置及固定方法应符合设计要求		
	3	门窗扇安装	木门窗扇必须安装牢固，并应开关灵活，关闭严密，无倒翘		
	4	门窗配件安装	木门窗配件的型号、规格、数量应符合设计要求，安装应牢固，位置应正确，功能应满足使用要求		
一般项目	1	缝隙填嵌材料	木门窗与墙体间缝隙的填嵌材料应符合设计要求，填嵌应饱满。寒冷地区外门窗（或门窗框）与砌体间的空隙应填充保温材料		
	2	批水、盖口条、压缝条、密封条的安装	木门窗批水、盖口条、压缝条、密封条安装应顺直，与门窗结合应牢固、严密		
	3	门窗槽口对角线长度差	普通	≤ 3	mm
			高级	≤ 2	mm
	4	门窗框的正、侧面垂直度	普通	≤ 2	mm
			高级	≤ 1	mm
	5	框与扇、扇与扇接缝高低差	普通	≤ 2	mm
			高级	≤ 1	mm
	6	门窗扇对口留缝宽度	普通	1 ~ 2.5	mm
			高级	1.5 ~ 2	mm
	7	门窗扇与上框间留缝宽度	普通	1 ~ 2	mm
			高级	1 ~ 1.5	mm
	8	门窗扇与侧框间留缝宽度	普通	1 ~ 2.5	mm
			高级	1 ~ 1.5	mm
	9	窗扇与下框间留缝宽度	普通	2 ~ 3	mm
			高级	2 ~ 2.5	mm

续表

类别	序号	检查项目	质量标准			单位
一般项目	10	双层门窗与内外框间距偏差	普通		≤ 4	mm
			高级		≤ 3	mm
	11	无下框时门扇与地面间面留缝宽度	外门	普通	4 ~ 7	mm
				高级	5 ~ 6	mm
			内门	普通	5 ~ 8	mm
				高级	6 ~ 7	mm
			卫生间门	普通	8 ~ 12	mm
				高级	8 ~ 10	mm
	12	门扇与下坎间留缝宽度	外门	普通	4 ~ 5	mm
				高级	3 ~ 4	mm
			内门	普通	3 ~ 5	mm
				高级	3 ~ 4	mm

表 3–48　　防火门安装质量验收

类别	序号	检查项目			质量标准		单位
主控项目	1	门质量和性能			应符合设计要求和有关标准的规定		
	2	门品种、类型、规格、防腐处理			应符合设计要求和有关标准的规定		
	3	机械装置			应符合设计要求和有关标准的规定		
	4	门安装及预埋件			门安装必须牢固。预埋件的数量、位置、埋设方式、与框的连接方式必须符合设计要求		
	5	门配件、安装及功能			门的配件应齐全，位置应正确，安装应牢固。功能应满足使用要求和特种门的各项性能要求		
一般项目	1	表面装饰			应符合设计要求		
	2	表面质量			应洁净，无划痕、碰伤等现象		
	3	防火门	开启方向		宜为平开门，必须为疏散方向，不宜装锁和插销		
	4		门的开启与关闭		必须启闭灵活（在不大于 80N 的推力作用下即可打开），并具有自行关闭的功能		
	5		密封槽		框与扇搭接处宜留密封槽，且嵌填不燃性材料制成的密封条		
	6		门槽口对角线长度差		甲级	≤ 2	mm
					乙级	≤ 3	mm
	7		门框的正、侧面垂直度		≤ 3		mm
	8		框与扇接触面平整度		≤ 2		mm
	9		扇与框间立缝、门扇对口留缝宽度		1.5 ~ 2.5		mm
	10		双扇大门对口留缝宽度		2 ~ 5		mm
	11		扇与上框间留缝宽度		1 ~ 1.5		mm
	12		门扇与地面间面留缝宽度	外门	4 ~ 5		mm
				内门	6 ~ 8		mm

表 3-49　　门窗安装质量验收

类别	序号	检查项目		质量标准	单位
主控项目	1	门窗质量		门窗的品种、类型、规格、尺寸、性能、开启方向、安装位置、连接方式应符合设计要求。金属门窗的防腐处理及填嵌、密封处理应符合设计要求	
	2	门窗框安装		门窗框和副框的安装必须牢固，在砌体上严禁采用射钉固定。预埋件的数量、位置、埋设方式、与框的连接方式必须符合设计要求	
	3	门窗扇安装		门窗扇必须安装牢固，并应开关灵活、关闭严密，无倒翘。推拉门窗必须有防脱落措施	
	4	门窗配件安装		门窗配件的型号、规格、数量应符合设计要求，安装应牢固，位置应正确，功能应满足使用要求	
一般项目	1	表面质量		门窗表面应洁净、平整、光滑、色泽一致，无锈蚀。大面应无划痕、碰伤。漆膜或保护层应连续	
	2	推拉扇开关应力		推拉门窗开关力应不大于 60N	
	3	门窗框与墙体之间缝隙的填嵌		填嵌饱满，并采用密封胶密封。密封胶表面应光滑、顺直，无裂纹	
	4	门窗扇橡胶密封条或毛毡密封条		安装完好，不得脱槽	
	5	排水孔		有排水孔的金属门窗，排水孔应畅通，位置和数量应符合设计要求	
	6	门窗槽口宽度、高度偏差	≤ 1500	± 1.5	mm
			> 1500	± 2	mm
	7	门窗槽口对角线长度差	≤ 2000	≤ 2	mm
			> 2000	≤ 3	mm
	8	门窗框的正、侧面垂直度		≤ 2.5	mm
	9	门窗横框的水平度		≤ 2	mm
	10	门窗横框标高偏差		≤ 5	mm
	11	门窗竖向偏离中心		≤ 5	mm
	12	双层门窗内外框间距偏差		≤ 4	mm
	13	推拉门窗扇与框搭接量偏差		± 1.5	mm

表 3-50　　暗龙骨吊顶质量验收

类别	序号	检查项目	质量标准	单位
主控项目	1	重型灯具、电扇及其他重型设备安装	严禁安装在吊顶工程的龙骨上	
	2	吊杆、龙骨的材质、规格、安装间距及连接方式	应符合设计要求。金属吊杆、龙骨应经过表面防腐处理；木吊杆、龙骨应进行防腐、防火处理。吊杆距主龙骨端部距离不得大于 300mm，当大于 300mm 时，应增加吊杆。当吊杆长度大于 1.5m 时，应设置反支撑。当吊杆与设备相遇时，应调整并增设吊杆	
	3	吊顶标高、尺寸、起拱和造型	应符合设计要求	

续表

类别	序号	检查项目		质量标准	单位
主控项目	4	饰面材料的材质、品种、规格、图案和颜色		应符合设计要求和现行有关标准的规定	
	5	吊杆、龙骨和饰面材料安装		吊杆、龙骨和饰面材料安装必须牢固，对于吊杆连接要求预埋件或钢筋处理，在楼面层不宜使用膨胀螺栓，屋面层禁止使用膨胀螺栓	
	6	石膏板接缝		应按其施工工艺标准进行板缝防裂处理。安装双层石膏板时，面层板与基层板的接缝应错开，并不得在同一根龙骨上接缝	
一般项目	1	饰面材料表面质量		应洁净、色泽一致，不得有翘曲、裂缝及缺损。压条应平直、宽窄一致	
	2	灯具、烟感器、喷淋头、风口箅子等设备的位置		饰面板上的灯具、烟感器、喷淋头、风口箅子等设备的位置应合理、美观，与饰面板的交接应吻合、严密	
	3	吊杆、龙骨接缝		金属吊杆、龙骨的接缝应均匀一致，角缝应吻合，表面应平整，无翘曲、锤印。木质吊杆、龙平应顺直，无劈裂、变形	
	4	填充材料		吊顶内填充吸声材料的品种和铺设厚度应符合设计要求，并应有防散落措施	
	5	表面平整度	纸面石膏板	≤ 3	mm
			金 属 板	≤ 2	mm
			矿 棉 板	≤ 2	mm
			木板、塑料板、格栅	≤ 2	mm
	6	接缝直线度	纸面石膏板	≤ 3	mm
			金 属 板	≤ 1.5	mm
			矿 棉 板	≤ 3	mm
			木板、塑料板、格栅	≤ 3	mm
	7	接缝高低差	纸面石膏板	≤ 1	mm
			金 属 板	≤ 1	mm
			矿 棉 板	≤ 1.5	mm
			木板、塑料板、格栅	≤ 1	mm
	8	吊顶四周水平		± 5	mm

表 3–51　　砖面层质量验收

类别	序号	检查项目	质量标准	单位
主控项目	1	板块的品种和质量	应有产品质量合格证明文件，并应符合设计要求和国家现行有关标准的规定	
	2	放射性限量	板块产品进入施工现场时，应有放射性限量合格的检测报告	
	3	面层与下一层结合	应牢固，无空鼓（单块砖边角允许有局部空鼓，但每自然间或标准间的空鼓砖不应超过总数的 5%）	
一般项目	1	面层表面质量	表面应洁净，图案清晰，色泽一致，接缝平整，深浅一致，周边顺直。板块无裂纹、掉角和缺楞等缺陷；非整砖块材不得小于 1/2	
	2	邻接处的镶边用料及尺寸	应符合设计要求，边角整齐、光滑	

续表

类别	序号	检查项目		质量标准	单位
一般项目	3	踢脚线质量		踢脚线表面应洁净，与柱、墙面结合应牢固，踢脚线高度及出柱、墙厚度应符合设计要求，且均匀一致，当无设计要求时，应为 5 ~ 6mm	
	4	楼梯踏步和台阶		宽度、高度应符合设计要求。楼层梯段相邻踏步高度差不应大于 10mm，每踏步两端宽度差不大于 10mm；旋转楼梯段的每踏步两端宽度的允许偏差不应大于 5mm。踏步面层应做防滑处理，齿角应整齐，防滑条应顺直、牢固	
	5	面层表面坡度		应符合设计要求，不倒泛水、无积水；与地漏、管道结合处应严密牢固，无渗漏	
	6	表面平整度	陶瓷锦砖、陶瓷地砖	≤ 2.0	mm
			水泥花砖	≤ 3.0	
			缸砖	≤ 4.0	
	7	缝格平直度		≤ 3.0	mm
	8	接缝高低差	陶瓷锦砖、陶瓷地砖、水泥花砖	≤ 0.5	mm
			缸砖	≤ 1.5	
	9	踢脚线上口平直度	陶瓷锦砖、陶瓷地砖	≤ 3.0	mm
			缸砖	≤ 4.0	
	10	板块间隙宽度		≤ 2.0	mm

表 3–52　自流平面层质量验收

类别	序号	检查项目	质量标准	单位
主控项目	1	原材料质量	应有产品质量合格证明文件，并应符合设计要求和国家现行有关标准的规定	
	2	有害物质限量	自流平面层的涂料进入施工现场时，应有以下有害物质限量合格的检测报告： 1. 水性涂料中的挥发性有机化合物（VOC）和游离甲醛； 2. 溶剂型涂料中的苯、甲苯 + 二甲苯、挥发性有机化合物（VOC）和游离甲苯二异氰醛酯（TDI）	
	3	基层施工质量	强度等级不应小于 C20；混凝土或水泥砂浆基层必须坚固、密实、平整，坡度和强度应符合设计要求，且表面平整度应小于 1.5/1000mm；基层应干燥，在深为 20mm 的厚度层内，含水率不大于 8%	
	4	防潮层	沿墙四周上翻不低于 200	mm
	5	各构造层之间的黏结	应黏结牢固，层与层之间不应出现分离、空鼓现象	
一般项目	1	面层施工	应分层施工，面层找平施工时不应留有抹痕	
	2	表面质量	应平整、光滑、颜色均匀一致，不应有开裂、漏涂、误涂、砂眼、裂缝、起泡、泛砂和倒泛水、积水等现象，与地面埋件、预留洞口处接缝顺直、收边整齐	
	3	表面平整度	≤ 1	mm
	4	厚度	≤ 0.1	mm
	5	踢脚线上口平直度	≤ 3	mm
	6	缝格顺直偏差	≤ 2	mm

表 3–53　　防静电活动地板质量验收

类别	序号	检查项目	质量标准	单位
主控项目	1	材料质量	必须符合设计和国家现行有关标准的规定，且应具有耐磨、防潮、阻燃、耐污染、耐老化和导静电等性能	
	2	面层质量要求	面层应安装牢固，无裂纹、掉角和缺楞等缺陷	
	3	支撑架	支撑架应安装牢固，缓冲垫放置平稳整齐，所有的支座柱和横梁构成框架一体，并与基层连接牢固	
一般项目	1	面层外观质量	面层应排列整齐、表面洁净、色泽一致、接缝均匀、周边顺直，不得有小于 1/2 非整块板块出现	
	2	表面平整度	≤ 2.0	mm
	3	缝格平直偏差	≤ 2.5	mm
	4	接缝高低差	≤ 0.4	mm
	5	板块间隙宽度偏差	≤ 0.3	mm
	6	支撑架高度偏差	± 1	mm

表 3–54　　涂料面层质量验收

类别	序号	检查项目	质量标准	单位
主控项目	1	原材料质量	应有产品质量合格证明文件，并应符合设计要求和国家现行有关标准的规定	
	2	有害物质限量	涂料进入施工现场时，应有苯、甲苯 + 二甲苯、挥发性有机化合物（VOC）和游离甲苯二异氰酸酯（TDI）限量合格的检测报告	
一般项目	1	涂料找平层施工	应平整，不应有刮痕	
	2	表面质量	表面应光洁，色泽应均匀、一致，不应有开裂、空鼓、漏涂、起泡、起皮、泛砂和倒泛水、积水等现象	
	3	楼梯踏步和台阶	宽度、高度应符合设计要求。楼层梯段相邻踏步高度差不应大于 10mm，每踏步两端宽度差不大于 10mm；旋转楼梯段的每踏步两端宽度的允许偏差不应大于 5mm。踏步面层应做防滑处理，齿角应整齐，防滑条应顺直、牢固	
	4	表面平整度	≤ 2	mm
	5	踢脚线上口平直度	≤ 3	mm
	6	缝格顺直偏差	≤ 2	mm

表 3–55　　砖面层质量验收

类别	序号	检查项目	质量标准	单位
主控项目	1	板块的品种和质量	应有产品质量合格证明文件，并应符合设计要求和国家现行有关标准的规定	
	2	放射性限量	板块产品进入施工现场时，应有放射性限量合格的检测报告	
	3	面层与下一层结合	应牢固，无空鼓（单块砖边角允许有局部空鼓，但每自然间或标准间的空鼓砖不应超过总数的 5%）	

续表

类别	序号	检查项目		质量标准	单位
一般项目	1	面层表面质量		表面应洁净，图案清晰，色泽一致，接缝平整，深浅一致，周边顺直。板块无裂纹、掉角和缺楞等缺陷；非整砖块材不得小于1/2	
	2	邻接处的镶边用料及尺寸		应符合设计要求，边角整齐、光滑	
	3	踢脚线质量		踢脚线表面应洁净，与柱、墙面结合应牢固，踢脚线高度及出柱、墙厚度应符合设计要求，且均匀一致，当无设计要求时，应为5 ~ 6mm	
	4	楼梯踏步和台阶		宽度、高度应符合设计要求。楼层梯段相邻踏步高度差不应大于10mm，每踏步两端宽度差不大于10mm；旋转楼梯段的每踏步两端宽度的允许偏差不应大于5mm。踏步面层应做防滑处理，齿角应整齐，防滑条应顺直、牢固	
	5	面层表面坡度		应符合设计要求，不倒泛水、无积水；与地漏、管道结合处应严密牢固，无渗漏	
	6	表面平整度	陶瓷锦砖、陶瓷地砖	≤ 2.0	mm
			水泥花砖	≤ 3.0	
			缸砖	≤ 4.0	
	7	缝格平直度		≤ 3.0	mm
	8	接缝高低差	陶瓷锦砖、陶瓷地砖、水泥花砖	≤ 0.5	mm
			缸砖	≤ 1.5	
	9	踢脚线上口平直度	陶瓷锦砖、陶瓷地砖	≤ 3.0	mm
			缸砖	≤ 4.0	
	10	板块间隙宽度		≤ 2.0	mm

表 3–56　　卫生器具安装质量验收

类别	序号	检查项目		质量标准	单位
主控项目	1	排水栓和地漏的安装		应平正、牢固，低于排水表面，周边无渗漏。地漏水封高度不得小于50mm	
	2	满水试验和通水试验		卫生器具各连接件不渗不漏；给、排水畅通	
一般项目	1	有饰面的浴盆		应留有通向浴盆排水口的检修门	
	2	小便槽冲洗管		应采用镀锌钢管或硬质塑料管。冲洗孔应斜向下方安装，冲洗水流向同墙面成45° 角。镀锌钢管钻孔后应进行二次镀锌	
	3	卫生器具的支、托架		必须防腐良好，安装平整、牢固，与器具接触紧密、平稳	
	4	坐标	单独器具	≤ 10	mm
			成排器具	≤ 5	mm
	5	标高偏差	单独器具	± 15	mm
			成排器具	± 10	mm
	6	器具水平度		≤ 2	mm
	7	器具垂直度		≤ 3	mm

3.10 施工安全及环境保护

3.10.1 施工安全技术措施

（1）严格执行起重吊装安全操作规程，设备操作规程和其他安全作业规程，认真检查落实各项技术交底内容的准备与实施情况。

（2）安装全过程中，施工队长负责对工程的安全、进度及质量达标的全面保证，抓好施工现场安全管理工作，安排专职安全员负责施工的安全管理工作，把安全工作贯彻在日常工作中。专职安全员必须全程进行安全监控，提前检查工器具及施工机械的完好情况，检查作业人员精神状态，作业过程中查看人员个人防护用品佩戴及使用情况，对违章现象及时进行制止，指导予以纠正。施工队长、安全负责人在工作期间必须坚守岗位，不得擅离职守。

（3）施工前，组织施工所有管理及施工人员进行安全工作规程、规定、制度、安全控制措施等的培训学习与考试。合格者方可进入施工现场。特殊作业工种必须持证上岗，特殊作业包括起重、测量、高空作业、专职质检员、专职安全员等。其他人员须持上岗证上岗。高处作业人员必须进行体格检查，不合格者不得进行高处作业。

（4）吊装前，对可能造成的各个因素进行识别：

1）起重机械驾驶员应经过专业培训，考试合格并持有“安全操作证”；

2）驾驶员应严格执行各项规程制度，不得无故擅自离开起重机；

3）驾驶员要注意起重机的运行情况，发现零部件安全装置等有故障或者异常现象，应及时排除，待故障排除后方可继续操作；

4）吊车设备及安全工器具检测需复检。

①严格执行起重吊装安全操作规程，设备操作规程和其他安全作业规程，认真检查落实各项技术交底内容的准备与实施情况。

②吊装人员必须正确佩戴安全帽、穿好工作服，工作前不得饮酒；参加高空作业的人员需经医生检查，合格者才能进行高空作业。上高空作业时，必须穿软底鞋，严禁穿拖鞋、硬底鞋及塑料鞋等。

③严禁作业人员攀爬构件上下和无保护措施的情况下，人员在钢构件上作业、行走。

④所有高空作业人员必须配置安全带，采用 ϕ16mm 锦纶绳作为主绳，在垂直和水平方向设置纵向安全绳，并配备紧绳器。全体作业人员必须戴好安全帽等安全保护用具。登高作业人员必须穿平底鞋，正确使用防坠落安全带。安全带应高挂低用，将安全带绳端的钩环挂于高处可靠处，人在低处操作。

⑤高处操作人员使用的工具、零配件等，应放在随身佩带的工具袋内，不可随意向下丢掷，防止高空坠物。

⑥在钢梁吊装过程中，高空作业人员解吊点绳时，严禁在梁上直立行走。

⑦构件起吊必须由专人统一指挥，并按规定口令行动和作业。在起吊过程中，应有统一的指挥信号，参加施工的全体人员必须熟悉此信号，以便各操作岗位协调动作。吊装的指挥人员作业时应与吊车驾驶员密切配合，执行规定的指挥信号。驾驶员应听从指挥，当信号不清或错误时，驾驶员可拒绝执行。

⑧设置吊装禁区，非施工人员未经许可严禁进入安装现场。在构架起吊和钢梁安装时，严禁非吊装人员进入非安全距离范围内。

⑨雨天进行高处作业时，必须采取可靠的防滑措施。作业处和构件上有水应及时清除。对进行高处作业的构筑物，应事先设置避雷设施。雷雨天气严禁吊装作业和高空作业（提前收听天气预报）。

⑩地面操作人员，不得在高空作业面的正下方停留或通过，也不得在吊车的起重臂或正在吊装的构件下停留或通过。

⑪ 钢结构施工时，在6级风以上不能施工，超过4级不能爬升，雨雪低温天气禁止施工。

⑫ 作业区内严禁无关人员入内。安全围栏示意图如图3-47所示。

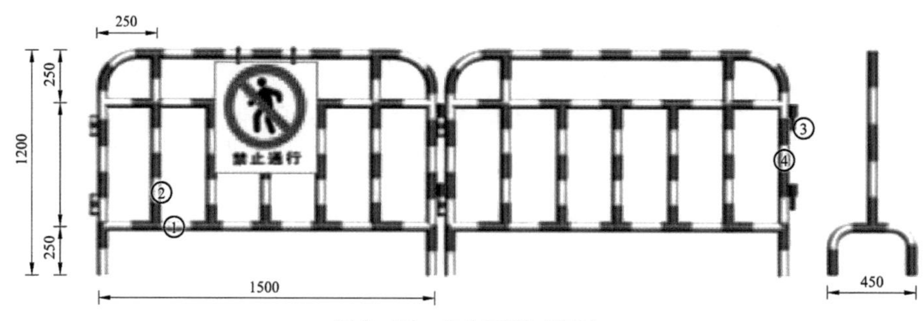

图3-47　安全围栏示意图

3.10.2　环境保护措施

（1）施工期间应控制噪声，应合理安排施工时间，并应减少对周边的环境的影响。

（2）施工区域应保持清洁。

（3）夜间施工灯光应向场内照射；焊接电弧应采取防护措施。

（4）夜间施工应做好申报手续，应按政府相关部门批准的要求施工。

（5）噪声必须限制在95dB以下，对于某些机械的噪声无法消除时，应重点控制并采取相应的个人防护，以免带来职业性疾病。

（6）严格控制粉尘在10mg/m^{3}卫生标准内，操作时应佩带有良好和完善的劳动防护用品加以保护。进行射线检测时，应在检测区划定隔离防范警戒线，并远距离操作。

（7）高强螺栓连接施工中拧下来的梅花头，要随拧随收到地面集中存放和处理。

（8）现场油漆涂装和防火涂料施工时，应采取防污染措施：涂装施工前，应做好对周围环境和其他半成品的遮蔽保护工作，防止污染环境。防腐涂料施工中使用过的棉纱、棉布、滚筒刷等物品应存放在带盖的铁桶内，并定期处理掉，严禁向下水道倾倒涂料和溶剂。施工现场应做好通风排气措施，减少有毒气体的浓度。

（9）夜间施工时不得敲击压型钢板，以免噪声扰民。在居民区附近施工要避免夜间施工。

（10）钢结构安装现场剩下的废料和余料应妥善分类收集，并应统一处理和回收利用，不得随意搁置、堆放。

（11）施工现场的螺栓、电焊条等的包装纸、袋及废铁应及时分类回收，避免污染环境，保持施工场地清洁。

（12）焊接时，在周围应用彩条布围住，防止弧光和焊接的烟尘外露。

（13）现场所有的杆件包装物，在构架起吊前拆除，拆除后分类回收。

（14）施工用的钢材料应有组织有计划的进退场、进场后应按指定场地堆放。材料尽量做到随到随用。

（15）施工用的临时道路应定时修整，保持其平整畅通。道路上严禁堆放东西。

（16）钢结构吊装时及时排除基础四周积水，保持工作场所无积水。

（17）现场施工要做到工完、料尽、场地清。

（18）各工种人员在施工中应相互配合，在做好本职工作的情况下，应考虑到与其他工种工人的协调。同时必须服从领导统一指挥调度。

（19）追求绿色施工，遵守法律、法规，坚持污染预防，激励全员参与，坚持改进业绩。

4 超轻钢结构装配式变电站建筑物施工

4.1 超轻钢工业厂房简介

超轻钢结构变电站建筑物是伴随着变电站建设智能化、小型化、装配式及现代科技发展而诞生的一种新型工业建筑。在变电站建设中，主要用于综合楼、开关室、主控楼等建筑物。

超轻钢结构主要选用近年来我国生产的超轻钢材料研发而成，主要构件有墙体结构、屋面结构、门（窗）洞口结构及室内装饰结构组成。

墙体结构包括：墙体框架结构即框架柱和墙体支撑系统、墙体内外板。

屋面结构包括：屋面桁架、屋面檩条、屋面联系支撑、屋面板、屋面保温、屋面防水系统（包括天沟）。

门窗（洞）口结构包括：门窗（洞）边框结构、门窗本体及边框装饰板。

室内装饰结构包括：天棚吊顶结构、管线、灯具吊钩或夹具、墙面预留预埋等变电站室内智能、照明、监控视频、消防等所需功能结构。

此超轻钢工业厂房采用超轻钢结构制成，由于质量轻，运输安装不需要大型运输、吊装设备，安全风险小，工期短；由于强度高，工厂化生产、装配、集成化程度高，适用、安全、经济、美观 。

超轻钢结构厂房全貌如图 4-1 所示。

图 4-1　超轻钢结构厂房全貌

4.2 施工流程

施工流程如图 4-2 所示。

4.3 施工准备

4.3.1 现场交接准备

同第 3 章 3.3.1 现场交接准备。

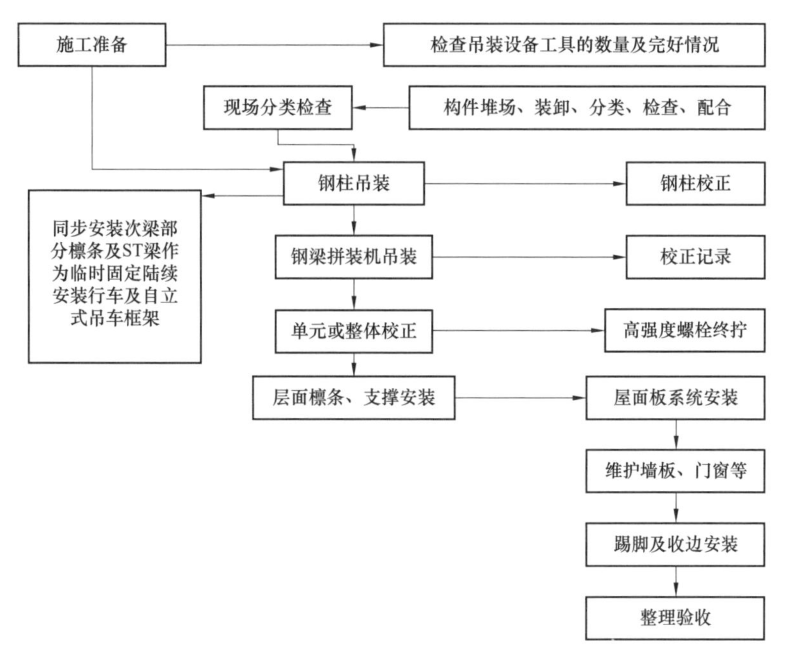

图 4-2　超轻钢结构装配式变电站建筑物施工流程图

4.3.2　施工技术准备

超轻钢结构除存在成品构件预拼装外，其他施工技术准备同第三章 3.3.2。成品构件预拼装要求如下：

（1）一般规定。

1）预拼装前，单个构件应检查合格；当同一类型构件较多时，可选择一定数量的代表性构件进行预拼装。

2）构件可采用整体预拼装或累积连续预拼装。当采用累积连续预拼装时，两相邻单元连接的构件应分别参与两个单元的预拼装。

3）除有特殊规定外，构件预拼装应按设计文件和现行《钢结构工程施工质量验收规范》（GB 50205—2001）的有关规定进行验收。预拼装验收时，应避开日照的影响。

（2）实体预拼装。

1）预拼装场地应平整、坚实。预拼装所用的临时支承架、支承凳或平台应经测量准确定位，并应符合工艺文件要求。重型构件预拼装所用的临时支承结构应进行结构安全验算。

2）预拼装单元可根据场地条件、起重设备等选择合适的几何形态进行预拼装。

3）构件应在自由状态下进行预拼装。

4）构件预拼装应按设计图的控制尺寸定位，对有预起拱、焊接收缩等的预拼装构件，应按预起拱值或收缩量的大小对尺寸定位进行调整。

5）采用螺栓连接的节点连接件，必要时可在预拼装定位后进行钻孔。

6）当多层板重叠采用高强度螺栓或普通螺栓连接时，宜先使用不少于螺栓孔总数 10% 的冲钉定位，再采用临时螺栓紧固。临时螺栓在一组孔内不得少于螺栓孔数量的 20%，且不应少于 2 个；预拼装时应使板层密贴。螺栓孔应采用试孔器进行检查，并应符合下列规定。

①当采用比孔公称直径小 1.0mm 的试孔器检查时，每组孔的通过率不应小于 85%。

②当采用比螺栓公称直径大 0.3mm 的试孔器检查时，通过率应为 100%。

7）预拼装检查合格后，宜在构件上标注中心线、控制基准线等标记，必要时可设置定位器。

（3）计算机辅助模拟预拼装。

1）构件除可采用实体预拼装外，还可采用计算机辅助模拟预拼装方法，模拟构件或单元的外形尺寸应与实物几何尺寸相同。

2）当采用计算机辅助模拟预拼装的偏差超过《钢结构工程施工质量验收规范》（GB 50205—2001）的有关规定时，应按实体预拼装部分的要求进行实体预拼装。

4.3.3 施工人员准备

现场人员结构如第三章 3.3.3 现场人员结构图和施工人员配置如表 4–1 所示。

表 4–1　　施工人员配置表

序号	类别	工种（岗位）	人数	要求
1	管理岗位	项目经理	1	二级建造师及以上
2		项目总工	1	中级职称以上
3		五大员	5	持证上岗
4	特殊工种	吊车司机	1	持证上岗
5		起重工	1	持证上岗
6		电焊工	3	持证上岗
7		电工	1	持证上岗
8		吊装指挥	1	持证上岗
9		登高作业	6	持证上岗
10		机械安装	3	持证上岗
11		架子工	4	持证上岗
12	辅助工	安装普工	8	熟练工
13		加工普工	5	熟练工
14		其他用工	5	熟练工
合计		18	45	

4.3.4 施工场地准备

同第 3 章 3.3.4 节。

4.3.5 施工机具、检测设备和材料准备

主要材料除了无焊接外其他与第 3 章 3.3.5 相同。

（1）主要施工机具配置计划如表 4–2 所示。

表 4-2　　主要施工机具配置计划表

序号	机具名称	单位	数量	型号	备注
1	汽车式起重机	辆	1		12 吨汽车起重机
2	滑轮	组	2	若干	0.5t
3	吊带	对	4		5t（12m 长）
4	安全爬梯	架	3		7m
5	移动组合脚手架	组	4		4m 高
6	手动台钻	台	1		

（2）主要检测仪器设备配置计划如表 4-3 所示。

表 4-3　　主要检测仪器设备配置计划表

序号	名 称	型 号	单位	数量
1	经纬仪	DT-02	台	2
2	水准仪	DS-32	台	1
3	水准尺	3m（铝合金）	把	2
4	钢卷尺	30m	把	2
5	钢卷尺	5m	把	若干
6	测距仪		台	1
7	线垂	500g	个	5

4.3.6　施工进度计划

同第 3 章 3.3.6 节。

4.4　主体结构安装

4.4.1　钢柱安装

（1）吊装准备。

1）复核放线、定位。

在安装之前首先根据业主提供的高程及坐标控制点建立厂房的半永久控制网点，由专业测量人员严格复查柱基础及混凝土柱顶的标高和行、列轴线尺寸，实测实量柱脚螺栓与定位轴线的尺寸、标高。

为消除立柱长度制造误差对立柱标高的影响，吊装前，从立柱顶端向下量出理论标高为 1mm 的截面，并做一明显标记，便于校正立柱标高时使用。在立柱下底板上表面，做通过立柱中心的纵横轴十字交叉线。

2）整理现场，将已到现场的成品、材料按施工平面布置归类堆放，整理有序，清理干净；特别是柱脚预埋螺栓清理干净、校正。

3）吊装设备选型，一般选用 1 台 12t 汽车吊进行现场构件吊装，二次驳运和拼装。

（2）试吊吊装准备。

1）试吊程序。试吊按照空载、静载、动载的程序进行。

2）试吊准备。将试吊范围内的场地平整，杂物清理干净；接通吊机，准备好起重用钢丝绳；测量人员在试吊现场放出吊机出杆 12.6m 工作半径 6.3m 处位置，并用石灰做出标记；用构件重量分别为柱 1.2t 和梁 1.2t 做试吊荷载。杆件分别用夹具夹紧，下面用枕木抄垫。

3）试吊。试吊前检查：试吊前对吊机各部件进行详细检查,包括车况、支腿垫木、构件、连接部件、电缆线路布置、钢丝绳状况、构架螺栓紧固情况、安全防护状况等作认真检查，确信满足使用要求后方可进行下一步工作。

①空载试车：要求对大车走行、臂杆变幅、臂杆回转、大钩升降等各种操作情况进行试验，观察各电机在运转过程中吊机桅杆的受力变化情况，并同时试验限位器是否工作正常。

②静载试车：在吊机出杆 12.6m 工作半径 6.3m 处，先起吊 0.5t 梁，构件离地提升 30cm 后，刹车保持 5 分钟不动，然后观察臂杆变幅、臂杆回转、大钩升降有没有异常，没有异常后提升。

③动载试车：将构件从 30cm 提升到起吊高度 12m，观察臂杆变幅、臂杆回转、大钩升降有没有异常，没有异常回转：回转将构件在起吊高度 6.3m，臂杆慢速回转 180º，回转中保持构件重心平稳，无浪动，车身稳定。

将 0.5t 柱按上述步骤重复一遍。没有异常，即完成试吊工作。

（3）吊装。钢柱一般刚性都较好，可采用一点起吊，吊耳设在柱顶处，吊装时要保持柱身垂直，易于校正。钢柱吊装采用旋转回直法，如图 4–3 所示。

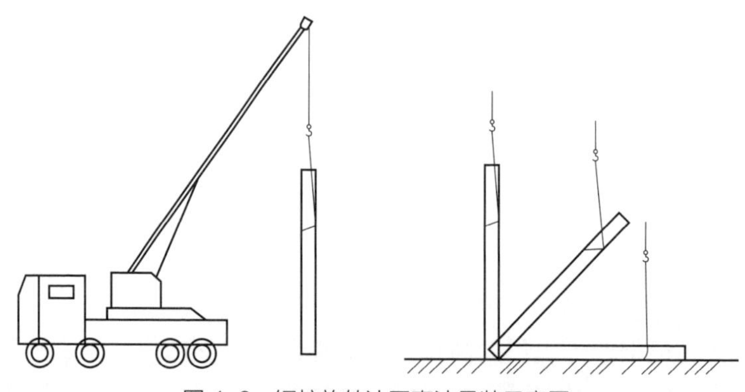

图 4–3　钢柱旋转法回直法吊装示意图

如果不采用焊接吊耳，直接用钢丝绳在钢柱本身绑扎时要注意两点：一是在钢柱四角做包角，以防钢丝绳割断；二是在绑扎点处，为防止工字型钢柱局部受挤压破坏，可增设加强肋板，吊装格构柱，绑扎点处设支撑杆。

钢柱临时固定示意如图 4–4 所示。

（4）就位、校正。

1）柱子吊起前，为防止地脚螺栓螺纹损伤，宜用薄钢板卷成套筒套在螺栓上，钢柱

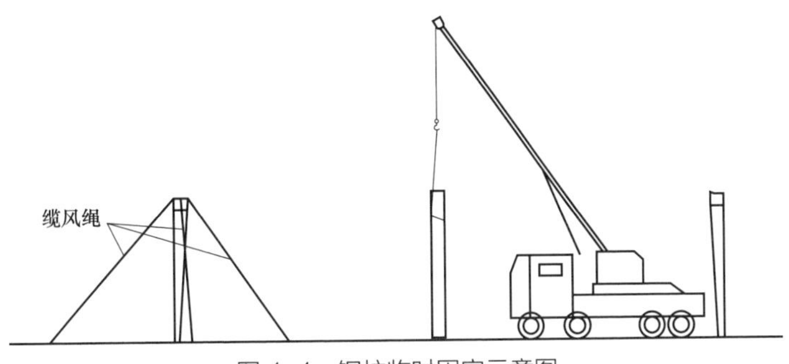

图 4-4 钢柱临时固定示意图

就位后，取下套筒。柱子吊起后，当柱底距离基准线达到准确位置，指挥吊车下降就位，并拧紧全部基础螺栓，临时用缆风绳将柱子加固。

2）柱的校正包括平面位置、标高和垂直度的校正，由于柱的标高校正在基础抄平时已进行，平面位置校正在临时固定时已完成，因此，柱的校正主要是垂直度校正。

3）钢柱校正方法：垂直度用吊线坠或经纬仪检验，如果有偏差，采用液压千斤顶或丝杠千斤顶进行校正，底部空隙塞紧铁片或铁垫，或在柱脚和基础之间打入钢楔抬高，以增减垫板校正；位移校正可用千斤顶顶正；标高校正用千斤顶将底座少许抬高，然后增减垫板使达到设计要求。钢柱校正如图 4-5 所示。

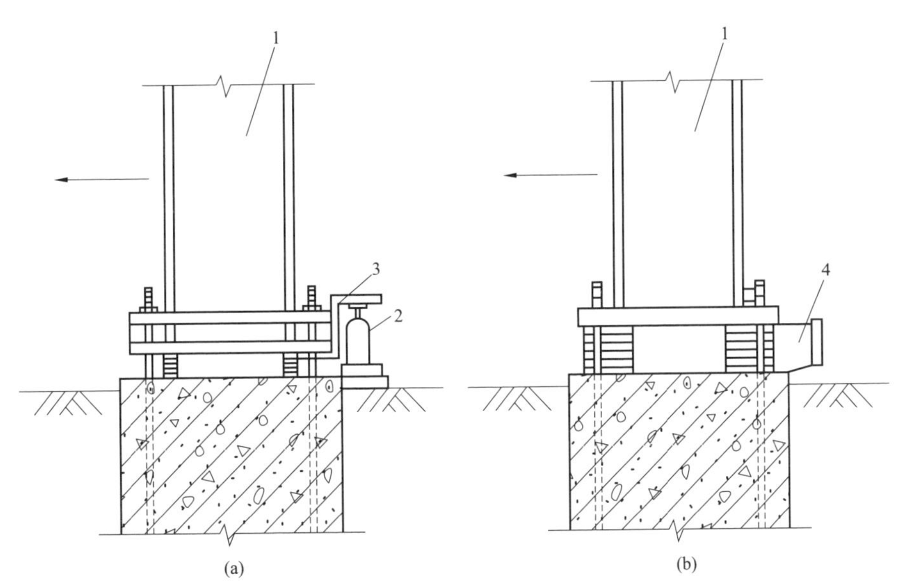

图 4-5 钢柱校正
(a) 用千斤顶、钢楔校正垂直度；(b) 用千斤顶、钢楔校正垂直度

4）钢柱最后固定。钢柱脚校正后，钢柱的垂直度偏差应符合的规定，此时缆风绳不受力，紧固地脚螺栓，并将承重钢垫板上下电焊固定，防止走动，如图 4-6 所示。

5）钢柱校正固定后，随即将柱间支撑安装并固定，形成稳定体系。

6）钢柱垂直度校正宜在无风天气或 16 点以后进行，以免由于太阳照射受温差影响，柱子向阴面弯曲，出现较大的水平位移值而影响其垂直度。

4.4.2 超轻钢屋架安装

（1）一般规定。

1）超轻钢屋架重量较轻，一般选用 12t 吊车即可。

2）屋架多为悬空吊装，为使屋架在吊起后不会导致发生摇摆和其他构件碰撞，起吊前在屋架两端应绑扎溜绳，随吊随放松，以此来保持其正确位置。

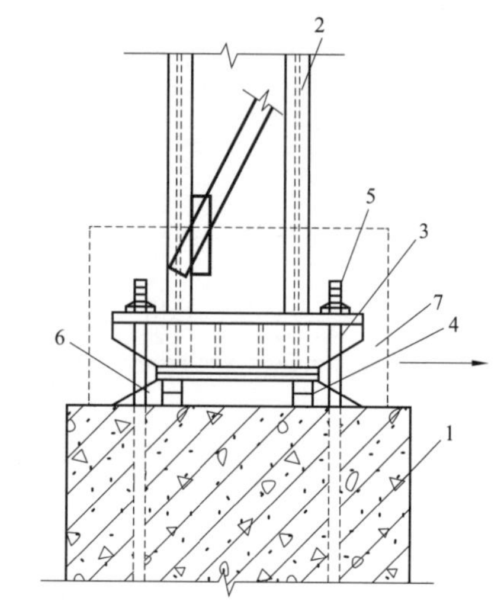

图 4-6 钢柱底脚固定方式

1—柱基础；2—钢柱；3—钢柱脚；4—钢垫板；5—地脚螺栓；6—二次灌浆细石混凝土；7—柱脚外包混凝土

3）超轻钢屋架的侧向刚度较差，对翻身扶直与吊装作业，必要时应绑扎几道杉杆，作为临时加固措施，如图 4-7 所示。

4）超轻钢屋架的侧向稳定性较差，如起重机械的起重量和起重臂长度允许时，最好经扩大拼装后进行组合吊装，即在地面上将两榀屋架、檩条、支撑等拼装成一个整体，一次进行吊装。

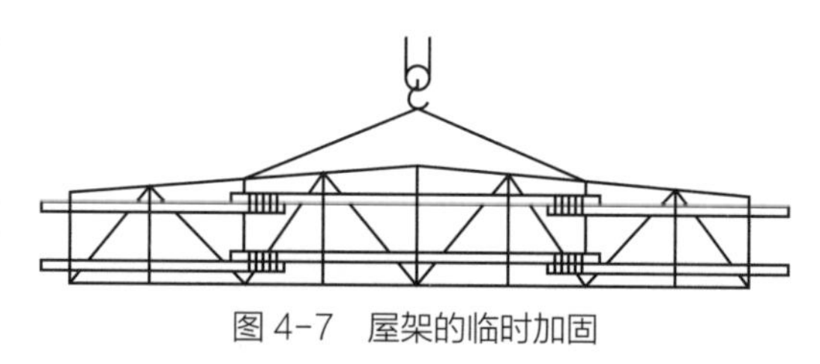

图 4-7 屋架的临时加固

5）超轻钢屋架要检查校正其垂直度和弦杆的平直度。屋架的垂直度可用垂球检验，弦杆的平直度可用拉紧的测绳进行检验。

6）屋架临时固定用临时螺栓和冲钉；最后固定应用高强度螺栓。

7）钢屋架、桁架、梁及受压杆件垂直度和侧向弯曲矢高的允许偏差见表 4-4。

表 4-4 超轻钢屋架、桁架、梁及受压杆件垂直度和侧向弯曲矢高的允许偏差

项目	允许偏差	图例
跨中的垂直度	$h/250$，且不大于 15.0	
侧向弯曲矢高 f	$L \leqslant 30m$	
	$30m < L \leqslant 60m$	
	$L > 60m$	

注 h 为高度；l 为高度；f 为侧向弯曲矢高；Δ 为偏差。

（2）超轻钢屋架绑扎。当屋架跨度一般小于或等于 18m 时，如图 4-8 所示。绑扎时吊索与水平线的夹角不应小于 45°，以免屋架上弦承受过大压力。

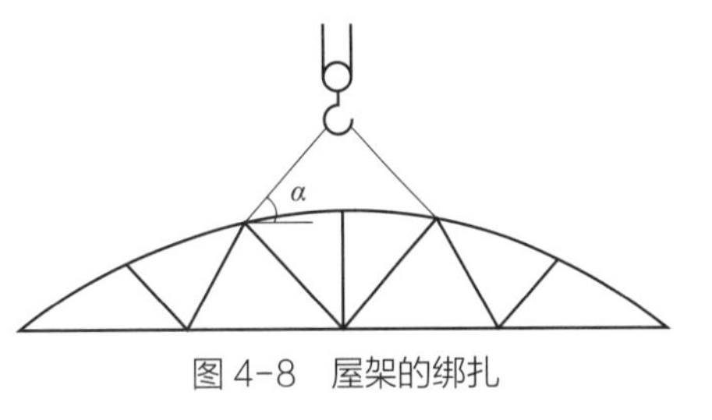

图 4-8 屋架的绑扎

（3）超轻钢屋架吊升与对位。

1）屋架吊升是先将屋架吊离地面约 300mm，然后将屋架转至吊装位置下方，再将屋架提升至超过柱顶约 300mm，然后将屋架缓慢降到柱顶，进行对位。

2）屋架对位应以建筑物的定位轴线为准。所以在屋架吊装前，应用经纬仪或其他工具在柱顶放出建筑物的定位轴线。如柱顶截面中线与定位轴线偏差过大，应及时调整纠正。

（4）超轻钢屋架扶直与就位。

1）扶直。根据起重机与屋架相对位置不同，可分正向扶直和反向扶直两种。

①正向扶直。起重机位于屋架下弦一侧，扶直时屋架以下弦为轴缓缓转直。

②反向扶直。起重机位于屋架上弦一侧，扶直时屋架以上弦为轴缓缓转直。

2）就位。超轻钢屋架扶直后应立即进行就位。

①按就位的位置不同，可分为同侧就位和异侧就位。同侧就位时，屋架的预制位置与就位位置都在吊车开行路线的同一边。异侧就位时，需将屋架由预制的一边转到起重机开行路线的另边就位。

②按屋架就位的方式，可分为靠柱边斜向就位和靠柱边成组纵向就位。屋架成组纵向就位时，一般 4 ~ 5 榀为一组，靠柱边顺轴线纵向就位。屋架与柱之间、屋架与屋架之间的净距应大于 20cm，相互之间用铅丝及支撑拉紧撑牢。每组屋架之间应留 3m 左右的间距作为横向通道。

（5）超轻钢屋架临时固定，如图 4-9 所示。屋架对位后，立即进行临时固定。临时固定稳妥后，吊车即可摘去吊钩。第一榀屋架就位后，一般在其两侧各设置两道缆风绳做临时固定，并用缆风绳来校正垂直度。当厂房有抗风柱并已吊装就位时，也可将屋架与抗风柱连接作为临时固定。

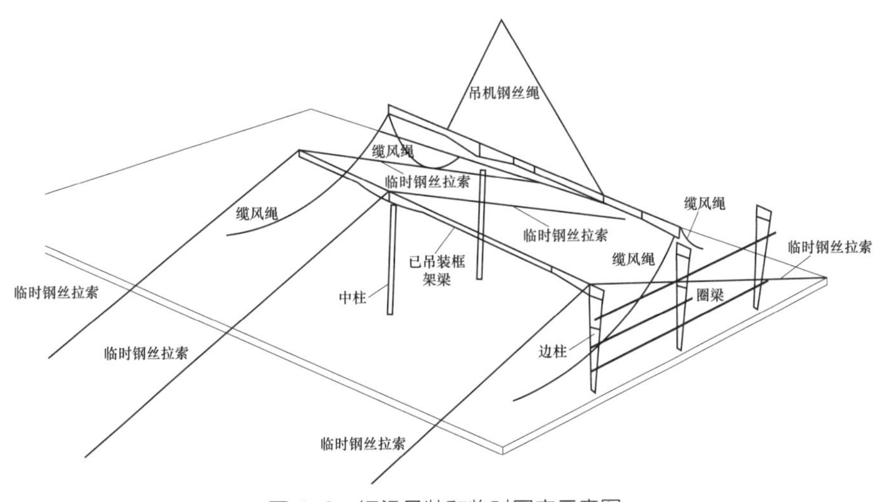

图 4-9 钢梁吊装和临时固定示意图

第二榀及以后各榀屋架的临时固定，是用屋架校正器撑牢在上一榀的屋架上。15m 跨以内的屋架用一根校正器。

（6）超轻钢屋架校正与最后固定。屋架经对位、临时固定以后，主要校正屋架的垂直度偏差。规范规定：屋架上弦（在跨中）对通过两支座中心垂直面的偏差不得大于 $h/250$（h 为屋架高度）。检查时可用垂球、经纬仪。经校正无误后，立即用电焊焊牢作为最后固定，应对角施焊，以防焊缝收缩导致屋架倾斜。

屋架吊装如图 4–10 所示。

图 4–10　屋架吊装

4.4.3　高强度螺栓连接

高强度螺栓连接是目前超轻钢结构主要连接方法之一。其特点是可拆可换，施工方便，传力均匀，承载能力大，接头刚性好，抗疲劳强度高，螺母不易松动，结构安全可靠。高强度螺栓从外形上可分为高强度大六角头螺栓（即扭矩形高强度螺栓）和扭剪型高强度螺栓两种。高强度螺栓和与之配套的螺母、垫圈总称为高强度螺栓连接副。

（1）一般要求。

1）使用高强度螺栓前，应按有关规定对高强度螺栓的各项性能进行检验。运输过程应轻装轻卸，以免损坏。当发现螺栓有污染、包装破损等异常现象时，应用煤油清洗，按高强度螺栓验收规程进行复验，经复验扭矩系数合格后才能使用。

2）工地储存高强度螺栓时，应放在干燥、通风、防雨、防潮的仓库内，并不得沾染异物。

3）安装时，应按当天需用量领取，当天没有用完的螺栓，必须装回容器内，妥善保管，不得乱扔、乱放。

4）安装高强度螺栓时接头摩擦面上不允许有毛刺、油污、铁屑、焊接飞溅物。摩擦面应干燥，没有结露、积雪、积霜，并不得在雨天进行安装。

5）使用定扭矩扳子紧固高强度螺栓时，每天上班前应对定扭矩扳子进行校核，合格后才能使用。

（2）施工工艺。

1）一个接头上的高强度螺栓连接，应从螺栓群中部开始安装，向四周扩展，逐个拧紧。扭矩型高强度螺栓的初拧、复拧完成一次应涂上相应的颜色或标记，防止漏拧。

2）如果接头有高强度螺栓连接又有焊接连接时，按先栓后焊的方式施工，先终拧完高强度螺栓再焊接焊缝。

3）高强度螺栓应自由穿入螺栓孔内，当板层发生错孔时，允许用铰刀扩孔。扩孔时，铁屑不得掉入板层间。扩孔数量不应超过一个接头螺栓的 1/3，扩孔后的孔径不应大于 1.2d（d 为螺栓直径）。严禁使用气割进行高强度螺栓孔的扩孔。

4）一个接头多个高强度螺栓穿入方向应一致。垫圈有倒角的一侧应朝向螺栓头和螺母，螺母有圆台的一面应朝向垫圈，螺母和垫圈不应装反。

5）高强度螺栓连接副在终拧以后，螺栓丝扣外露应为 2 ~ 3 扣，其中允许有 10% 的螺栓丝扣外露 1 扣或 4 扣。

（3）紧固方法。

1）高强度大六角头螺栓连接副紧固。高强度大六角头螺栓连接副一般采用转角法和扭矩法紧固。

①转角法。转角法是根据构件紧密接触后，螺母的旋转角度与螺栓的预拉力成正比的关系确定的一种方法。操作时，分为初拧和终拧两次施拧。初拧可用短扳手将螺母拧至附件靠拢，并做标记。终拧用长扳手将螺母从标记位置拧至规定的终拧位置。转动角度的大小在施工前由试验确定。在施拧时，应注意连接处的螺栓应按一定顺序施拧，施拧顺序（如图 4-11 所示）一般有两种：一种是由螺栓群中央顺序向外拧紧，另一种是从接头刚度大的部位向约束小的方向拧紧。

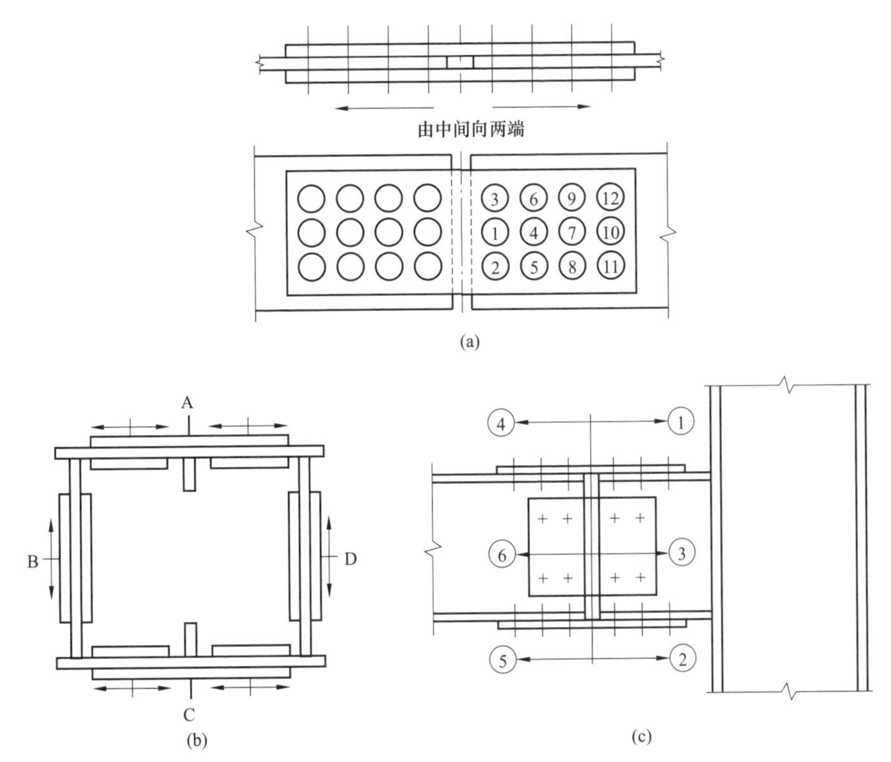

图 4-11　常见螺栓连接接头施拧顺序

(a) 一般接头（从接头中心顺序向两端进行）；(b) 箱形接头（按 A、B、C、D 的顺序进行）；(c) 工字梁接头（按①～⑥顺序进行）

高强度大六角头螺栓连接转角法施工紧固，应进行下列质量检查。

（a）应检查终拧颜色标记，同时应用重约 0.3kg 的小锤敲击螺母对高强度螺栓进行逐个检查。

（b）终拧转角应按节点数抽查 10%，且不应少于 10 个节点；对每个被抽查节点应按螺栓数抽查 10%，且不应少于 2 个螺栓。

（c）应在螺杆端面和螺母相对位置画线，然后全部卸松螺母，应再按规定的初拧扭矩和终拧角度重新拧紧螺栓，测量终止线与原终止线画线间的角度，应符合相关的要求，误差在 ±30° 者应为合格。

（d）发现有不符合规定时，应再扩大 1 倍检查；仍有不合格者时，则整个节点的高强度螺栓应重新施拧。

（e）转角检查宜在螺栓终拧 1h 以后、24h 之前完成。

②扭矩法。使用可直接显示扭矩值的专用扳手，分初拧和终拧两次拧紧。初拧扭矩为终拧扭矩的 60% ~ 80%，其目的是通过初拧使接头各层钢板达到充分密贴，终拧的目的是拧紧螺栓。

高强度大六角头螺栓连接用扭矩法施工紧固时，应进行下列质量检查。

（a）应检查终拧颜色标记，并应用重约 0.3kg 的小锤敲击螺母对高强度螺栓进行逐个检查。

（b）终拧扭矩应按节点数 10% 抽查，且不应少于 10 个节点；对每个被抽查节点应按螺栓数 10% 抽查，且不应少于 2 个螺栓。

（c）检查时应先在螺杆端面和螺母上画一直线，然后将螺母拧松约 60°；再用扭矩扳手重新拧紧，使两线重合，测得此时的扭矩应为 $0.9T_{ch}$ ~ $1.1T_{ch}$。T_{ch} 可按下式计算：

$$T_{ch}=kPd$$

式中 T_{ch}——检查扭矩，N·m；

k——扭矩系数；

P——高强度螺栓设计预拉力，kN；

d——钢筋直径，mm。

（d）发现有不符合规定时，应再扩大 1 倍检查；仍有不合格数时，则整个节点的高强度螺栓应重新施拧。

（e）扭矩检查宜在螺栓终拧 1h 以后、24h 之前完成，检查用的扭矩扳手，其相对误差不得大于 ±3%。

2）扭剪型高强度螺栓紧固具有一特制尾部，采用带有两个套筒的专用电动扳手紧固。紧固时，用专用扳手的两个套筒分别套住螺母和螺栓尾部的梅花头，电源接通后，按反向旋转两个套筒，拧断尾部后即达相应的扭矩值。一般用定扭矩扳手初拧，用专用电动扳手终拧。扭剪型高强度螺栓终拧检查，应以目测尾部梅花头拧断为合格，不能用专用扳手拧紧的扭剪型高强度螺栓，应按扭矩法的质量检查规定进行质量检查。

（4）紧固件连接质量检查。

1）主控项目。紧固件连接工程主控项目的质量检查与验收见表 4-5 所示。

表 4–5 紧固件连接主控项目质量检验标准

工程	项目	质量标准	检验方法
普通紧固件连接	螺栓实务复验	普通螺栓作为永久性连接螺栓时，当设计有要求或对其质量有疑义时，应进行螺栓实物最小拉力载荷复验，试验方法见《钢结构工程施工质量验收规范》(GB 50205—2001)，其结果应符合《紧固件机械性能螺栓、螺钉和螺柱》(GB/T 3098.1—2010)的规定	检查螺栓实物复验报告
	匹配及间距	连接薄钢板采用的自攻钉、拉铆钉、射钉等其规格尺寸应与被连接钢板相匹配，其间距、边距等应符合设计要求	观察和尺量检查
高强度螺栓连接	抗滑移系数试验	钢结构制作和安装单位应按《钢结构工程施工质量验收规范》(GB 50205—2001)附录 B 的规定分别进行高强度螺栓连接摩擦面的抗滑移系数试验和复验，现场处理的构件摩擦面应单独进行摩擦面抗滑移系数试验，其结果应符合设计要求	检查摩擦面抗滑移系数试验报告和复验报告
	高强度大六角头螺栓连接副终拧扭矩	高强度大六角头螺栓连接副终拧完成 1h 后、4h 内应进行终拧扭矩检查，检查结果应符合《钢结构工程施工质量验收规范》(GB 50205—2001)附录 B 的规定	见《钢结构工程施工质量验收规范》(GB 50205—2001)附录 B
	扭剪型高强度螺栓连接副终拧扭矩	扭剪型高强度螺栓连接副终拧后，除因构造原因无法使用专用扳手终拧掉梅花头者外，未在终拧中拧掉梅花头的螺栓数不应大于该节点螺栓数的 5%。对所有梅花头未拧掉的扭剪型高强度螺栓连接副应采用扭矩法或转角法进行终拧并作标记，且按上述规定进行终拧扭矩检查	观察检查及《钢结构工程施工质量验收规范》(GB 50205—2001)附录 B

2）一般项目。紧固件连接工程一般项目的质量检查与验收见表 4–6 所示。

表 4–6 紧固件连接一般项目质量检验标准

工程	项目	质量标准	检验方法
普通紧固件连接	螺栓紧固	永久性普通螺栓紧固应牢固、可靠，外露丝扣不应少于 2 扣	观察和用小锤敲击检查
	外观质量	自攻螺钉、钢拉铆钉、射钉等与连接钢板应紧固密贴，外观排列整齐	观察和用小锤敲击检查
高强度螺栓连接	初拧、复拧扭矩	高强度螺栓连接副的施拧顺序和初拧、复拧扭矩应符合设计要求和《钢结构高强度螺栓连接技术规程》(JGJ 82—2011)的规定	检查扭矩扳手标定记录和螺栓施工记录
	连接外观质量	高强度螺栓连接副终拧后，螺栓丝扣外露应为 2 ~ 3 扣，其中允许有 10% 的螺栓丝扣外 1 扣或 4 扣	观察检查
	摩擦面外观	高强度螺栓连接摩擦面应保持干燥、整洁不应有毛边、毛刺、焊接飞溅物、焊疤、氧化铁皮、污垢等，除设计要求外摩擦面不应涂漆	观察检查
	扩孔	高强度螺栓应自由穿入螺栓孔。高强度螺栓孔不应采用气割扩孔，扩孔数量应征得设计单位同意，扩孔后的孔径不应超过 1.2d（d 为螺栓直径）	观察检查及用卡尺检查
	螺栓长度	螺栓球节点网架总拼完成后，高强度螺栓与球节点应紧固连接，高强度螺栓拧入螺栓球内的螺纹长度不应小于 1.0d（d 为螺栓直径），连接处不应出现有间隙、松动等未拧紧情况	普通扳手及尺量检查

4.4.4 稳定系统安装

（1）吊装顺序：吊装钢柱到一定数量后再吊装钢梁，钢梁由 2 ~ 3 节组成，先在地面拼装后再进行吊装。吊装钢梁的同时安装一定的次梁作为临时固定，次梁上先行安装部分屋面檩条，使之成一个稳定的单元。吊装时先吊装竖向构件，后吊装平面构件，以减少建筑物纵向长度累计误差。

（2）稳定单元吊装（防倾倒措施）：吊装采用单榀吊装，吊点采用二点绑扎，绑扎点，用软材料垫至其中以防钢结构件受损。起吊时先将钢梁吊离地面 500mm 左右，使钢梁中心对准安装位置中心，然后徐徐升钩，将钢梁吊至柱顶以上，再用溜绳旋转钢梁使其对准柱顶或牛腿处，以使落钩就位，落钩时缓慢进行，并在钢梁接触柱顶时即刹车对准预留螺栓孔，并将螺栓穿入孔内，初拧作临时固定，同时进行垂直度校正和最后固定，钢梁垂直度用挂线锤检查，第一榀钢梁连接后用二根溜绳从两边把钢梁拉牢，以后每吊一榀钢梁即用次梁作连接固定。待钢梁经校正后，即可安装各类支撑等，并终拧螺栓作最后固定。

（3）稳定系统安装：在 1 轴和 2 轴钢柱吊装完毕后，用缆风绳将钢柱固定后，吊装钢梁，钢梁吊装完毕后，用缆风绳固定，安装屋面水平支撑系统及柱间支撑系统；然后安装 1 轴山墙钢柱和钢梁，形成稳定的单元。同样的方法，在最后的 2 个轴线的钢柱、钢梁分别吊装完毕，用缆风绳固定后，安装支撑系统。如图 4-12、图 4-13 所示。

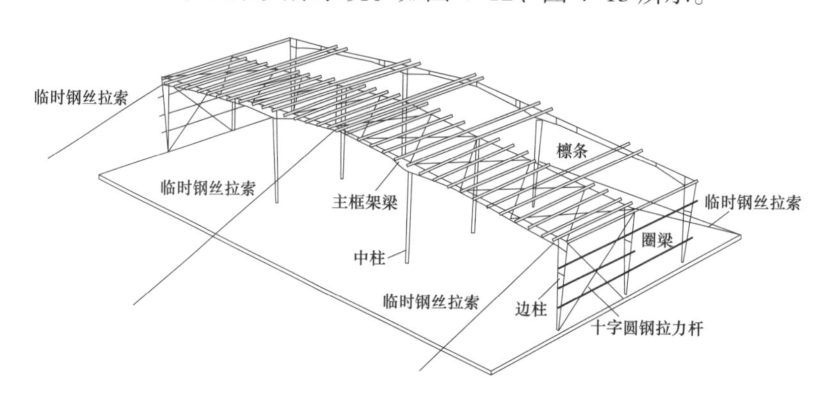

图 4-12 安装稳定系统图

图 4-13 稳定系统安装

4.4.5 檩条（支撑）安装

（1）檩条及支撑系统应配合钢结构吊装，进行交叉作业，流水施工。

（2）该钢构工程柱距大多为6m，檩条安装可采用以滑轮借力安装，安装要求螺孔位置对准，拧紧程度合理。根据檩条规格和使用部位，采用人工借力悬拉屋面或墙里面相应位置对准安装。

（3）支撑应按规定要求及时安装，要求安装位置准确，达到设计要求确保钢结构整体刚度和稳定性。

（4）吊装完成后马上要再调整构件之间垂直及水平高度，为确保连续构件的在同一水准线上，需及时安装柱间支撑及水平支撑并调整这些支撑。调整柱撑应使一边柱撑锁紧，另一边放松，当柱已达到垂直度时，则柱撑应该最后锁紧到“拉紧”状况，但不要把斜撑锁太紧而损害构件。从屋檐到屋脊系利用屋脊点为中心点调整水平支撑，并对齐屋顶梁就能保持屋顶垂直，总之只有待调整所有构件垂直度方正后方可锁紧斜撑。

（5）一般梁隅撑均是在地上连接至屋顶梁上，吊装后才使用螺栓连接到屋面檩条上。

（6）屋面、墙面系杆拉杆安装时要及时调整檩条的水平度，并纠正檩条因运输或堆放中造成的弯曲变形等。

4.4.6 钢框架系统校正

钢框架系统校正流程如图4-14所示，钢框架系统校正如图4-15所示。

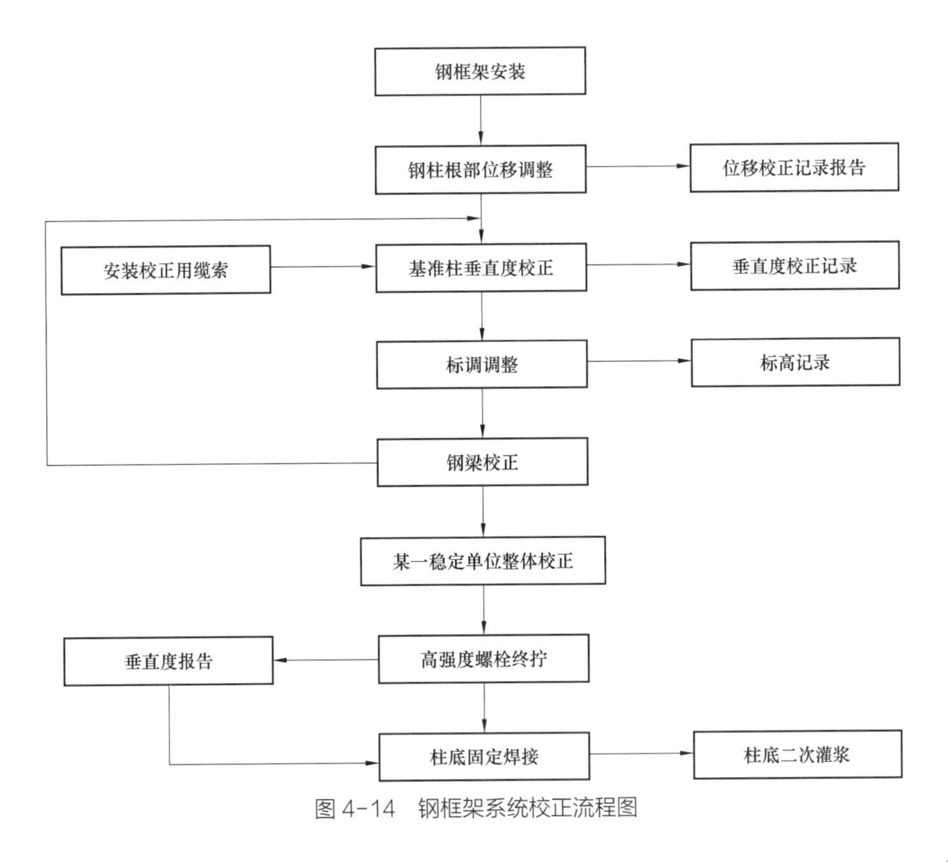

图4-14 钢框架系统校正流程图

图 4–15　钢框架系统校正

4.5　屋面系统施工

4.5.1　屋面系统施工流程

屋面系统施工流程如图 4–16 所示。

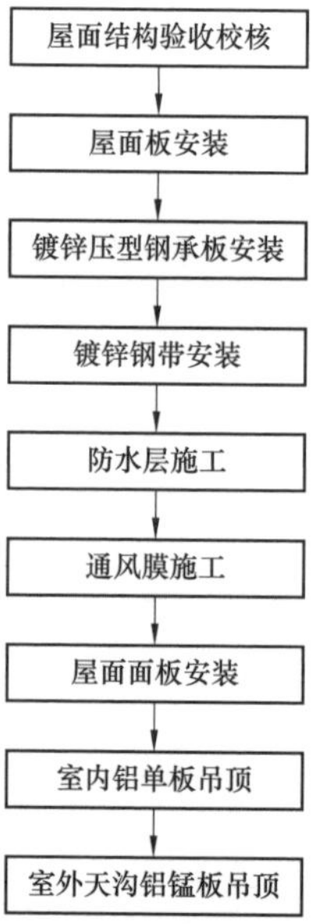

屋面结构验收校核 → 屋面板安装 → 镀锌压型钢承板安装 → 镀锌钢带安装 → 防水层施工 → 通风膜施工 → 屋面面板安装 → 室内铝单板吊顶 → 室外天沟铝锰板吊顶

图 4–16　屋面系统施工流程图

4.5.2　屋面板安装

我们常用的屋面 75mm 夹心岩棉板（0.6mm 镀锌钢板），根据场地实际情况，屋面板分别采用人工驳运至屋面和采用起重机将屋面板直接吊运至屋面。应在屋面板的吊点设置钢扁担，以防止屋面板变形和刮伤。屋面板运至屋面后，由工人在屋面将屋面板每隔一间或两间堆放，一般堆放在靠大梁处，并用铅丝牢固绑扎。屋面板安装如图 4–17 所示。

（1）铺设首张板：首先定位第一张板，根据排版图及相应的檩条上的孔位定屋面板位置，第一张板由东边山墙靠近天沟处起装，由东向西依次铺装；在铺设第一块屋面板时，应进行固定座和板边垂直控制，并随时校正后面的板，同时保证板端部在一直线上。

（2）压型钢板与檩条连接时，采用带防水垫圈的 5.5×30 自攻螺钉固定，固定点应设在波谷上，自攻螺钉隔谷固定一颗，长度方向间距为 350mm。固定时，手工操作力度适中，不宜将自攻螺钉固定的过紧或过松，防止形成缝隙。

（3）屋面扳的搭接：屋面板的搭接采用自攻螺栓连接，连接处打密封胶，防止渗漏，使其接缝咬合严密、顺直。横向搭接时，两块压型钢板搭接一波，搭接处用带有防水胶垫的自攻螺钉紧固。

（4）屋面板安装时，应由技术熟练工负责屋面板安装精度控制；屋面板上口和屋脊根据板型设置橡胶堵头和上下双层胶泥，在胶泥无法敷设的部位用中性硅胶防水，并严格检查有无遗漏的孔隙，防止今后雨水渗入。

（5）施工人员在屋面行走时，沿排水方向应踏于板谷，沿檩条方向应踏于檩条上，且须穿软质平底鞋。

图 4-17　屋面板安装

图 4-18　屋面钢带安装

（6）750 型镀锌压型钢承板的安装步骤同上条屋面板安装。

（7）150mm 宽镀锌钢带：镀锌钢带沿屋面坡度横向铺设间距 340mm 一道，用于屋面饰面板的支架固定。屋面钢带安装如图 4-18 所示。

4.5.3　屋面防水施工

（1）防水层施工工艺。根据高聚物改性沥青防水卷材的特性，其施工方法有冷黏法、热熔法和自黏法三种，一般使用冷黏法。

冷黏法（冷施工）是采用胶黏剂或冷玛缔脂进行卷材与基层、卷材与卷材的黏结，而不需要加热施工的方法。采用冷黏法施工，胶黏剂涂刷应均匀，不露底，不堆积。卷材空铺、点黏、条黏时，应按规定的位置及面积涂刷胶黏剂。根据胶黏剂的性能，应控制胶黏剂涂刷与卷材铺贴的间隔时间。铺贴卷材时，应排除卷材下面的空气，并辊压粘贴牢固。铺贴卷材时应平整顺直，搭接尺寸准确，不得扭曲、皱折。搭接部位的接缝应满涂胶黏剂，辊压黏结牢固。搭接缝口应用材性相容的密封材料封严。冷黏法施工工艺如下。

1）涂刷基层处理剂。

2）复杂部位增强处理。对于阴阳角、水落口、通气孔的根部等复杂部位，应先用聚氨酯涂膜防水材料或常温自硫化的丁基橡胶胶黏带进行增强处理。

3）涂刷基层胶黏剂。先打开氯丁橡胶系胶黏剂（或其他基层胶黏剂）的铁桶，用手持电动搅拌器搅拌均匀，即可涂刷基层胶黏剂。

①在卷材表面上涂刷。先将卷材展开摊铺在平整、干净的基层上（靠近铺贴位置），用长柄滚刷蘸满胶黏剂，均匀涂刷在卷材的背面，不要刷得太薄而露底，也不得涂刷过多而聚胶。还应注意，搭接缝部位处不得涂刷胶黏剂，此部位留作涂刷接缝胶黏剂用，如图 4-19 所示。涂刷胶黏剂后，经静置 10 ~ 20min，待指触基本不黏手时，即可将卷材用纸筒芯卷好，就可进行铺贴。打卷时，要防止砂粒、尘土等异物混入。

②在基层表面上涂刷。用长柄滚刷蘸满胶黏剂，均匀涂刷在基层处理剂已基本干燥和洁净的表面上。涂刷时要均匀，切忌在一处反复涂刷，以免将底胶“咬起”。涂刷后，经过干燥 10 ~ 20min，指触基本不黏手时，即可铺贴卷材。

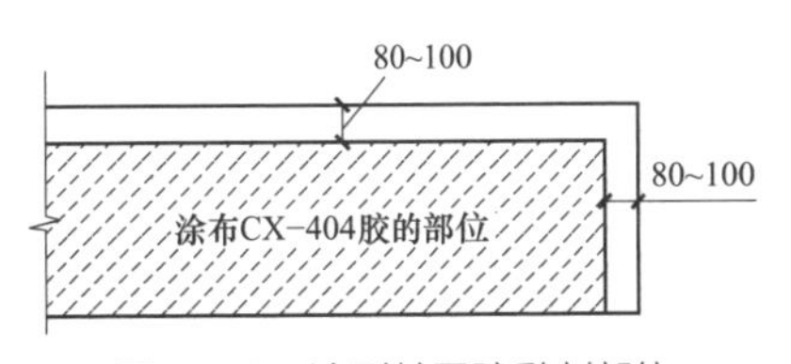

图 4-19　涂刷基层胶黏剂部位

4）铺贴卷材。操作时，几个人将刷好基层胶黏剂的卷材抬起，翻过来，将一端黏贴在预定部位，然后沿着基准线向前粘贴。应注意粘贴时不得将卷材拉伸，要使卷材在松弛不受拉伸的状态下黏贴在基层上，随后用压辊用力向前和向两侧滚压，使防水卷材与基层黏结牢固，如图 4-20 所示。每铺完一幅卷材，应即用干净、松软的长柄压辊从卷材一端顺卷材的横向滚压遍，彻底排除卷材黏结层间的空气，如图 4-20 所示。

排除空气后，卷材平面部位可用外包橡胶的大压辊滚压（一般 30 ~ 40kg），使其黏结牢固。滚压时，应从中间向两侧移动，做到排气彻底。

在平面、立面交接处，则应先粘贴好平面，经过转角，由下往上粘贴卷材。粘贴时切忌拉紧，要轻轻沿转角压紧压实，再往上粘贴。滚压时应从上往下进行，转角部位要用扁平辊，垂直面要用手辊。

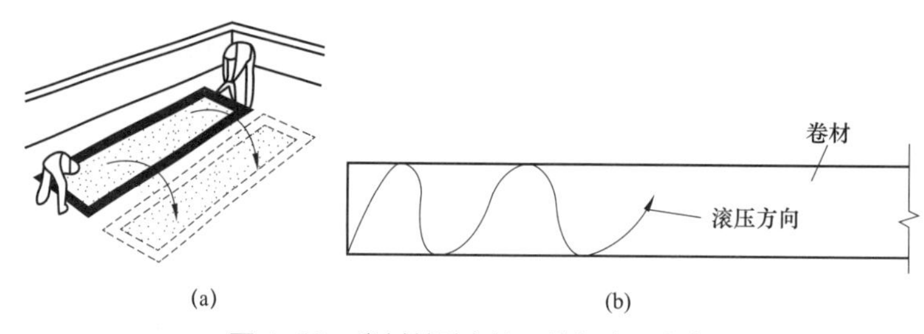

图 4-20　卷材粘贴方法、排气滚压方向

(a) 卷材粘贴方法；(b) 排气滚压方向

5）卷材接缝粘贴。施工时，首先在搭接部位的上表面，顺边每隔 0.5 ~ 1m 处涂刷少量接缝胶黏剂，待其基本干燥后，将搭接部位的卷材翻开，先做临时固定，如图 4-21 所示。然后将配制好的接缝胶黏剂用油漆刷均匀涂刷在翻开的卷材搭接缝的两个黏结面上，涂胶量一般以 0.5 ~ 0.8kg/㎡为宜。干燥 20 ~ 30min 指触手感不黏时，即可进行粘贴。粘贴时应从一端开始，一边粘贴一边驱除空气，粘贴后要及时用手持压辊按顺序认真地辊压一遍，接缝处不允许有气泡或皱折存在。遇到三层重叠的接缝处，必须填充密封膏进行封闭，否则将成为渗水路线，如图 4-22 所示。

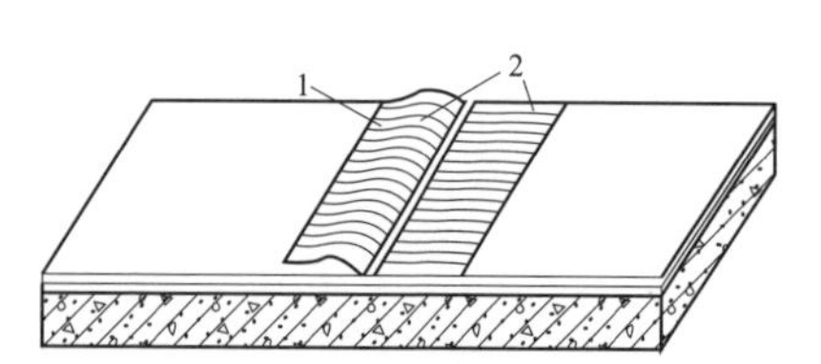

图 4-21　接缝胶黏剂的涂刷

1—临时点黏固定；2—涂刷接缝胶黏剂部位

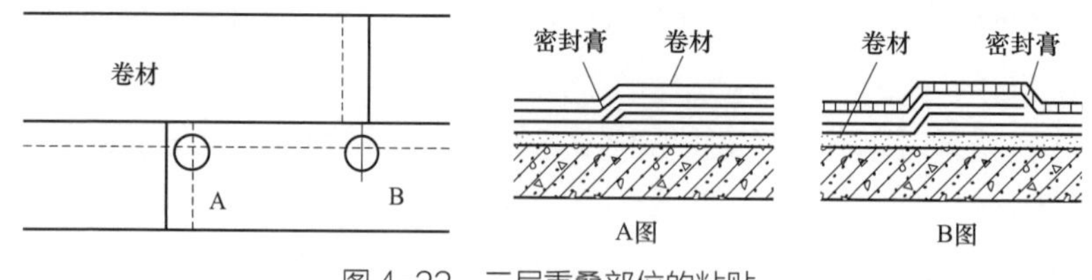

图 4-22　三层重叠部位的粘贴

6）卷材末端收头处理。为了防止卷材末端收头和搭接缝边缘的剥落或渗漏，该部位必须用单组分氟磺化聚乙烯或聚氨酯密封膏封闭严密，并在末端收头处用掺有水泥用量 20%108 胶的水泥砂浆进行压缝处理。

屋面防水施工如图 4-23 所示。

图 4-23 屋面防水施工

（2）0.6mm 厚通风膜铺设。通风膜铺设的时候平面向下，凸面向上；铺设方向顺着屋面板铺设，用圆平头自钻钉临时固定，待屋面板铺设后再与钢带加支座固定牢靠。它的作用是屋面板与防水卷材之间有一个空气隔离层，以防止冷热空气接触后而产生冷桥。

（3）0.7mm 厚钛锌板（天然灰）面层施工。钛锌板屋面板安装之前，先要在地面把在屋脊一端的板头修剪一下，用专用工具把板头边向上折成 90° 直角，用于挡水，然后运至屋面从山墙端部开始铺设，板与板的搭接使用锁缝机咬合严密平整，严格按照图纸设计要求施工安装固定；此材料有超强的防腐蚀能力，安装时裁剪必须按照图纸中安装技术要求进行；板的固定支座必须安装在镀锌钢带上，固定座与滑动座按照要求设置。

4.5.4 屋面系统工艺要求

此屋面系统设计特点具有超强的防腐蚀能力，严密的防水性能，良好隔热效果及节能环保。

（1）屋面内天沟的安装应有一定坡度，其坡度按设计要求施工。

（2）由技术熟练工负责屋面板两端部安装，由质检人员随机抽查，严格按照规范要求施工，注意关键节点的安装工艺，保证屋面不发生漏水现象。

（3）安装完成后，应派专人检查屋面有无漏打硅胶，及时清理屋面的金属屑、垃圾等。

4.6 内外墙安装

4.6.1 成品保护

（1）在施工现场安排合理的堆放场地，应尽量靠近施工现场，最好在建筑物内部。如果直接存放在混凝土地面上，应首先在地面铺放一层防护物品；如在建筑物外部，应清洁存放场地并铺放垫木，间距为 400mm，水泥纤维板铺放垫木上。垫木必须平整且按照规定的间距，否则会导致水泥纤维板变形。

（2）现场水泥纤维板堆积高度不超过 1m。

（3）水泥纤维板一般必须由两人搬运，搬运时应该注意按正确的方法，采用竖向搬运，以避免折断。

（4）不应在已经完成安装的屋面板材上随意开孔安装水电管线，如必须大面积开孔需要进行加固处理。

4.6.2 外墙墙面安装

（1）外墙板安装。

1）铝镁锰复合板安装是用吊挂件把板材挂在墙身骨架上，再把吊挂件与骨架锚固，小型板材也可用钩形螺钉固定。

2）板与板之间的连接，水平缝为搭接缝，竖缝为企口缝，所有接缝处除用超细玻璃棉塞严外，还用自攻螺钉钉牢，钉距为200mm。

3）门窗孔洞、管道穿墙及墙面端头处，墙板均为异形板，女儿墙顶部、门窗周围均设防雨泛水板，泛水板与墙板的接缝处，用防水油膏嵌缝；压型板墙转角处，均用槽型转角板进行外包角和内包角，转角板用螺栓固定。

4）安装墙板可用脚手架，或利用檐口挑梁加设临时单轨，操作人员在吊篮上安装。板的起吊可在墙的顶部设滑轮，然后用小型卷扬机或人力吊装。

5）墙板的安装顺序是从厂房边部竖向第一排下部第一块板开始，自下而上安装，安装完第一排再安装第二排。每安装铺设10排墙板后，吊线锤检查一次，以便及时消除误差。

6）为了保证墙面外观质量，需在螺栓位置划线，按线开孔，采用单面施工的钩形螺栓固定，使螺栓的位置横平竖直。

7）墙板的外、内包角及钢窗周围的泛水板，必须在现场加工的异形件，应参考图纸，对安装好的墙面进行实测，确定其形状尺寸，使其加工准确，便于安装。

（2）质量检查。

1）主控项目。饰面板安装主控项目质量标准及检验方法应符合表4–7规定。

表4–7　饰面板安装主控项目质量标准及检验方法

项目	质量标准	检验方法
材料质量	饰面板的品种、规格、颜色和性能应符合设计要求	观察，检查产品合格证书、进厂验收记录和性能检测报告
饰面板孔、槽	饰面板孔、槽的数量、位置和尺寸应符合设计要求	检查进场验收记录和施工记录
饰面板安装	饰面板安装工程的预埋件（或后置埋件）、连接件的数量、规格、位置、连接方法和防腐处理必须符合设计要求。后置埋件的现场拉拔强度必须符合设计要求。饰面板安装必须牢固	手板检查，检查进场验收记录、现场拉拔检测报告、隐蔽工程验收记录和施工记录

2）一般项目。饰面板安装一般项目质量标准及检验方法应符合表4–8和表4–9规定。

表4–8　饰面板安装一般项目质量标准及检验方法

项目	质量标准	检验方法
表面质量	饰面板表面应平整、洁净、色泽一致，无裂痕和缺损。石材表面应无泛碱等污染	观察
饰面板嵌缝	饰面板嵌缝应密实、平直，宽度和深度应符合设计要求，嵌填材料色泽应一致	观察，尺量检查
湿作业法施工	采用湿作业法施工的饰面板工程，石材应进行防碱背涂处理。饰面板与基体之间的灌注材料应饱满、密实	用小锤轻击检查，检查施工记录

续表

项目	质量标准	检验方法
饰面板孔洞套割	饰面板上的孔洞应套割吻合，边缘应整齐	观察
安装允许偏差	饰面板安装的允许偏差和检验方法应符合金属饰面板安装的允许偏差和检验方法的规定	—

表 4–9　金属饰面板安装的允许偏差和检验方法

项目	允许偏差（mm）	检验方法
立面垂直度	2	用 2m 垂直检测尺检查
表面平整度	3	用 2m 靠尺和塞尺检查
阴阳角方正	3	用直角检测尺检查
接缝直线度	1	拉 5m 线，不足 5m 拉通线，用钢直尺检查
墙裙、勒脚上口直线度	2	拉 5m 线，不足 5m 拉通线，用钢直尺检查
接缝高低差	1	用钢直尺和塞尺检查
接缝宽度	1	用钢直尺检查

4.6.3 内墙墙面安装

（1）内墙墙面系统工艺流程，如图 4–24 所示。

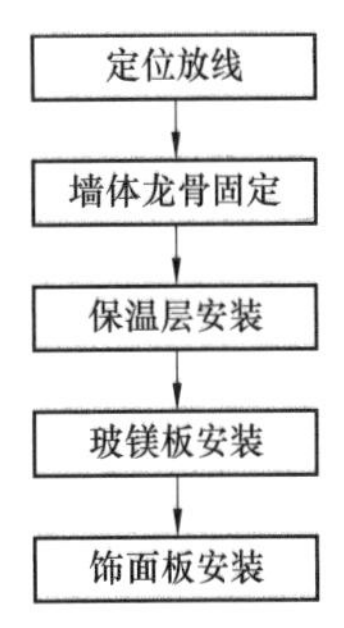

图 4–24　内墙墙面工艺流程图

（2）内墙安装。

1）在地上弹好钢龙骨位置的墨线，龙骨安装按照图纸设计安装好后，用红外线找好水平，再次弹好第一块板的水平线。

2）按照图纸的要求，在墙体里面填充保温岩棉板，依次放好严实。

3）岩棉板放好后，根据龙骨上预先弹好的水平墨线，开始安装玻镁板，板材固定的钉子间距不得大于 250mm，钉帽不得凸出板面，板与板之间要留有适当的缝隙，板面要平整。

4）在安装水泥板纤维饰面板之前，先检查基层板面是否平整，如有误差的地方要及时修正过来；再用红外线把安装饰面板的位置用墨斗弹出来，依次类推，把整片墙的饰面板位置弹出后，再次用红外线找出水平线标高，并弹好墨线。

5）安装饰面板之前，再次检查板材的饰面是否符合样品的颜色、尺寸、表面光洁等一致否，如发现有差异的板材要及时的跟换掉。

6）在确认饰面板完好后，就可以开始在墙面上贴好双面黏胶带，要先沿板材的四周贴满，再到板中均匀横向粘贴 6 道即可，然后再沿着黏胶带的位置打上高强度结构耐候胶或者均匀点缀满打胶都可以。

7）以上工作做完，检查无误后，直接把饰面板贴上后，用橡皮锤垫着木板在饰面板打胶的位置均匀的轻击，可以粘贴更加牢靠；依次类推安装下一张饰面板。

8）严格控制板缝要预留均匀，所有饰面板安装完成后才能打板缝的二次填充的结构硅胶。

（3）板材切割注意事项。纤维水泥板用普通的手提切割锯（无齿钨钢锯）就可切割，但是需注意：

1）可用干湿两种切法，防止损伤板边。

2）纤维水泥板倡导绿色施工，操作人员应戴好防尘镜及防尘罩，以防部分灰尘吸入。

3）板材切割时切割线必须平整保持直线，不可扭曲。

4）在使用活动脚手架的过程中必须注意安全，如搭设过高必须采用临时固定或相应安全措施。

（4）质量控制与验评。纤维板品种、规格、性能、颜色符合规范要求；水泥纤维板的接缝材料符合规范要求；水泥纤维板的垂直、平整、位置及表面质量符合规范要求，详见《建筑装饰装修工程施工质量验收规范》（GB 50210—2018）。

4.7 管线布设

同第三章 3.7 节管线布设内容一致。

4.8 质量验收

4.8.1 主体质量验收

1）主控项目。单层钢结构安装主控项目质量标准及检验方法应符合表 4–10 ~ 表 4–12 规定。

表 4–10　　单层钢结构安装工程主控项目质量检验标准

项目	质量标准	检验方法
基础和支撑面	建筑物的定位轴线、基础轴线和标高、地脚螺栓的规格及其紧固应符合设计要求	用经纬仪、水准仪、全站仪和钢尺实测
	基础顶面直接作为柱的支承面和基础顶面预埋钢板或支座作为柱的支承面时，其支承面地脚螺栓（锚栓）位置的允许偏差应符合地脚螺栓预埋质量评审允许偏差范围表的规定	用经纬仪、水准仪、全站仪、水平尺实测
基础和支撑面控制	采用坐浆垫板时，坐浆垫板的允许偏差应符合坐浆垫板的允许偏差的规定	用水平仪、全站仪、水平尺和钢尺实测
钢构件质量控制	钢构件应符合设计要求和《钢结构工程施工质量验收规范》（GB 50205—2001）的规定。运输、堆放和吊装等造成的钢构件变形及涂层脱落，应进行校正和修补。	用拉线、钢尺现场实测或观察
节点接触面控制	设计要求顶紧的节点，接触由不应少于 70% 紧贴，且边缘最大间隙不应大于 0.8mm	用钢尺及 0.3mm 和 0.8mm 厚的塞尺现场实测
超轻钢屋架等垂直度与弯曲矢高控制	钢屋（托）架、桁架、梁及受压杆件的垂直度和侧向弯曲矢高的允许偏差应符合超轻钢屋架、桁架、梁及受压杆件垂直度和侧向弯曲矢高的允许偏差的规定	用吊线、拉线、经纬仪和钢尺现场实测
超轻钢结构主体安装允许偏差	单层钢结构主体结构的整体垂直度和整体平面弯曲的允许偏差应符合整体垂直度和整体平面弯曲的允许偏差的规定	采用经纬仪、全站仪等测量

表 4–11　　坐浆垫板的允许偏差

项　目	允许偏差 /mm
顶面标高	0.0 –3.0
水平度	1/1000
位置	20.0

表 4–12　　整体垂直度和整体平面弯曲的允许偏差

项目	允许偏差（mm）	图例
主体结构的整体垂直度	H/1000，且不应大于 25.0	
主体结构的整体平面弯曲	L/1500，且不应大于 25.0	

注　H 为超轻钢结构主体的高度；L 为超轻钢结构主体的长度。

2）单层钢结构安装一般项目质量标准及检验方法应符合表 4–13 ~ 表 4–15 的规定。

表 4–13　　超轻钢结构安装工程一般项目质量检验标准

项目	质量标准	检验方法
地脚螺栓尺寸控制	地脚螺栓（锚栓）尺寸的偏差应符合地脚螺栓预埋质量评审允许偏差范围表的规定	用钢尺现场实测
钢桩安装控制	钢柱等主要构件的中心线及标高基准点等标记应齐全	观察检查
钢桁架安装控制	当钢桁架（或梁）安装在混凝土柱上时，其支座中心对定位轴线的偏差不应大于 10mm；当采用大型混凝土屋面板时，钢桁架（或梁）间距的偏差不应大于 10mm	用拉线和钢尺现场实测
钢柱安装允许偏差	钢柱安装的允许偏差应符合单层钢结构中柱子安装的允许误差的规定	见表 4–14
次要构件安装允许偏差	墙架、檩条等次要构建安装的允许偏差应符合墙架、檩条等次要构件安装的允许偏差的规定	见表 4–15 墙架、檩条等次要构件安装的允许偏差
钢结构表面控制	钢结构表面应干净，结构主要表面不应有疤痕、泥沙等污垢	观察检查

表 4–14　　单层钢结构中柱子安装的允许误差

项　目	允许偏差（mm）	图　例	检验方法
柱脚底座中心线对定位轴线的偏移	5.0	Δ　Δ　Δ　Δ	用吊线和钢尺检查

续表

项目			允许偏差（mm）	图例	检验方法
柱基准点标高	有吊车梁的柱		+3.0 −5.0		用水准仪检查
	无吊车梁的柱		+5.0 −8.0		
弯曲矢高			H/1200，且不应大于 15.0		用经纬仪或拉线和钢尺检查
柱轴线垂直度	单层柱	$H \leqslant 10$m	H/1000		用经纬仪或吊线和钢尺检查
		H>10m	H/1000，且不应大于 25.0		
	多节柱	单节柱	H/1000，且不应大于 10.0		
		柱全高	35.0		

注　H 为单层钢结构中柱子的安装高度；$\varDelta$ 为偏差。

表 4–15　　墙架、檩条等次要构件安装的允许偏差

项目		允许偏差（mm）	检验方法
墙架立柱	中心线对定位轴线的偏移	10.0	用钢尺检查
	垂直度	H/1000，且不应大于 10.0	用经纬仪或吊线和钢尺检查
	弯曲矢高	H/1000，且不应大于 15.0	用经纬仪或吊线和钢尺检查
抗风桁架的垂直度		h/250，且不应大于 15.0	用吊线和钢尺检查
檩条、墙梁的间距		± 5.0	用钢尺检查
檩条的弯曲矢高		L/750，且不应大于 12.0	用拉线和钢尺检查
墙梁的弯曲矢高		L/750，且不应大于 10.0	用拉线和钢尺检查

注　H 为墙架立柱的高度；h 为抗风桁架的高度；L 为檩条或墙梁的长度。

4.8.2　屋面系统安装质量验收

1）主控项目。卷材防水层主控项目质量标准及检验方法应符合表 4–16 规定。

2）一般项目。卷材防水一般项目质量标准及检验方法应符合表 4–17 规定。

表 4-16　　卷材防水层主控项目质量标准及检验方法

项目	质量标准	检验方法
卷材及配套材料质量	卷材防水层所用卷材及其配套材料，必须符合设计要求	检查出厂合格证、质量检验报告和现场抽样复验报告
卷材防水层	卷材防水层不得有渗漏或积水现象	雨后观察或淋水、蓄水检验
防水细部构造	卷材防水层在天沟、檐沟、檐口、水落口、泛水、变形缝和伸出屋面管道的防水构造，必须符合人设计要求	观察检查

表 4-17　　卷材防水层一般项目质量标准及检验方法

项目	质量标准	检验方法
卷材搭接缝与收头质量	卷材的搭接缝应黏（焊）结牢固,密封严密,不得有皱折、翘边和鼓泡等缺陷；卷材防水层的收头应与基层黏结，钉压应牢固，缝口封严，不得翘边	观察检查
排气屋面孔道留置	屋面排气构造的排气道应纵横贯通，不得堵塞。排气管应安装牢固，位置正确封闭严密用	观察检查
卷材铺贴方向及搭接宽度允许偏差	卷材的铺贴方向应正确，卷材搭接宽度的允许偏差为 -10mm	观察和尺量检查

4.9 施工安全及环境保护

（1）封闭吊装现场，非施工人员严禁进入。

（2）钢结构安装施工人员保证防护措施。

1）特种作业必须持证上岗，且所持证件必须是专业对口的有效证件。

2）高处作业的安全设施必须经过验收通过，方可进行下道工序的作业。高空作业人员必须系挂安全带，安全帽，穿防滑鞋，并在操作行走时将安全带扣挂于安全绳上。

3）高空作业人员的身体条件要符合安全要求。如不准患有高血压病、心脏病、贫血、癫痫病等不适合高处作业的人员，从事高处作业；对疲劳过度、精神不振和思想情绪低落人员要停止高处作业；要求有身体检查证明。对于 15m 以上的登高作业，要根据业主要求采用日审批制度。

4）紧固螺栓和焊接用的挂篮必须符合构造和安全要求。高处作业中的螺杆、螺帽、手动工具、焊条、切割块等必须放在完好的工具袋内，并将工具袋系好固定，不得直接放在梁面、走道板等物件上，以免妨碍通行，每道工序完成后柱边、临边不准留有杂物，以免通行时将物件踢下发生坠落打击。

5）施工地点应整齐、清洁，设备材料、废料按指定地点堆放。并按指定道路行走，不准从危险地区通行，不能从起吊物下通过。下班前要及时清理剩余的材料或做有效的可靠固定，以防止高空坠物。

（3）安装前应在地面上把钢梯安装在钢柱上，必须时可同时旁边辅以登高防坠器，供登高作业之用。

（4）钢柱采用单点吊装，吊装采用旋转回直方法，严禁根部拖拉，吊点位置在柱顶。

（5）钢柱安装选用机械和索具，吊装机械选用 12t 汽车吊，钢丝绳（或指定产品）选用 ϕ12，卸扣选用 ϕ14 号。

（6）起吊时吊机将捆扎好的柱子缓缓吊起离地 20mm 后暂定，检查吊索牢固和吊车稳定，同时打开回转刹车，然后将钢柱放到离安装面 40 ~ 100mm，对准基准线，指挥吊车下降，把柱子插入锚固螺栓临时固定，钢柱经初校正后，待垂直度偏差控制在 20mm 以内方可使用起重机脱钩。

（7）钢柱安装就位后，立刻进行校正，柱底安装辅助契形垫铁。同时柱脚底板用地脚螺栓固定，然后才能拆除索具，拆除索具采用爬梯（可铺以登高防坠器）。

（8）在进行屋面梁连接作业时，在大梁的上方设置 ϕ6 钢丝绳作为生命线，作业人员在高空作业时必须先将安全带挂钩挂在生命线上，挂钩牢靠后才能从事作业。

（9）吊装作业防倾倒措施。

1）吊装作业必须执行规定的统一信号。并严格执行“十不吊”的规定。

2）吊具、吊钩、钢丝绳等必须符合有关技术规定。

3）高空作业的工具、垫块、螺栓、焊条等应装入工具袋，防止坠落，严禁由高空向下抛掷料具和杂物。

4）吊装作业应划定危险区域，挂设明显安全标志并将吊装作业区封闭，设专人加强安全警戒，防止其他人员进入吊装危险区。

5）当风速达到 6 级以上时，吊装作业必须停止。做好雷雨天气前后的现场检查工作。

6）结构吊装第一天必须确保形成单元刚体，单元刚体的要求：

7）檩条与大梁连接处，必须安装两颗或两颗以上的螺栓，并将螺栓拧紧，安装的屋面檩条间距不能大于 6m，并且要安装相应的隅撑。

8）必须安装完成至少一跨的屋面梁及管撑，以及可以安装的隅撑。

9）对于中柱无墙面斜拉杆处或侧墙斜拉杆无法及时安装的须以 ϕ10 钢丝绳作缆风绳，平行于侧墙方向设置。

10）缆风绳的结点应设置在梁柱连接点处大梁上。

11）成捆屋面檩条吊至屋面，需放置在柱顶大梁上，不得搁置在大梁跨中。

12）钢柱安装时，使用 3 道 ϕ10 缆风绳，以保证钢柱的稳定性和便于钢柱的校正。

5 预制混凝土结构装配式变电站建筑物施工

5.1 预制混凝土结构装配式厂房简介

装配式混凝土结构是由预制混凝土构件通过各种可靠的连接方式装配而成的混凝土结构。

装配整体式混凝土结构是由预制混凝土构件通过可靠的方式进行连接并与现场后浇混凝土、水泥基灌浆料形成的整体装配式混凝土结构。其竖向承重和水平抗侧力体系构件主要有水平方向：预制楼板、叠合梁、后浇叠合层；竖直方向：预制或现浇剪力墙、水平现浇带或圈梁，预制柱。

装配式混凝土结构的特点：节点区域的钢筋构造与现浇结构相同；节点区域的混凝土后浇或者纵筋采用灌浆套筒连接、浆锚搭接连接；采用叠合楼盖；在装配式混凝土建筑或构件中可根据建筑抗震、抗风阻及建筑结构受力的设计要求，配置钢筋含量与钢筋结构，通过预制拴接施工工艺，使建筑围护结构形成一个内部结构整体，因此可有效提高建筑物整体抗震和抗风阻性能。

5.2 施工流程

施工流程如图 5-1 所示。

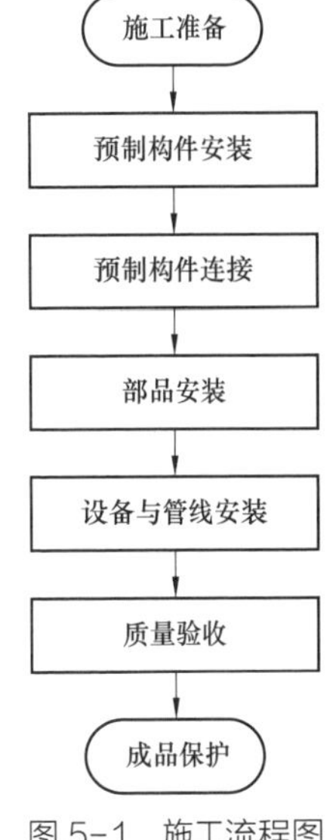

图 5-1 施工流程图

5.3 施工准备

5.3.1 现场交接准备

安装单位进入现场施工前，须由施工项目部组织对现场完工基础实况进行交接验收，如对现场的平面和竖向控制等与设计要求是否相符进行复验，向发包人索要施工场地的地质和地下管网线路资料，并办理相应的交接验收手续。

5.3.2 施工技术准备

（1）开始施工前，应具备结构设计图、建筑图、相关基础图、结构施工总图、各分部工程施工详图（二次深化设计节点详图）及其他有关图纸等技术文件。

（2）组织图纸会检及设计交底，深入了解设计意图和要求，尽可能把设计图纸上的疑问解决在施工之前。会检应由业主项目部负责人组织，施工、监理项目部，及各专业分系统人员全部参加。会检前各专业及分系统参加人员提前熟悉图纸，形成预检记录，并进行必要的核对。

（3）编制施工组织设计和施工方案，报业主和监理审批。施工组织设计包括工程概况及特点说明、工程量清单、现场平面布置、能源、道路及临时建筑设施等的规划、主要施工机械和吊装方法、施工技术措施及降低成本计划、专项施工方案、劳动组织及用工计划、工程质量标准、安全及环境保护、主要资源表等。其中吊装主要机械选型及平面布置是吊装重点。分项作业指导书可以细化为作业卡，主要用于作业人员明确相应工序的操作步骤、质量标准、施工工具和检测内容、检测标准。

（4）对规定的管理人员进行合同内容、专业知识的培训，熟悉图纸和相应规范，做好工人上岗前的技术培训工作，对拟定的分包人员就操作工艺、质量要求、安全卫生、消防等知识进行交底、教育以确保施工质量、安全、进度目标的实现。

（5）依工程的具体情况，确定构件进场检验内容及适用标准，以及构件安装检验批划分、检验内容、检验标准、检测方法、检验工具。

（6）进行详细施工技术交底。每个专业及分系统人员必须统一接受施工技术交底，技术交底内容包括施工任务、施工组织设计或作业设计、技术要求、施工条件措施、现场环境（如原有建筑物、构筑物、障碍物、高压线、电缆线路、水道、道路等）情况、内外协作配合关系等，具有针对性和指导性，全体参加施工的人员都要参加交底并签字，并形成书面交底记录。

5.3.3 施工人员准备

（1）施工人员包括现场管理人员（以220kV变电站为例）结构如图5-2所示。

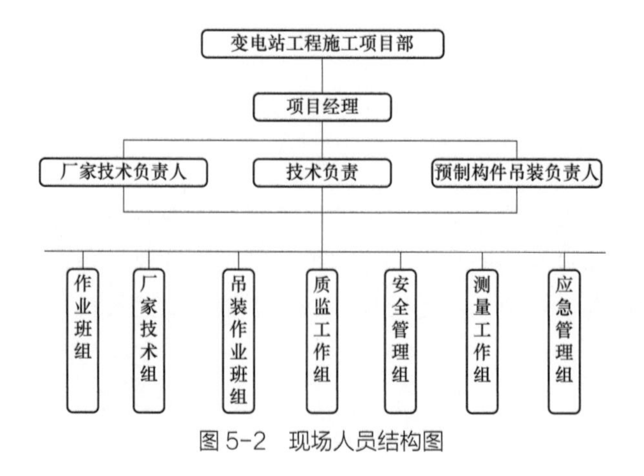

图5-2 现场人员结构图

（2）现场施工人员准备如表 5-1 所示。

表 5-1　　施工现场人员准备

序号	人员 / 工种	数量	工作内容	备注
1	技术负责人	1	吊装作业技术管理	
2	预制构件吊装负责人	1	吊装作业施工管理	指挥
3	质检员	1	吊装作业质量检查	
4	安全员	2	吊装作业安全管理	
5	测量员	2	基础及吊装作业测量	
6	起重机操作员	1	负责操作起重机械	
7	作业人员	*	辅助起吊作业及安装	
	其中高空作业人员	*	高空组装	

在以上人员中，测量员、质检员、安全员、机械操作工、起重指挥工、电焊工、电工、高空作业人员等须持证上岗。

5.3.4　施工场地准备

施工现场应根据施工平面规划设置运输通道和存放场地，并应符合下列规定：

（1）现场运输道路和存放场地应坚实平整，并应有排水措施。

（2）施工现场内道路应按照构件运输车辆的要求合理设置转弯半径及道路坡度。

（3）预制构件运送到施工现场后，应按规格、品种、使用部位、吊装顺序分别设置存放场地。存放场地应设置在吊装设备的有效起重范围内，且应在堆垛之间设置通道。

（4）构件的存放架应具有足够的抗倾覆性能。

（5）构件运输和存放对已完成结构、基坑有影响时，应经计算复核。

5.3.5　施工机具、检测设备和材料准备

（1）主要机械准备。根据工程特点，一般情况下选择可移动式起重设备如汽车式起重机、履带式起重机等。主要施工机具配置计划表如表 5-2 所示。

表 5-2　　施工机械及仪器准备

序号	机械设备名称	单位	数量
1	25 ~ 75t 汽车式起重机	台	2 ~ 3
2	100t 汽车式起重机	台	1
3	手拉葫芦	只	8 ~ 12
4	千斤顶	只	4
5	缆风绳	m	4 ~ 8
6	钢丝绳	m	若干

续表

序号	机械设备名称	单位	数量
7	吊索	根	若干
8	经纬仪	台	1
9	水准仪	台	1
10	卸扣	只	若干
11	安全爬梯	架	1
12	活动扳手	把	6 ~ 12
13	对讲机	部	4 ~ 8

（2）施工材料准备。

1）在施工前要将关于预制构件施工的物资准备好，以免在施工的过程中因为物资问题而影响施工进度和质量。物资准备工作的程序是做好物资准备的重要手段。通常按如下程序进行：

根据施工预算、分部（项）工程施工方法和施工进度的安排，拟定材料、统配材料、地方材料、构（配）件及制品、施工机具和工艺设备等物资的需要量计划；根据各种物资需要量计划，组织货源，确定加工、供应地点和供应方式，签订物资供应合同；根据各种物资的需要量计划和合同，拟运输计划和运输方案；按照施工总平面图的要求，组织物资按计划时间进场，在指定地点，按规定方式进行储存或堆放。

2）预制构配件进场必须随车携带有效的合格证、质量证明文件，预制混凝土构件还应该携带相应的检验批以及隐蔽验收记录等质量文件，同时提供验收规范需要提供的其他文件。

3）预制构件运输过程中要做好安全和成品保护措施，并采取可靠固定措施。

①设置柔性垫片，避免预制构件边角部位或链索接触处的混凝土收到损伤。

②用塑料薄膜包裹垫块避免预制构件外观污染。

③墙板门窗框、装饰表面和棱角采用塑料贴膜或其他措施防护。

④竖向薄壁构件设置临时防护支架。

⑤装箱运输时，箱内四周采用木材或柔性垫片填实，使支撑牢固。

5.4 预制构件安装

5.4.1 预制构件安装顺序

预制构件安装顺序：标高控制→起吊、就位→临时固定→脱钩、校正。

5.4.2 预制柱安装

（1）按照角柱、边柱、中柱顺序进行安装，与现浇部分连接的宜先行吊装。

（2）预制柱的就位以轴线和外轮廓线为控制线，对于边柱和角柱，应以外轮廓线控制为准。

（3）就位前应设置柱底调平装置，控制预制柱安装标高。

（4）预制柱安装就位后应在两个反方向设置可调节临时固定措施，并应进行垂直度、扭转调整。

（5）采用灌浆套筒连接的预制柱调整就位后，柱脚连接部位宜采用模板封堵。

5.4.3 预制剪力墙板安装

（1）墙板构件进场先进行质量检查，按施工顺序编号，按吊装流程清点数量。构件堆放时，根据起吊顺序及相应部位进行系统堆放，保证堆场的有序整齐，以便在吊装过程中能及时找到需要的构件，提高施工效率。

（2）逐块吊装的装配构件搁（放）置点清理，根据给定水平标高线、轴线安装板下搁置件。

（3）按编号和吊装流程对照轴线、墙板控制线逐块就位设置墙板与楼板限位装置，对凸窗侧边墙板做好板墙外侧加固。

（4）板墙垫灰采用硬垫块软砂浆方式，即在板墙底按控制标高放置墙厚尺寸的硬垫块，然后沿板墙底铺砂浆，预制墙板一次吊装，坐落其上。

（5）吊装就位后，采用靠尺检验挂板的垂直度、铅锤等进行垂直度的检测，如有偏差用调节斜拉杆进行调整。安装就位后应设置可调斜支撑临时固定，测量预制墙板的水平位置、垂直度、高度等，通过墙底垫片、临时支撑进行调整。

（6）塔吊吊点脱钩，进行下一墙板安装，并循环重复。

（7）墙板安装过程中应注意以下几点：

1）与现浇部分连接的墙板宜先行吊装，其他宜按照先外后内的原则进行吊装。

2）就位前应在墙板底部设置调平装置。

3）采用灌浆套筒连接、浆锚搭接连接的夹芯保温外墙板应在保温材料部位采用弹性密封材料进行封堵。

4）采用灌浆套筒连接、浆锚搭接连接的墙板需要分仓灌浆时，应采用座浆料进行分仓；多层剪力墙采用坐浆时应均匀铺设坐浆料；坐浆料强度应符合设计要求。

5）墙板以轴线或轮廓线为控制线，外墙应以轴线和外轮廓双控制。

6）设置构件支撑及临时固定，在施工的过程中板—板连接件的紧固方式应按图纸要求安装。调节墙板垂直尺寸时，板内斜撑杆以一根调整垂直度，待矫正完毕后再紧固另一根，不可两根均在紧固状态下进行调整。

7）预制墙板调整就位后，墙底部连接部位应采用模板进行封堵。

8）叠合墙板安装就位后进行叠合墙板拼缝处附加钢筋安装，附加钢筋应与现浇段钢筋网交叉点全部绑扎牢固。

5.4.4 预制梁或叠合梁安装

（1）安装顺序遵循先主梁后次梁，先低后高的原则。

（2）安装前，测量并修正临时支撑标高，确保与梁底标高一致，并在柱子上弹出梁边控制线；安装后，根据控制线进行精密调整。

（3）安装前，检查柱钢筋与梁钢筋位置、尺寸是否符合设计要求，对梁钢筋与柱钢筋位置有冲突的，应按照设计单位确认的技术方案调整。

（4）安装时梁伸入支座长度与搁置长度应符合设计要求。

（5）安装就位后应对水平度、安装位置、标高进行检查。

（6）叠合梁临时支撑应在后浇混凝土强度达到设计要求后方可拆除。

5.4.5 叠合预制板安装

屋面楼板采用叠合预制板施工前，临时支撑系统需已完成，且安全牢固。支撑横肋、梁已就位并调平。以上准备工作做完后方可进行叠合预制板的安装。施工工艺流程如下：预应力板安装→支撑调整、安装板拼缝处钢筋网片→水电预埋→绑扎负弯矩钢筋→安装阴角模板→浇筑节点混凝土→浇筑叠合层混凝土→养护。

（1）临时支撑。

1）临时支撑应按施工方案配置。

2）底板就位前，应在跨中及紧贴支座部位均设置由柱和横撑等组成的临时支撑。当轴跨 L 不大于 3.6m 时跨中设置 1 道支撑；当轴跨大于 3.6m 且不大于 5.4m 时跨中设置 2 道支撑；当大于 5.4m 时跨中设置 3 道支撑。支撑顶面应严格抄平，以保证底板底面平整。多层建筑中各层支撑应设置在一条直线上，以免板受上层立柱的冲切。

（2）底板安装。

1）底板吊装前应将支座基础面及楼板底面清理干净，避免点支撑。底板搁置点应坐浆处理。

2）底板应一次就位，以防止撬动时损坏底板。

3）吊装时先吊铺边跨板，然后按照顺序吊装剩下的板。就位时叠合板要从上向下安装，在作业层上空 20cm 处略做停顿，施工人员手扶楼板调整方向，将板的边线与安放位置线对准，放下时要停稳慢放，严禁快速猛放，以避免冲击力过大造成板面震折裂缝。

4）5 级风以上时，应停止吊装。

5）支设阴角模板防止漏浆，模板采用 Z 型支撑，用膨胀螺栓将专用支撑固定牢固。

6）钢筋绑扎预制楼板吊装就位后，应及时依据施工图纸绑扎梁、板连接钢筋。预制楼板间采用整体式接缝。接缝宽度为 200mm，接缝采用后浇带形式，叠合板顶面钢筋应穿过梁顶钢筋通常配置，接缝处预制板侧伸出的纵向受力钢筋应在后浇混凝土叠合层内锚固。

（3）预制底板吊装完成后应对底板接缝高差进行校核；当叠合板底板接缝高差不满足设计要求时，应将构件重新起吊，通过可调支座进行调节。

（4）预制底板的接缝宽度应满足设计要求。

（5）临时支撑应在后浇带混凝土强度达到设计要求后方可拆除。

5.4.6 预制楼梯安装

（1）楼梯进场编号，按各单元和楼层清点数量。

（2）安装前，检查楼梯构件平面定位及标高，并宜设置调平装置。

（3）施工采用后吊装，待同层土建结构浇筑完成后再吊入预制楼梯，标高控制与楼梯位置线设置。

（4）在施工的过程中，一定要从楼梯井一侧慢慢倾斜吊装施工，上下端伸出钢筋锚固于现浇楼板内，上下端搁置于梁侧牛腿上，施工完并预留施工空隙砂浆填充，防止构件位移。

（5）按编号和吊装流程，逐块安装就位。就位后，应及时调整并固定。

（6）塔吊吊点脱钩。

5.4.7 预制阳台板、空调板安装

（1）阳台板进场编号，按吊装流程清点数量。

（2）搭设临时固定与搁置支撑架。

（3）控制标高与阳台板板身线。安装前，应检查支座顶面标高及支撑面的平整度。

（4）按编号和吊装流程逐块安装就位。

（5）塔吊吊点脱钩，进行下一阳台板安装，并循环重复。

（6）楼层浇捣混凝土完成，混凝土强度达到设计、规范要求后，拆除构件临时固定点与搁置的排架。

5.5 预制构件连接

预制构件之间的连接一般采用波纹套筒、高强灌浆施工的新技术施工工艺，将各预制构件之间进行有效连接，增加了预制构件结构的施工使用率，提高施工效率。

（1）连接要求：预制构件吊装前应清除套筒内及预留钢筋上的灰尘、泥浆及铁锈等，保持清洁干净。吊装前应将钢筋矫正就位，确保构件顺利拼装，钢筋在套筒内应居中布置，尽量避免钢筋碰触、紧靠套筒内壁。

（2）吊装前应检查、记录预留钢筋长度，确保吊装时钢筋伸入套筒的长度满足设计要求。坐浆界面应清理干净，灌浆前浇水充分湿润，但不得残留明水。构件拼装应平稳、牢固，灌浆时及灌浆后在规定时间内不得扰动。

（3）灌浆施工。

1）搅拌。

①高强灌浆料以灌浆料拌和水搅拌而成。水必须秤量后加入，精确至0.1kg，拌和用水应采用饮用水，使用其他水源时，应符合《混凝土用水标准》（JGJ63-2006）的规定。灌浆料的加水量一般控制在13%～15%之间（重量比为：灌浆料：水=1：0.13～0.15），根据工程具体情况可由厂家推荐加水量，原则为不泌水，流动度不小于270mm（不振动自流情况下）。

②高强无收缩灌浆料的拌和采用手持式搅拌机搅拌，搅拌时间3～5min。搅拌完的拌和物，随停放时间增长，其流动性降低。自加水算起应在40min内用完。灌浆料未用完应丢弃，不得二次搅拌使用，灌浆料中严禁加入任何外加剂或外掺剂。

2）灌浆。

①将搅拌好的灌浆料倒入螺杆式灌浆泵，开动灌浆泵，控制灌浆料流速在0.8～1.2L/min，待有灌浆料从压力软管中流出时，插入钢套管灌浆孔中。应从一侧灌浆，灌浆时必须考虑排除空气，二侧以上同时灌浆会窝住空气，形成空气夹层。

②从灌浆开始，可用竹劈子疏导拌和物。这样，可以加快灌浆进度，促使拌合物流进模板内各个角落，灌浆过程中，不准许使用振动器振捣，确保灌浆层匀质性。灌浆开始后，必须连续进行，不能间断，并尽可能缩短灌浆时间。在灌浆过程中发现已灌入的拌和物有浮水时，应当立刻灌入较稠一些的拌和物，使其吸掉浮水。当有灌浆料从钢套管溢浆孔溢出时，用橡皮塞堵住溢浆孔，直至所有钢套管中灌满灌浆料，停止灌浆。

3）高强灌浆施工。拆卸后的压浆阀等配件应及时清洗，其上不应留有灌浆料，灌浆工作不得污染构件，如已污染应立即用清水冲洗干净。作业过程中对余浆及落地浆液及时进行清理，保持现场整洁，灌浆结束后，应及时清洗灌浆机、各种管道以及粘有灰浆的工具。

（4）采用钢筋套筒灌浆连接、钢筋浆锚搭接连接的预制构件施工，应符合下列规定：

1）现浇混凝土中伸出的钢筋应采用专用模具进行定位，并应采用可靠的固定措施控制连接钢筋的中心位置及外露长度满足设计要求。

2）构件安装前应检查预制构件上套筒、预留孔的规格、位置、数量和深度；当套筒、预留孔内有杂物时，应清理干净。

3）应检查被连接钢筋的规格、数量、位置和长度。当连接钢筋倾斜时，应进行校直；连接钢筋偏离套筒或孔洞中心线不宜超过 3mm。连接钢筋中心位置存在严重偏差影响预制构件安装时，应会同设计单位制定专项处理方案，严禁随意切割、强行调整定位钢筋。

4）钢筋套筒灌浆连接接头应按检验批划分要求及时灌浆，灌浆作业应符合《钢筋套筒灌浆连接应用技术规程》（JGJ 355—2015）的有关规定。

（5）装配式混凝土结构后浇混凝土的施工应符合下列规定：

1）预制构件结合面疏松部分的混凝土应剔除并清理干净。混凝土分层浇筑高度应符合国家现行有关标准的规定，应在底层混凝土初凝前将上一层混凝土浇筑完毕。

2）浇筑时应采取保证混凝土或砂浆浇筑密实的措施。

3）预制梁、柱混凝土强度等级不同时，预制梁柱节点区混凝土强度等级应符合设计要求。

4）混凝土浇筑应布料均衡，浇筑和振捣时，应对模板及支架进行观察和维护，发生异常情况应及时处理；构件接缝混凝土浇筑和振捣应采取措施防止模板、相连接构件、钢筋、预埋件及其定位件移位。

5）构件连接部位后浇混凝土及灌浆料的强度达到设计要求后，方可拆除临时支撑系统。

（6）外墙板接缝防水施工应符合下列规定：

1）防水施工前，应将板缝空腔清理干净。

2）应按设计要求填塞背衬材料。

3）密封材料嵌填应饱满、密实、均匀、顺直、表面平滑，其厚度应满足设计要求。

5.6 部品安装

（1）装配式混凝土建筑的部品安装与主体结构同步进行，可在安装部位的主体结构验收合格后进行，并符合国家现行有关标准的规定。

（2）安装前的准备工作应符合下列规定：

1）编制施工组织设计和专项施工方案，包括安全、质量、环境保护方案及施工进度计划等内容。

2）对所有进场部品、零配件及辅助材料，按设计规定的品种、规格、尺寸和外观要求进行检查。

3）进行技术交底。

4）现场应具备安装条件，安装部位应清理干净。

5）装配安装前应进行测量放线工作。

（3）严禁擅自改动主体结构或改变房间的主要使用功能，严禁擅自拆改燃气、暖通、电气等配套设施。

（4）部品吊装应采用专用吊具，起吊和就位应平稳，避免磕碰。

（5）预制外墙安装应符合下列规定：

1）墙板应设置临时固定和调整装置。

2）墙板应在轴线、标高和垂直度调校合格后方可永久固定。

3）当条板采用双层墙板安装时，内、外层墙板的拼缝宜错开。

4）蒸压加气混凝土板施工应符合现行行业标准《蒸压加气混凝土建筑应用技术规程》（JGJ/T 17—2008）的规定。

（6）现场组合骨架外墙安装应符合下列规定：

1）竖向龙骨安装应平直，不得扭曲，间距应满足设计要求。

2）空腔内的保温材料应连续、密实，并应在隐蔽验收合格后方可进行面板安装。

3）面板安装方向及拼缝位置应满足设计要求，内外侧接缝不宜在同一根竖向龙骨上。

（7）外门窗安装应符合下列规定：

1）铝合金门窗安装应符合《铝合金门窗工程技术规范》（JGJ 214—2010）的规定。

2）塑料门窗安装应符合《塑料门窗工程技术规程》（JGJ 103—2008）的规定。

（8）轻质隔墙部品的安装应符合下列规定：

1）条板隔墙的安装应符合《建筑轻质条板隔墙技术规程》（JGJ/T 157—2014）的有关规定。

2）龙骨隔墙安装应符合下列规定：

①龙骨骨架应与主体结构连接牢固，并应垂直、平整、位置准确。

②龙骨的间距应满足设计要求。

③门、窗洞口等位置应采用双排竖向龙骨。

④壁挂设备、装饰物等的安装位置应设置加固措施。

⑤隔墙饰面板安装前，隔墙板内管线应进行隐蔽工程验收。

⑥面板拼缝应错缝设置，当采用双层面板安装时，上下层板的接缝应错开。

（9）吊顶部品的安装应符合下列规定：

1）装配式吊顶龙骨应与主体结构固定牢靠。

2）超过 3kg 的灯具、电扇及其他设备应设置独立吊挂结构。

3）饰面板安装前应完成吊顶内管道、管线施工，并经隐蔽验收合格。

5.7 设备与管线安装

5.7.1 模块化产品

给水排水、暖通空调、电气智能化、燃气等设备与管线进行集成设计，宜选用模块化产品，接口应标准化，并应预留扩展条件。设备与管线施工质量应符合设计文件和现行国家标准《建筑给水排水及采暖工程施工质量验收规范》GB 50242、《通风与空调工程施工质量验收规范》GB 50243、《智能建筑工程施工规范》GB 50606、《智能建筑工程质量验收规范》GB 50339、《建筑电气工程施工质量验收规范》GB 50303 和《火灾自动报警系统施工及验收规范》GB 50166 的规定。

5.7.2 连接接口

（1）设备、管线需要与结构构件连接时，宜采用预留埋件的连接方式。当采用其他连接方法时，不得影响混凝土构件的完整性与结构的安全性。

（2）设备与管线施工前应按设计文件核对设备及管线参数，并应对结构构件预埋套管及预留孔洞的尺寸、位置进行复核，合格后方可施工。

（3）室内架空地板内排水管道支（托）架及管座（墩）的安装应按排水坡度排列整齐，支（托）架与管道接触紧密，非金属排水管道采用金属支架时，应在与管外径接触处设置橡胶垫片。

（4）隐蔽在装饰墙体内的管道，其安装应牢固可靠。管道安装部位的装饰结构应采取方便更换、维修的措施。

（5）当管线需埋置在桁架钢筋混凝土叠合板后浇混凝土中时，应设置在桁架上弦钢筋下方，管线之间不宜交叉。

（6）防雷引下线、防侧击雷、等电位连接施工应与预制构件安装配合。利用预制柱、预制梁、预制墙板内钢筋作为防雷引下线、接地线时，应按设计要求进行预埋和跨接，并进行引下线导通性试验，保证连接的可靠性。

5.8 质量验收

5.8.1 预制构件验收

（1）专业企业生产的预制构件，进场时应检查质量证明文件。

检查数量：全数检查。

检验方法：检查质量证明文件或质量验收记录。

（2）专业企业生产的预制构件进场时，预制构件结构性能检验应符合下列规定：

1）梁板类简支受弯预制构件进场时应进行结构性能检验，并应符合下列规定：

①结构性能检验应符合国家现行有关标准的有关规定及设计的要求，检验要求和试验方法应符合现行国家标准《混凝土结构工程施工质量验收规范》（GB 50204）的有关规定。

②钢筋混凝土构件和允许出现裂缝的预应力混凝土构件应进行承载力、挠度和裂缝宽度检验；不允许出现裂缝的预应力混凝土构件应进行承载力、挠度和抗裂检验。

③对大型构件及有可靠应用经验的构件，可只进行裂缝宽度、抗裂和挠度检验。

④对使用数量较少的构件，当能提供可靠依据时，可不进行结构性能检验。

⑤对多个工程共同使用的同类型预制构件，结构性能检验可共同委托，其结果对多个工程共同有效。

2）对于不可单独使用的叠合板预制底板，可不进行结构性能检验。对叠合梁构件，是否进行结构性能检验、结构性能检验的方式应根据设计要求确定。

3）其他预制构件，除设计有专门要求外，进场时可不做结构性能检验。

4）上述1、2、3款规定中不做结构性能检验的预制构件，应采取下列措施：

①施工单位或监理单位代表应驻厂监督生产过程。

②当无驻厂监督时，预制构件进场时应对其主要受力钢筋数量、规格、间距、保护层厚度及混凝土强度等进行实体检验。

检验数量：同一类型预制构件不超过1000个为一批，每批随机抽取1个构件进行结构性能检验。

检验方法：检查结构性能检验报告或实体检验报告。

注："同类型"是指同一钢种、同一混凝土强度等级、同一生产工艺和同一结构形式。抽取预制构件时，宜从设计荷载最大、受力最不利或生产数量最多的预制构件中抽取。

（3）预制构件的混凝土外观质量不应有严重缺陷，且不应有影响结构性能、安装和使用功能的尺寸偏差。

检查数量：全数检查。

检验方法：观察、尺量；检查处理记录。

（4）预制构件表面预贴饰面砖、石材等饰面与混凝土的黏结性能应符合设计和国家现行有关标准的规定。

检查数量：按批检查。

检验方法：检查拉拔强度检验报告。

（5）预制构件外观质量不应有一般缺陷，对出现的一般缺陷应要求构件生产单位按技术处理方案进行处理，并重新检查验收。

检查数量：全数检查。

检验方法：观察，检查技术处理方案和处理记录。

（6）预制构件粗糙面的外观质量、键槽的外观质量和数量应符合设计要求。

检查数量：全数检查。

检验方法：观察，量测。

（7）预制构件表面预贴饰面砖、石材等饰面及装饰混凝土饰面的外观质量应符合设计要求或国家现行有关标准的规定。

检查数量：按批检查。

检验方法：观察或轻击检查；与样板比对。

（8）预制构件上的预埋件、预留插筋、预留孔洞、预埋管线等规格型号、数量应符合设计要求。

检查数量：按批检查。

检验方法：观察、尺量；检查产品合格证。

（9）预制板类、墙板类、梁柱类构件外形尺寸偏差和检验方法应分别符合表5-3～表5-5的规定。

表5-3　　预制楼板类构件外形尺寸允许偏差及检验方法

项次	检查项目			允许偏差（mm）	检验方法
1	规格尺寸	长度	< 12m	±5	用尺量两端及中间部，取其中偏差绝对值较大值
			≥ 12m且小于18m	±10	
			小于18m	±20	
2		宽度		±5	用尺量两端及中间部，取其中偏差绝对值较大值
3		厚度		±5	用尺量板四角和四边中间位置共8处，取其中偏差绝对值较大值
4	对角线差			6	在构件表面，用尺量测两对角线的长度。取绝对值的差值
5	外形	表面平整度	内表面	4	用2m靠尺安放在构件表面。用楔形塞尺量测靠尺与表面之间的最大缝隙
			外表面	3	
6		楼板侧向弯曲		L/750且不大于20	拉线。钢尺量最大弯曲处
7		扭翘		L/750	四对角拉两条线。量测两线交点之间的距离。其值的2倍为扭翘值
8	预埋部件	预埋钢板	中心线位置偏差	5	用尺量测纵横两个方向的中心线位置。取其中较大值
			平面高度	0，-5	用尺紧靠在预埋件上。用楔形塞尺量测预埋件平面与混凝土面的最大缝隙
9		预埋螺栓	中心线位置偏移	2	用尺量测纵横两个方向的中心线位置。取其中较大值
			外露长度	+10，-5	用尺量测
10		预埋线盒、电盒	在构件平面的水平方向中心线位置偏差	10	用尺量测
			与构件表面混凝土高差	0，-5	用尺量测
11	预留孔	中心线位置偏移		5	用尺量测纵横两个方向的中心线位置。取其中较大值
		孔尺寸		±5	用尺量测纵横两个方向的尺寸。取其最大值
12	预留洞	中心线位置偏移		5	用尺量测纵横两个方向的中心线位置。取其中较大值
		洞口尺寸、深度		±5	用尺量测纵横两个方向的尺寸。取其最大值
13	预留插筋	中心线位置偏移		3	用尺量测纵横两个方向的中心线位置。取其中较大值
		外露长度		±5	用尺量测
14	吊环、木砖	中心线位置偏移		10	用尺量测纵横两个方向的中心线位置。取其中较大值
		留出高度		0，-10	用尺量测
15	桁架钢筋高度			+5，0	用尺量测

注　来源于《装配式混凝土建筑技术标准》（GB/T 51231—2016）。

表 5–4　　**墙板类构件外形尺寸允许偏差及检验方法**

项次	检查项目			允许偏差（mm）	检验方法
1	规格尺寸	高度		±4	用尺量两端及中间部，取其中偏差绝对值较大值
2		宽度		±4	用尺量两端及中间部，取其中偏差绝对值较大值
3		厚度		±3	用尺量板四角和四边中间位置共 8 处，取其中偏差绝对值较大值
4	对角线差			5	在构件表面，用尺量测两对角线的长度。取绝对值的差值
5	外形	表面平整度	内表面	4	用 2m 靠尺安放在构件表面。用楔形塞尺量测靠尺与表面之间的最大缝隙
			外表面	3	
6		楼板侧向弯曲		L/1000 且不大于 20	拉线。钢尺量最大弯曲处
7		扭翘		L/1000	四对角拉两条线。量测两线交点之间的距离。其值的 2 倍为扭翘值
8	预埋部件	预埋钢板	中心线位置偏差	5	用尺量测纵横两个方向的中心线位置。取其中较大值
			平面高度	0，−5	用尺紧靠在预埋件上。用楔形塞尺量测预埋件平面与混凝土面的最大缝隙
9		预埋螺栓	中心线位置偏移	2	用尺量测纵横两个方向的中心线位置。取其中较大值
			外露长度	+10，−5	用尺量测
10		预埋套筒、螺母	中心线位置偏移	2	用尺量测纵横两个方向的中心线位置。取其中较大值
			平面高差	0，−5	用尺量测
11	预留孔	中心线位置偏移		5	用尺量测纵横两个方向的中心线位置。取其中较大值
		孔尺寸		±5	用尺量测纵横两个方向的尺寸。取其最大值
12	预留洞	中心线位置偏移		5	用尺量测纵横两个方向的中心线位置。取其中较大值
		洞口尺寸、深度		±5	用尺量测纵横两个方向的尺寸。取其最大值
13	预留插筋	中心线位置偏移		3	用尺量测纵横两个方向的中心线位置。取其中较大值
		外露长度		±5	用尺量测
14	吊环、木砖	中心线位置偏移		10	用尺量测纵横两个方向的中心线位置。取其中较大值
		与构件表面混凝土高差		0，−10	用尺量测
15	键槽	中心线位置偏移		+5	用尺量测纵横两个方向的中心线位置。取其中较大值
		长度、宽度		+5	用尺量测
		深度		+5	用尺量测
16	灌浆套筒及连接钢筋	灌浆套筒中心线位置		2	用尺量测纵横两个方向的中心线位置。取其中较大值
		连接钢筋中心线位置		2	用尺量测纵横两个方向的中心线位置。取其中较大值
		连接钢筋外露长度		+10，0	用尺量测

表 5-5　　　　预制梁柱桁架类构件外形尺寸允许偏差及检验方法

<table>
<tr><th>项次</th><th colspan="3">检查项目</th><th>允许偏差（mm）</th><th>检验方法</th></tr>
<tr><td rowspan="3">1</td><td rowspan="5">规格尺寸</td><td rowspan="3">长度</td><td>< 12m</td><td>±5</td><td rowspan="3">用尺量两端及中间部，取其中偏差绝对值较大值</td></tr>
<tr><td>≥ 12m 且小于 18m</td><td>±10</td></tr>
<tr><td>≥ 18m</td><td>±20</td></tr>
<tr><td>2</td><td colspan="2">宽度</td><td>±5</td><td>用尺量两端及中间部，取其中偏差绝对值较大值</td></tr>
<tr><td>3</td><td colspan="2">厚度</td><td>±5</td><td>用尺量板四角和四边中间位置共 8 处，取其中偏差绝对值较大值</td></tr>
<tr><td>4</td><td colspan="3">表面平整度</td><td>4</td><td>用 2m 靠尺安放在构件表面。用楔形塞尺量测靠尺与表面之间的最大缝隙</td></tr>
<tr><td rowspan="2">5</td><td colspan="2" rowspan="2">侧向弯曲</td><td>梁柱</td><td>L/750 且不大于 20</td><td rowspan="2">拉线。钢尺量最大弯曲处</td></tr>
<tr><td>桁架</td><td>L/1000 且不大于 20</td></tr>
<tr><td rowspan="2">6</td><td rowspan="4">预埋部件</td><td rowspan="2">预埋钢板</td><td>中心线位置偏差</td><td>5</td><td>用尺量测纵横两个方向的中心线位置。取其中较大值</td></tr>
<tr><td>平面高度</td><td>0，-5</td><td>用尺紧靠在预埋件上。用楔形塞尺量测预埋件平面与混凝土面的最大缝隙</td></tr>
<tr><td rowspan="2">7</td><td rowspan="2">预埋螺栓</td><td>中心线位置偏移</td><td>2</td><td>用尺量测纵横两个方向的中心线位置。取其中较大值</td></tr>
<tr><td>外露长度</td><td>+10，-5</td><td>用尺量测</td></tr>
<tr><td rowspan="2">8</td><td rowspan="2">预留孔</td><td colspan="2">中心线位置偏移</td><td>5</td><td>用尺量测纵横两个方向的尺寸。取其中较大值</td></tr>
<tr><td colspan="2">孔尺寸</td><td>±5</td><td>用尺量测纵横两个方向的中心线位置。取其最大值</td></tr>
<tr><td rowspan="2">9</td><td rowspan="2">预留洞</td><td colspan="2">中心线位置偏移</td><td>5</td><td>用尺量测纵横两个方向的尺寸。取其中较大值</td></tr>
<tr><td colspan="2">洞口尺寸、深度</td><td>±5</td><td>用尺量测纵横两个方向的中心线位置。取其最大值</td></tr>
<tr><td rowspan="2">10</td><td rowspan="2">预留插筋</td><td colspan="2">中心线位置偏移</td><td>3</td><td>用尺量测纵横两个方向的中心线位置。取其中较大值</td></tr>
<tr><td colspan="2">外露长度</td><td>±5</td><td>用尺量测</td></tr>
<tr><td rowspan="2">11</td><td rowspan="2">吊环</td><td colspan="2">中心线位置偏移</td><td>10</td><td>用尺量测纵横两个方向的中心线位置。取其中较大值</td></tr>
<tr><td colspan="2">留出高度</td><td>0，-10</td><td>用尺量测</td></tr>
<tr><td rowspan="3">12</td><td rowspan="3">键槽</td><td colspan="2">中心线位置偏移</td><td>5</td><td>用尺量测纵横两个方向的中心线位置。取其中较大值</td></tr>
<tr><td colspan="2">长度、宽度</td><td>+5</td><td>用尺量测</td></tr>
<tr><td colspan="2">深度</td><td>+5</td><td>用尺量测</td></tr>
<tr><td rowspan="3">13</td><td rowspan="3">灌浆套筒及连接钢筋</td><td colspan="2">灌浆套筒中心线位置</td><td>2</td><td>用尺量测纵横两个方向的中心线位置。取其中较大值</td></tr>
<tr><td colspan="2">连接钢筋中心线位置</td><td>2</td><td>用尺量测纵横两个方向的中心线位置。取其中较大值</td></tr>
<tr><td colspan="2">连接钢筋外露长度</td><td>+10，0</td><td>用尺量测</td></tr>
</table>

注　L 为长度。

检查数量：按照进场检验批，同一规格（品种）的构件每次抽检数量不应少于该规格（品种）数量的 5%且不少于 3 件。

（10）装饰构件的装饰外观尺寸偏差和检验方法应符合设计要求；当设计无具体要求时，应符合表 5-6 的规定（来源于 GB/T 51231—2016《装配式混凝土建筑技术标准》）。

表 5-6　　装饰构件外观尺寸允许偏差及检验方法

项次	装饰种类	检查项目	允许偏差（mm）	检验方法
1	通用	表面平整度	2	2m 靠尺或塞尺检查
2	面砖、石材	阳角方正	2	用托线板检查
3		上口平直	2	拉通线用钢尺检查
4		接缝平直	3	用钢尺或塞尺检查
5		接缝深度	±5	用钢尺或塞尺检查
6		接缝宽度	±2	用钢尺检查

检查数量：按照进场检验批，同一规格（品种）的构件每次抽检数量不应少于该规格（品种）数量的 10% 且不少于 5 件。

5.8.2 预制构件安装与连接验收

（1）主控项目。

1）预制构件临时固定措施应符合设计、专项施工方案要求及国家现行有关标准的规定。

检查数量：全数检查。

检验方法：观察检查，检查施工方案、施工记录或设计文件。

2）装配式结构采用后浇混凝土连接时，构件连接处后浇混凝土的强度应符合设计要求。

检查数量：按批检验。

检验方法：应符合《混凝土强度检验评定标准》（GB/T 50107）的有关规定。

3）钢筋采用套筒灌浆连接、浆锚搭接连接时，灌浆应饱满、密实，所有出口均应出浆。

检查数量：全数检查。

检验方法：检查灌浆施工质量检查记录、有关检验报告。

4）钢筋套筒灌浆连接及浆锚搭接连接用的灌浆料强度应符合国家现行有关标准的规定及设计要求。

检查数量：按批检验，以每层为一检验批；每工作班应制作 1 组且每层不应少于 3 组 40mm×40mm×160mm 的长方体试件，标准养护 28d 后进行抗压强度试验。

检验方法：检查灌浆料强度试验报告及评定记录。

（2）一般项目。

1）预制构件底部接缝座浆强度应满足设计要求。

检查数量：按批检验，以每层为一检验批；每工作班同一配合比应制作 1 组且每层不应少于 3 组边长为 70.7mm 的立方体试件，标准养护 28d 后进行抗压强度试验。

检验方法：检查坐浆材料强度试验报告及评定记录。

2）钢筋采用机械连接时，其接头质量应符合现行行业标准《钢筋机械连接技术规程》（JGJ 107）的有关规定。

检查数量：应符合现行行业标准《钢筋机械连接技术规程》（JGJ 107）的有关规定。

检验方法：检查钢筋机械连接施工记录及平行试件的强度试验报告。

3）钢筋采用焊接连接时，其焊缝的接头质量应满足设计要求，并应符合现行行业标准《钢筋焊接及验收规程》（JGJ 18—2012）的有关规定。

检查数量：应符合《钢筋焊接及验收规程》（JGJ 18—2012）的有关规定。

检验方法：检查钢筋焊接接头检验批质量验收记录。

4）预制构件采用型钢焊接连接时，型钢焊缝的接头质量应满足设计要求，并应符合《钢结构焊接规范》（GB 50661—2011）和《钢结构工程施工质量验收规范》（GB 50205—2001）的有关规定。

检查数量：全数检查。

检验方法：应符合《钢结构工程施工质量验收规范》（GB 50205—2001）的有关规定。

5）预制构件采用螺栓连接时，螺栓的材质、规格、拧紧力矩应符合设计要求及《钢结构设计标准》（GB 50017—2017）和《钢结构工程施工质量验收规范》（GB 50205—2001）的有关规定。

检查数量：全数检查。

检验方法：应符合《钢结构工程施工质量验收规范》（GB 50205—2001）的有关规定。

6）装配式结构分项工程的外观质量不应有严重缺陷，且不得有影响结构性能和使用功能的尺寸偏差。

检查数量：全数检查。

检验方法：观察、量测；检查处理记录。

7）外墙板接缝的防水性能应符合设计要求。

检验数量：按批检验。每 $1000m^2$ 外墙（含窗）面积应划分为一个检验批，不足 $1000m^2$ 时也应划分为一个检验批；每个检验批应至少抽查一处，抽查部位应为相邻两层 4 块墙板形成的水平和竖向十字接缝区域，面积不得少于 $10m^2$。

检验方法：检查现场淋水试验报告。

8）装配式结构分项工程的施工尺寸偏差及检验方法应符合设计要求；当设计无要求时，应符合表 5-7 的规定[1]。

表 5-7　　预制构件安装尺寸的允许偏差及检验方法

<table>
<tr><th colspan="3">项目</th><th>允许偏差（mm）</th><th>检验方法</th></tr>
<tr><td rowspan="3">构件中心线多轴线位置</td><td colspan="2">基础</td><td>15</td><td rowspan="3">经纬检测仪</td></tr>
<tr><td colspan="2">竖向构件（柱、墙、桁架）</td><td>8</td></tr>
<tr><td colspan="2">水平构件（梁、板）</td><td>5</td></tr>
<tr><td>构建标高</td><td colspan="2">梁、柱、墙、板底面或顶面</td><td>±5</td><td>水准仪或拉线、尺量</td></tr>
<tr><td rowspan="2">构件垂直度</td><td rowspan="2">柱、墙</td><td>≤6m</td><td>5</td><td rowspan="2">经纬仪或吊线、尺量</td></tr>
<tr><td>>6m</td><td>10</td></tr>
<tr><td>构件倾斜度</td><td colspan="2">梁、桁架</td><td>5</td><td>经纬仪或吊线、尺量</td></tr>
<tr><td rowspan="5">相邻构件平整度</td><td colspan="2">板端面</td><td>5</td><td rowspan="5">2m 靠尺和塞尺量测</td></tr>
<tr><td rowspan="2">梁、板底面</td><td>外露</td><td>3</td></tr>
<tr><td>不外露</td><td>5</td></tr>
<tr><td rowspan="2">柱墙侧面</td><td>外露</td><td>5</td></tr>
<tr><td>不外露</td><td>8</td></tr>
<tr><td>构件搁置长度</td><td colspan="2">梁、板</td><td>±10</td><td>尺量</td></tr>
<tr><td>支座、支垫中心位置</td><td colspan="2">板、梁、柱、墙、桁架</td><td>10</td><td>尺量</td></tr>
<tr><td>墙板连接</td><td colspan="2">宽度</td><td>±5</td><td>尺量</td></tr>
</table>

[1] 来源于《装配式混凝土建筑技术标准》（GB/T 51231—2016）。

检查数量：按楼层、结构缝或施工段划分检验批。同一检验批内，对梁、柱，应抽查构件数量的10%，且不少于3件；对墙和板，应按有代表性的自然间抽查10%，且不少3间；对大空间结构，墙可按相邻轴线间高度5m左右划分检查面，板可按纵、横轴线划分检查面，抽查10%，且均不少于3面。

9）装配式混凝土建筑的饰面外观质量应符合设计要求，并应符合现行国家标准《建筑装饰装修工程质量验收标准》（GB 50210—2018）的有关规定。

检查数量：全数检查。

检验方法：观察、对比量测。

5.8.3 部品安装验收

（1）装配式混凝土建筑的部品验收应分层分阶段开展。

（2）部品质量验收应根据工程实际情况检查下列文件和记录：

①施工图或竣工图、性能试验报告、设计说明及其他设计文件。

②部品和配套材料的出厂合格证、进场验收记录。

③施工安装记录。

④隐蔽工程验收记录。

⑤施工过程中重大技术问题的处理文件、工作记录和工程变更记录。

（3）部品验收分部分项划分应满足国家现行相关标准要求，检验批划分应符合下列规定：

①相同材料、工艺和施工条件的外围护部品每1000m^{2}应划分为一个检验批，不足1000m^{2}也应划分为一个检验批；每个检验批每100m^{2}应至少抽查一处，每处不得小于10m^2。

②对于异形、多专业综合或有特殊要求的部品，国家现行相关标准未作出规定时，检验批的划分可根据部品的结构、工艺特点及工程规模，由建设单位组织监理单位和施工单位协商确定。

（4）外围护部品应在验收前完成下列性能的试验和测试：

①抗风压性能、层间变形性能、耐撞击性能、耐火极限等实验室检测。

②连接件材性、锚栓拉拔强度等现场检测。

（5）外围护部品验收根据工程实际情况进行下列现场试验和测试：

①饰面砖（板）的黏结强度测试。

②板接缝及外门窗安装部位的现场淋水试验。

③现场隔声测试。

④现场传热系数测试。

（6）外围护部品应完成下列隐蔽项目的现场验收：

①预埋件。

②与主体结构的连接节点。

③与主体结构之间的封堵构造节点。

④变形缝及墙面转角处的构造节点。

⑤防雷装置。

⑥防火构造。

（7）屋面应按现行国家标准《屋面工程质量验收规范》（GB 50207—2012）的规定进行验收。

（8）外围护系统的保温和隔热工程质量验收应按《建筑节能工程施工质量验收规范》（GB 50411—2007）的规定执行。

（9）外围护系统的门窗工程、涂饰工程应按《建筑装饰装修工程质量验收标准》（GB 50210—2018）的规定进行验收。

（10）木骨架组合外墙系统应按《木骨架组合墙体技术标准》（GB/T 50361—2018）的规定进行验收。

（11）蒸压加气混凝土外墙板应按《蒸压加气混凝土建筑应用技术规程》（JGJ/T 17—2008）的规定进行验收。

（12）内装工程应按《建筑装饰装修工程质量验收规范》（GB 50210）、《建筑轻质条板隔墙技术规程》（JGJ/T 157—2014）和《公共建筑吊顶工程技术规程》（JGJ 345—2014）的有关规定进行验收。

（13）室内环境的质量验收应在内装工程完成后进行，并应符合《民用建筑工程室内环境污染控制规范》（GB 50325—2010）的有关规定。

5.8.4 设备与管线验收

（1）装配式混凝土建筑中涉及建筑给水排水及供暖、通风与空调、建筑电气、智能建筑、建筑节能、电梯等安装的施工质量验收应按其对应的分部工程进行验收。

（2）给水排水及采暖工程的分部工程、分项工程、检验批质量验收等应符合《建筑给水排水及采暖工程施工质量验收规范》（GB 50242—2002）的有关规定。

（3）电气工程的分部工程、分项工程、检验批质量验收等应符合《建筑电气工程施工质量验收规范》（GB 50303—2015）及《火灾自动报警系统施工及验收规范》（GB 50166—2007）的有关规定。

（4）通风与空调工程的分部工程、分项工程、检验批质量验收等应符合现行国家标准《通风与空调工程施工质量验收规范》（GB 50243—2016）的有关规定。

（5）建筑节能工程的分部工程、分项工程、检验批质量验收等应符合《建筑节能工程施工质量验收规范》（GB 50411—2007）的有关规定。

5.8.5 工程验收

（1）结构实体检验。

1）结构实体检验的内容包括现浇部分结构性能检验和装配式结构连接节点性能检验两部分。现浇混凝土部分结构实体检验应按《混凝土结构工程施工质量验收规范》（GB 50204—2015）等相关现行国家、行业标准的有关规定执行；装配式结构连接节点性能检验包括连接节点部位的后浇混凝土强度、钢筋套筒连接或浆锚搭接连接的灌浆料强度、钢筋保护层厚度以及工程约定的项目，必要时可检验其他项目。

2）装配式结构的连接节点部位的后浇混凝土强度、钢筋保护层厚度、钢筋套筒连接或浆锚搭接连接的灌浆料强度等工程约定检验项目，其检验方法及标准应按现行国家、行业标准的有关规定执行。

3）装配整体式混凝土结构分项工程，检验批的划分原则上每层不少于一个检验批。检验批、分项工程、子分部工程的验收程序应符合《建筑工程施工质量验收统一标准》（GB 50300—2013）的规定。检验批、分项工程的质量验收记录应符合《混凝土结构工程施工质量验收规范》（GB 50204—2015）的规定。

（2）子分部工程验收。

1）含有装配式结构的工程，结构工程验收时，除符合《混凝土结构工程施工质量验收规范》（GB 50204）的规定外，尚应提交下列资料和记录：

①设计单位已确认的预制构件深化设计图、设计变更文件。

②装配式结构工程施工所用各种材料、连接件及预制构件的产品合格证书、进场验收记录和复验报告等各种相关质量证明文件。

③预制构件安装施工验收记录。

④预制构件钢筋连接施工检验记录。

⑤连接构造节点的隐蔽工程检查验收文件。

⑥后浇注节点的混凝土和灌浆浆体强度检测报告。

⑦密封材料及接缝防水检测报告。

⑧分项工程验收记录。

⑨现浇部分实体检验记录。

⑩工程的重大质量问题处理方案和验收记录；预制外墙现场施工的装饰、保温检测报告；其他质量保证资料。

2）装配式结构分项工程应在安装施工过程中完成下列隐蔽工程的现场验收：

①结构预埋件、钢筋接头、螺栓连接、灌浆接头等。

②预制构件与结构连接处钢筋及混凝土的结合面。

③预制混凝土构件接缝处防水、防火做法。

3）装配式结构分项工程施工质量验收合格应符合下列规定：

①有关分项工程施工质量验收合格。

②质量控制资料完整且符合要求。

③观感质量验收合格。

④结构实体检验满足设计和标准的要求。

4）当装配式结构分项工程施工质量不符合要求时，应按下列规定进行处理：

①经返工、返修或更换构件、部件的检验批，应重新进行检验。

②经有资质的检测单位检测鉴定达到设计要求的检验批，应予以验收。

③经有资质的检测单位检测鉴定达不到设计要求，但经原设计单位核算并确认仍可满足结构安全和使用功能的检验批，可予以验收。

④经返修或加固处理能够满足结构安全使用要求的分项工程，可根据技术处理方案和协商文件进行验收。

5）装配式结构分项工程施工质量验收合格后，应填写分项工程质量验收记录，并将所有的验收文件存档备案。

5.9 成品保护

（1）预制构件成品应符合以下规定：

1）预制构件成品外露保温板应采取防止开裂措施，外露钢筋应采取防弯折措施，外露预埋件和连接件等外露金属件应按不同环境类别进行防护或防腐、防锈。

2）采取保证吊装前预埋螺栓孔清洁的措施。

3）钢筋连接套筒、预埋空洞应采取防止堵塞的临时封堵措施。

4）露骨料粗糙面冲洗完成后应对灌浆套筒的灌浆孔和出浆孔进行透光检查，并清理灌浆套筒内的杂物。

5）冬季生产和存放的预制构件的非贯穿孔洞应采取措施防止雨雪水进入发生冻胀损坏。

（2）预制构件在运输过程中应做好安全和成品防护，并应符合下列规定：

1）应根据预制构件种类采取可靠的固定措施。

2）对于超高、超宽、形状特殊的大型预制构件的运输和存放应制定专门的质量安全保证措施。

3）运输的过程中采用钢架辅助运输，运输墙板等部件时，车启动慢，车速应匀，转弯变道时要减速，以防墙板倾覆，运输时要采取如下防护措施。

①设置柔性垫片避免预制构件边角部位或链索接触处的混凝土损伤。

②用塑料薄膜包裹垫块避免预制构件外观污染。

③墙板门窗框、装饰表面和棱角采用塑料贴膜或其他措施防护。

④竖向薄壁构件设置临时防护支架。

装箱运输时，箱内四周采用木材和柔性垫片填实，支撑牢固。

4）应根据构件特点采用不同的运输方式，托架、靠放架、插放架应进行专门设计，进行强度、稳定性和刚度的验算。

①外墙板宜采用直立式运输，外饰面层应朝外，梁、板、楼梯、阳台宜采用水平运输。

②采用靠放架立式运输，外饰面与地面倾角宜大于 80°，构件应对称靠放。

③每层不大于 2 层，构件层间上部采用布垫块隔开。

④采用插放架直立运输时，应采取防止构件倾倒措施，构件之间应设置隔离垫块。

⑤水平运输时，预制梁、柱构件叠放不宜超过 3 层，板类构件叠放不宜超过 6 层。

（3）安装施工时的成品保护应符合以下规定：

1）交叉作业时，应做好工序交接，不得对已完成工序的成品、半成品造成破坏。

2）在装配式混凝土建筑施工全过程中，应采取防止构件、部品及预制构件上的建筑附件、预埋铁、预埋吊件等损伤或污染的保护措施。

3）预制构件上的饰面砖、石材、涂刷、门窗等处宜采用贴膜保护或其他专业材料保护。安装完成后，门窗框应采用槽型木框保护。

4）连接止水条、高低口、墙体转角等薄弱部位，应采用定型保护垫块或专用套件做加强保护。

5）预制楼梯饰面层应采用铺设木板或其他覆盖形式的成品保护措施，楼梯安装结束后，踏步口宜铺设木条或其他覆盖形式保护。

6）遇有大风、大雨、大雪等恶劣天气时，应采取有效措施对存放预制构件成品进行保护。

7）装配式混凝土建筑的预制构件和部品在安装施工过程、施工完成后不应受到施工机具的碰撞。

8）施工梯架、工程用的物料等不得支撑、顶压或斜靠在部品上，预制构件堆放处 2m 内不应进行动火作业。

9）当进行混凝土地面等施工时，应防止物料污染、损坏预制构件和部品表面。

10）安装完成的竖向构件阳角、楼梯踏步口宜采用木条或其他覆盖形式进行保护。

11）预制外墙板安装完毕后，墙板内预置的门、窗框应用槽型木框保护。

5.10 施工安全与环境保护

（1）装配式结构施工过程中的安全、职业健康和环境保护等要求应按照《建筑施工安全检查标准》（JGJ 59—2011）和《建筑施工现场环境与卫生标准》（JGJ l46—2013）的有关规定执行，落实各级各类人员的安全生产责任制。

（2）施工单位应根据工程施工特点对重大危险源进行分析并予以公示，并制定相对应的安全生产应急预案。

（3）施工现场按照要求实行封闭施工，施工区域围栏围护，大门设置门禁系统，按日式化管理进行人员打卡进入，着装标准化，闲杂人员一律不得入内。施工现场的场容管理实施划区域分块，责任区域挂牌示意，生活区管理规定挂牌昭示全体。工地主要出入口设置施工标牌，现场布置安全生产标语和警示牌，做到无违章。施工区、办公区、生活区挂标志牌，危险区设置安全警示标志。在主要施工道路口设置交通指示牌。

（4）施工单位应对从事预制构件吊装作业及相关人员进行安全培训与交底，识别预制构件进场、卸车、存放、吊装、就位各环节的作业风险，并制定防控措施。

（5）预制构件卸车时，应按照规定的装卸顺序进行卸车，确保车辆平衡，避免由于卸车顺序不合理导致车辆倾覆。严禁禁止非吊装人员进入吊装区域，预制构件上挂钩之后要检查一遍挂钩是否锁紧，起吊要慢、稳，保证预制构件在吊装过程中不左右摇晃。

（6）预制构件卸车后，应将构件按编号或按使用顺序，依次存放于构件堆放场地，构件堆放场地应设置临时固定措施，避免构件存放工具失稳造成构件倾覆。

（7）安装作业开始前，应对安装作业区进行围护并做出明显的标识，拉警戒线，根据危险源级别安排旁站，严禁与安装作业无关的人员进入。

（8）应定期对预制构件吊装作业所用的工具、吊具、锁具进行检查，发现有可能存在的使用风险，应立即停止使用。

（9）施工作业使用的专用吊具、吊索、定型工具式支撑、支架等，应进行安全验算，使用中进行定期、不定期检查，确保其安全状态。

（10）吊装作业安全应符合下列规定：

1）吊装工人必须经过三级教育及安全生产知识考试合格，并且接受安全技术交底。吊装各项工作要固定人员不准随便换人，以便工人熟练掌握技能，吊装作业时按要求佩戴安全带，确保施工安全。吊装工人每次作业必须检查钢丝绳、吊钩、手拉葫芦、吊环螺栓等有关安全环节吊具，确保完好无损，无带病使用后方可进行作业。

2）预制构件起吊后，应先将预制构件提升300mm左右后，停稳构件，检查钢丝绳、吊具和预制构件状态，确认吊具安全且构件平稳后，方可缓慢提升构件。

3）吊机吊装运行轨道及其附近区域，非作业人员严禁进入；吊运预制构件时，构件下方严禁站人，应待预制构件降落至距地面1m以内方准作业人员靠近，就位固定后方可脱钩；吊装时吊装钢丝绳必须采用同规格、同长度进行吊装，否则吊装时受力不稳易发生脱落现象。

4）高空应通过揽风绳改变预制构件方向，严禁高空直接用手扶预制构件。

5）遇到雨、雪、雾天气，或者风力大于5级时，不得进行吊装作业。

（11）装配式结构在绑扎柱、墙钢筋时，应采用专用高凳作业，当作业面高于围挡时，作业人员应佩戴穿芯自锁保险带。

（12）预制构件安装施工期间，噪声控制应符合《建筑施工场界环境噪声排放标准》（GB 12523—2011）的规定。

（13）施工现场应加强对废水、污水的管理，现场应设置污水池和排水沟。废水、废弃涂料、胶料应统一处理，严禁未经处理直接排入下水管道。

（14）夜间施工时，应防止光污染对周边居民的影响。

（15）预制构件运输过程中，应保持车辆整洁，防止对场内道路的污染，并减少扬尘。

（16）预制构件安装过程中废弃物等应进行分类回收。施工中产生的胶黏剂、稀释剂等易燃易爆废弃物应及时收集送至指定储存器内并按规定回收，严禁丢弃未经处理的废弃物。

6 装配式变电站构筑物施工

6.1 构支架安装

变电站的构支架按材质可分为钢构支架和钢筋混凝土构支架，其中钢构架按组成形式的不同可分为钢管式构架和格构式构架，按安装部位的不同可分为钢柱和钢梁。本节主要以构架的钢管式钢柱和格构式钢梁的安装为例来进行阐述。

6.1.1 施工流程图

施工流程如图 6-1 所示。

构架施工流程主要分为地面排杆、钢柱安装、钢梁安装三大部分。

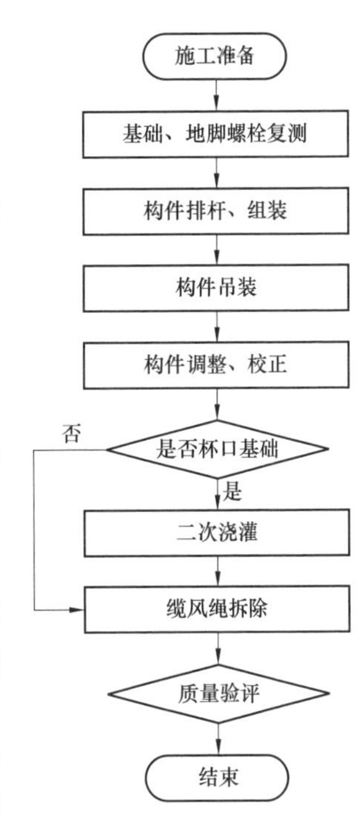

图 6-1 构架施工流程图

6.1.2 施工准备

构架的安装重点在施工准备，在施工准备阶段要完成吊车、吊具的选型，完成构架吊点的选定，完成构架吊装顺序、吊车行进路线及固定位置的确定。

（1）施工技术准备。

1）施工图纸审查。开工前，必须进行设计交底及施工图纸会检，相关设计问题均有明确的处理意见并形成书面的施工图纸会检纪要。

2）编制专项施工方案。开工前组织编制专项施工方案，并按相关程序审批完成。方案中，应根据现场区域合理布置行车路线，有利构架安装实行流水施工作业。

3）技术交底。施工前进行项目部级交底；由项目经理主持，项目总工组织，并对施工人员进行技术、质量、安全交底，并作好书面交底记录。吊装前进行班组级交底；由项目总工主持，班组长组织，技术员对班组人员进行全员交底，并做好书面交底记录。

技术交底的范围：包括施工图交底、项目管理实施规划交底、设计变更交底、单位工程 / 分部工程 / 分项工程施工工艺交底。

技术交底的内容包括：施工方法、质量要求和验收标准，施工过程中需要注意的问题，可能出现意外的应对措施和应急方案。具体内容主要有：安装工作的范围和工作量，包括构架柱和构架梁的重量、大小等各项参数等；构架吊装的时间和进度，具体的吊装进度安排；构架吊装人员组织，各个面、点的工作负责人；构架安装方案，包括构架组装方法及吊装方法。其中横梁组装前，厂家应对项目部进行技术交底。技术交底内容应充实，具有针对性、指导性和可操作性。

全体施工人员应参加交底会，掌握交底内容，明确质量标准、安全风险、熟知工艺流程并全员签字后形成书面交底记录。

（2）施工人员准备。

构架安装施工人员配置如表 6–1 所示。

表 6–1　　施工人员配置表

序号	岗位	数量	职责划分
1	现场负责人	1	全面负责整个项目的实施
2	技术负责人	1	负责施工方案的策划，负责技术交底，负责施工期间各种技术问题的处理
3	质检员	1	负责施工期间质量检查及验收，包括各种质量验收记录
4	安全员	1	负责施工期间的安全管理
5	测量员	2	负责施工期间的测量与放样
6	资料员	1	负责施工的资料整理
7	施工员	2	负责构架吊装地面工作
8	起重指挥	1	负责构架吊装施工指挥
9	材料人员	2	负责各种材料、机械设备及工器具的准备。
10	机械操作工	2	负责施工期间机械设备的操作、维护、保养管理
11	混凝土工	2	负责杯口基础混凝土浇筑
12	电焊工	2	负责铁件加工、安装、临时接地
13	电工	1	负责施工期间的电源管理
14	高空作业	4	负责高空作业
15	普通用工	10	负责其他工作

在以上人员中，测量员、质检员、安全员、机械操作工、起重指挥工、电焊工、电工、高空人员等须持证上岗。

（3）施工场地准备

1）基础准备。现场构架基础已完成，混凝土强度达到构架安装条件。

① 杯口基础准备。基础杯底标高复测：杯底标高找平时在杯口四周做好基准点标识，然后依据构支架埋深尺寸进行量测找平，找平采用水泥砂浆抹平。基础复测时基础杯底标高用水平仪进行复测，基础杯底标高取最高点数据，并做好记录。

基础杯底复测流程图如图 6–2 所示。

基础轴线的复测：从原始的坐标轴线或构支架中心轴线开始采用经纬仪向各配电装置

区域进行复测，复测时将每个基础的中心线标出后，根据构支柱直径及钢柱根开尺寸进行安装限位线的标注，划线在基础表面用红漆标注。

② 预埋螺栓基础准备。基础复测：基础杯顶标高用水平仪进行复测，基础杯底标高取最高点数据，并做好记录。基础轴线的复测采用经纬仪进行复测，在每个基础轴线中心线做好标识，划线在基础表面用红漆标注。

基础顶面的支承面、地脚螺栓位置的质量标准应符合：支承面的标高偏差：≤ ±3.0mm；支承面的水平度偏差：≤ L/1000mm；螺栓中心偏移：≤ 5.0mm。

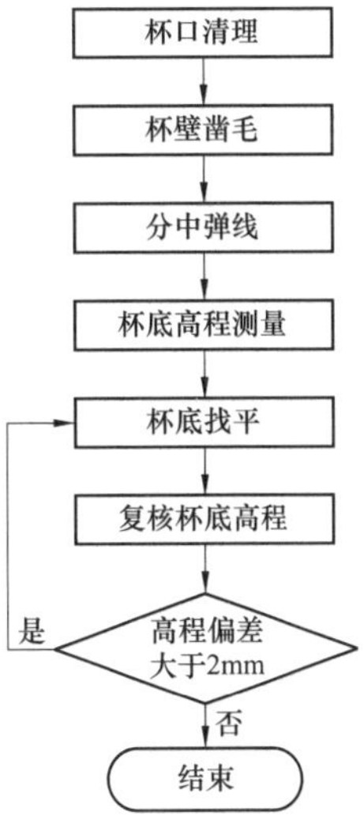

杯口清理
杯壁凿毛
分中弹线
杯底高程测量
杯底找平
复核杯底高程
高程偏差大于2mm
是
否
结束

图 6-2 基础杯底复测流程图

2）吊装场地已平整，无堆土。各种构件进场前应对施工场地平整夯实，清理场地障碍物。运输道路必须平整坚实，行进道路的宽度和转弯半径应满足要求。

3）完成起重机行走路线（如图 6-3 所示），确定吊装顺序（如图 6-3 所示）及吊车支腿悬撑位置（和配合起重机的选型相配合）。在起重机行驶路线上，不得摆放构件，并清理路面以保证行驶路线的畅通。起重机路线的路基要全面检查，如发现有地基不够牢固的应进行适当处理。吊装前应适当储备一些地基处理材料（如钢板或枕木等），以防起重机在行驶或吊装过程中地脚下陷时临时急用。

4）根据站内测量控制网和控制点确定观测仪器架设位置，以便施工过程中进行测量观测。

5）正式施工前，必须完成地锚的设置，如图 6-4 所示。回填区地锚采用连环角铁桩，挖方区地锚采用单根角铁桩。角铁桩插入方向与地面之间的夹角为 135°。同时，应根据现场实际情况确定临时拉线位置，临时拉线位置应不影响起重机行进线路和吊装施工的影响。

（4）施工材料准备。

1）构架进场验收。构件运抵现场后，应组织人员认真进行进货检验。进场的结构构

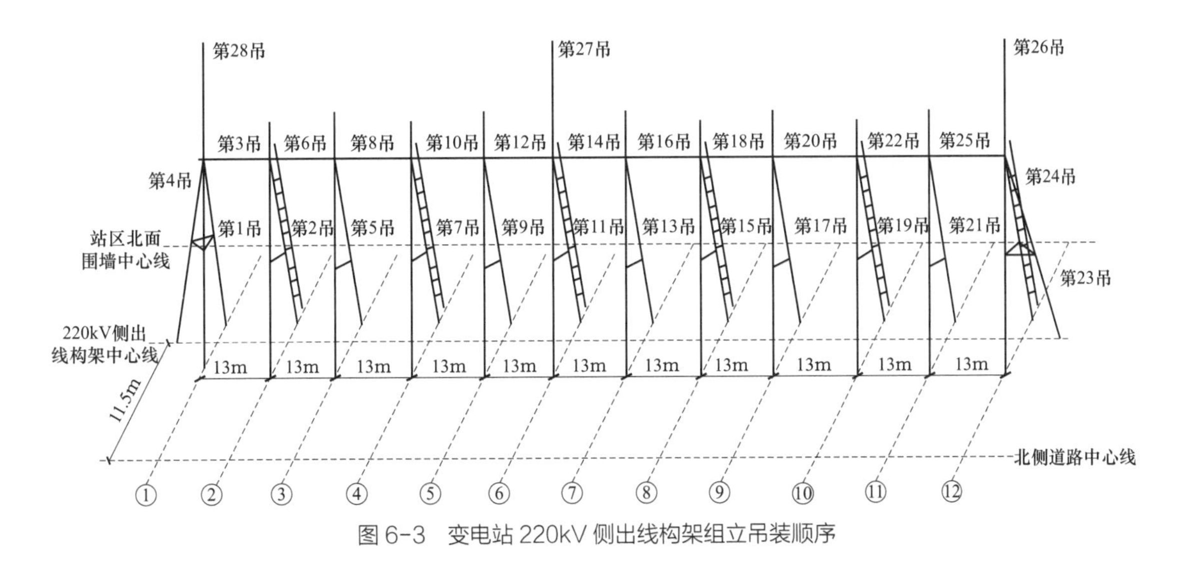

图 6-3 变电站 220kV 侧出线构架组立吊装顺序

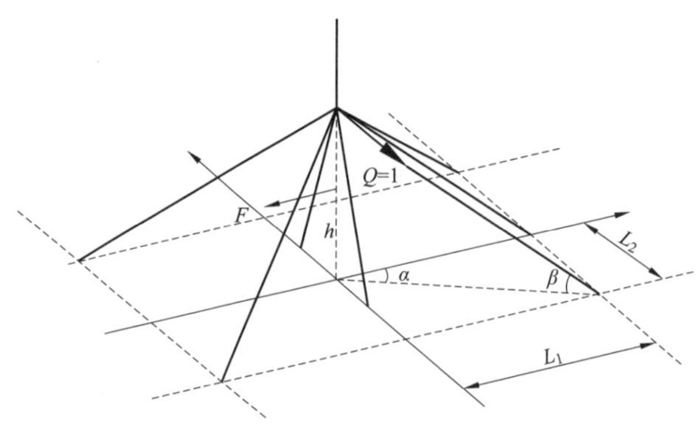

图 6-4　地锚设置示意图

件必须严格执行检验工作程序，严禁不合格品进场。对不符合质量要求又不能采取技术处理弥补的禁止用到工程中去。

构件到场后应进行以下几项检查：

①构件到场后必须清点数量和规格是否与设计相符。

②外观检查：

构件的外观尺寸是否符合设计及规程规范的要求；

钢构件排锌孔应在出厂前封闭，检查构件编号是否齐全、规范；细长构件及构件上的连接板有无变形，摩擦面有无受到油漆等污染；镀锌层厚度均匀，色泽光滑，结合紧密并无漏锌、锌瘤、毛刺不超过 2mm；垫片的表面处理是否符合要求且与构件摩擦面处理是否一致；构件的规格尺寸是否符合设计及规程规范的要求。

钢管构架柱应按设计要求设置排水孔和灌浆孔。钢管构架加工厂家应确保镀锌后的高强螺栓力学性能不低于设计要求，同时提供镀锌后螺栓的施工紧固力矩值。单节构件弯曲矢高偏差控制在 $L/1000$（L 为构件的长度）以内，且不大于 5mm，单个构件长度偏差不大于 3mm。柱脚底板螺栓孔径偏差控制在 ±0.5mm 以内，螺栓孔位置偏差不大于 1mm。法兰盘的平整度是否符合要求，有无明显的锌渣，管口平面垂直度偏差不大于 2mm。椭圆度的偏差，按直径检验不超过 ±3mm。

环形混凝土电杆表面应平整光滑、色泽均匀，无蜂窝麻面、无明显模板接口、电杆钢圈处挡浆筋上部混凝土应完整，挡浆筋无锈蚀，外壁无露筋、跑浆、内表面混凝土塌落等现象。环形混凝土电杆型号、杆内配筋应符合设计要求。

③螺栓检查：螺栓应符合配套分箱的包装要求，型号应与设计图一致，随机抽检是否生锈、污染、丝扣损坏等情况，螺母与螺栓的配合程度；焊缝是否均匀且高度一致，无气泡及夹渣；镀锌厚度均匀，色泽均匀。对螺栓扭矩系数（或轴力）、摩擦面的抗滑移系数进行试验。钢梁加工厂家应确保镀锌后的螺栓力学性能不低于设计要求，同时提供镀锌后螺栓的施工紧固力矩值。

④组装前检验：拼装前应对构件的编号、方向、长度、断面尺寸、螺栓孔位置及数量进行检查，及时纠正错误。

⑤构件到场后，应及时卸货。所有的构件堆放在枕木或经硬化的地面上，必须根据区域、型号、规格分别堆放。小型配件发螺栓、螺母、垫片等按不同规格分区域统一摆放在仓库内。

⑥构件到场后经检查发现如有少量变形，应及时通知相关单位并按规范要求进行处理。

⑦所有构件必须有出厂证明、试验报告及构件合格证、焊接试验报告等，包括螺栓的质量证明及厂家复检报告、出厂检验记录、材料清单、镀锌检测报告、构件预拼装记录、构件发运和包装清单等。

2）构架现场堆放。

钢管、铁附件的堆放应选择较为平整的场地，按类别进行堆放。当设计无要求时，钢管支点宜为两点。

构支架堆放时用道木垫起，构件不允许与地面直接接触，以免污染镀锌层，应按类别进行堆放，钢管堆放不得超过三层。构件包装暂时不要拆包。

3）构架吊点选择与受力计算。

构件总体上分为两大类：即钢横梁和构架柱。吊点计算前，对构架的质量、高度以及吊装高度进行统计，以便于起重设备及吊点的计算。例如，表 6–2，统计了某变电站 220kV 配电装置区构支架的基本信息。

表 6–2　　区域构支架统计表

序号	构支架名称	构支架型式	数量	吊装重量（t）	吊装高度（m）
220kV 侧配电装置区构支架					
1	A 型构架柱	*GZ* 15–1	2 组	3.1	15
		GZ 15–1a	1 组	3.06	15
		GZ 15–1b	2 组	3.1	15
		GZ 15–2	10 组	1.98	15
		GZ 15–2	4 组	1.94	15
2	构架钢梁	*GL*–1	7 幅	1.26	15
		GL–2	8 幅	1.137	15
3	构架避雷针	*BLZ* 30–1	3 根	1.743	30
		BLZ 35	1 根	0.777	35
		BLZ 30–2	1 根	0.55	30
4	构架地线柱	*DXZ* 19	9 个	0.276	19
5	构架钢爬梯	*GPT* 15	9 组	0.147	15
6	母线支架	T 型	20 组		6.95
7	母线接地开关支架	门型	4 组		6.95

在吊点计算中采用近似计算法进行粗算，初步确定吊点位置。当最大正弯矩和最大负弯矩相同时，其吊点为最佳吊点（实际施工中，可视实际情况稍做调整）。

①钢横梁。各类钢梁计算时均忽略其接头包钢重量，假设荷载线性均匀分布，计算中不考虑加速度、风速等动荷载，吊装按双吊点考虑，其吊装示意图如图 6–5 所示、等效荷载图如图 6–6 所示和等效弯矩图如图 6–7 所示。

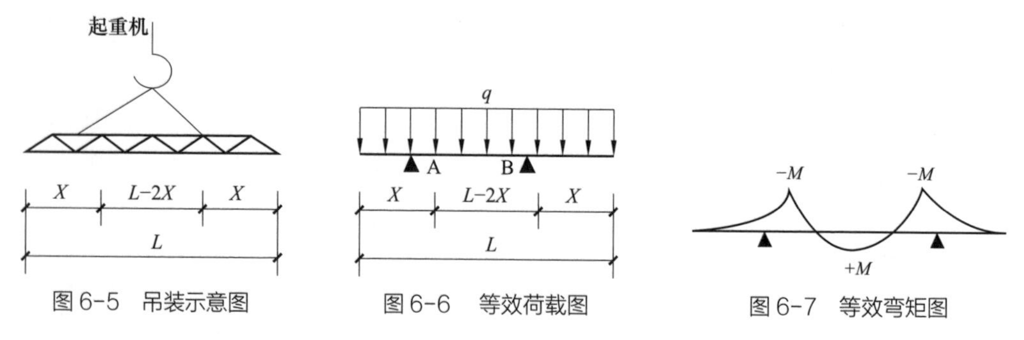

图 6-5　吊装示意图　　图 6-6　等效荷载图　　图 6-7　等效弯矩图

吊点至梁端的距离为 x，q 为线荷载，L 为钢梁长度，M 为弯矩，经计算

最大负弯矩：（$-M$）$=-1/2qx^2$

最大正弯矩：（$+M$）$=1/8qL^2-1/2qLx$

当（$+M$）+（$-M$）=0 时，$x=0.207L$

即吊点至梁端的距离为 $0.207L$。

②构架柱。构架柱组装件型式多样，假设荷载线性均匀分布，计算中不考虑加速度、风速等动荷载，吊装按双吊点考虑，其吊装示意图如图 6–8 所示、等效荷载图如图 6–9 所示和等效弯矩图如图 6–10 所示（钢斜撑采用一点起吊，绑扎点位置计算方法和图 6–9、图 6–10 相同）：

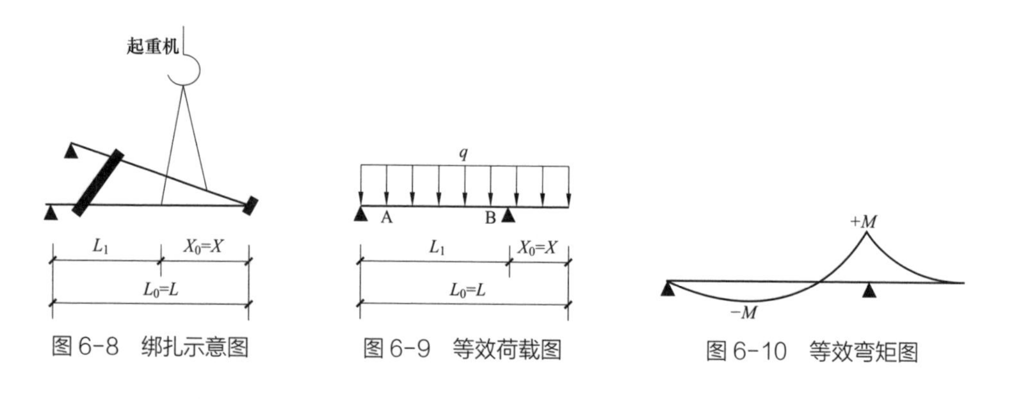

图 6–8　绑扎示意图　　图 6–9　等效荷载图　　图 6–10　等效弯矩图

带钢柱和避雷针的构架柱，钢柱和避雷针分别化成等效长度，再按线性均布荷载进行计算，计算中不考虑加速度、风速等动荷载，吊装按双吊点考虑，见吊装绑扎示意图如图 6–11 所示、等效荷载图如图 6–12 所示和等效弯矩图如图 6–13 所示。

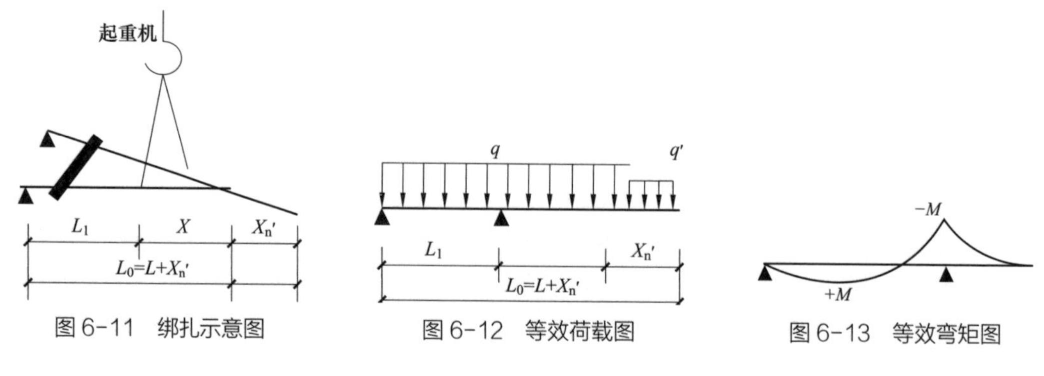

图 6–11　绑扎示意图　　图 6–12　等效荷载图　　图 6–13　等效弯矩图

③吊点计算。设吊点至顶头铁的距离为 X，构架顶头铁至底端的距离为 L，等效总长度为 L_0，吊点至顶端的等效长度为 X_0，M 为弯矩，q 为线荷载，顶头铁至顶端的等效长度为 X_n'。L_1 为吊点至底端的距离。则 $L_0=L_1+X_0$，$X_0=X+X_n'$（当构架柱无钢柱或避雷针时，$X_n'=0$，$L_0=L_1+X=L$，$X_0=X$）。下面计算式按计算长度计算。

设 $\lambda=X_0/L_1$

最大正弯矩：$(-M)=-\frac{1}{8}qL_1^2(1-\lambda^2)^2$

最大负弯矩：$(+M)=+\frac{1}{2}qL_1^2\lambda^2$

当 $(+M)+(-M)=0$ 时，求得 $\lambda=0.414$（λ 其余三个值舍去）

即 $X_0/(L_0-X_0)=0.414$，求得 $X_0=0.293L_0$

当有钢柱和避雷针时，等效长度为 $X_n'=(G/G_n)L$，吊点至顶头铁的距离 $X=X_0-X_n'=0.293L_0-(G/G_n)L$（$G$ 为避雷针的重量，G_n 为下部杆子质量）。

4）二次灌浆混凝土。

砂、石、水泥等原材根据要求已送检，并满足要求；灌浆混凝土配合比已试配，混凝土强度满足设计图纸要求。

（5）施工机械、工器具准备。施工前应根据施工组织部署编制工器具及机械设备使用计划，并提前 7d 进场。使用前应检查各项性能指标是否在标准范围内，确保其运行正常。

机械使用前应进行性能检查，确保其性能满足安全和使用功能的要求，验收合格后方可投入使用。

构架安装施工主要施工机械、工器具如表 6-3 所示。

表 6-3　　主要施工机械、工器具配置表

序号	机械设备	型号	单位	数量	备注
1	吊车	100t	台	1	100t 吊车用于 500kV 及以上电压等级构架的吊装
2	吊车	25t 或 16t	台	1	用于 220、110kV 电压等级构支架的吊装
3	装载机		台	1	主要用于材料转运
4	平板拖车	9m	台	2	主要用于材料及构件转运
5	经纬仪	J2	台	2	有检验合格证
6	水准仪		台	1	有检验合格证
7	钢丝绳	ϕ14mm，L=60m/30m	根	16/10	有检验合格证，用于缆风绳
8	钢丝绳	ϕ34mm，L=20m	根	2	有试验报告及合格证，用于吊点吊绳（梁用）
9	钢丝绳	ϕ26mm，L=20m	根	4	有试验报告及合格证，用于吊点吊绳
10	白棕绳	ϕ15mm	m	150	用于晃绳
11	高速滑轮	5t	个	2	有检验合格证
12	滑轮	1.5t	个	2	有检验合格证
13	手扳葫芦	0.75t/1.5t/3t	个	若干	有检验合格证
14	收线钳		个	若干	
15	U 型环	25t/17t/3t/1t	个	若干	
16	电焊机	115 ~ 400A	台	2	状态良好

续表

序号	机械设备	型号	单位	数量	备注
17	枕木		根	若干	
18	软梯	50m	付	4	有试验报告及合格证
19	安全带	GB6095	付	10	有检验合格证
20	铁锤	20lb	把	4	
21	手锤	4lb	把	2	
22	活动扳手	最大开口 30/46mm	把	20	
23	梅花扳手	24/30/36/42/46	把	20	
24	扭力扳手		把	2	配相应套筒
25	速差器		个	4	有合格证
26	钢丝钳		把	8	
27	插钎		把	5	
28	撬杠	$\phi30\times1500$，α=45°	把	5	
29	撬杠	$\phi25\times1200$，α=45°	把	5	
30	撬杠	$\phi16\times600$，α=45°	把	5	
31	角铁桩长	2.5m	根	40	
32	垫铁	6 ~ 20mm	t	0.5	
33	千斤顶	8t	个	2	
34	线夹	70 ~ 120 型	个	10	
35	元宝螺栓		个	若干	
36	对讲机		个	若干	
37	口哨		只	若干	
38	帆布手套		双	若干	
39	线手套		双	若干	
40	地毯		m^2	若干	成品保护
41	安全警示带		m	若干	
42	硬质围栏		m	若干	

以上起重机、吊装用钢丝绳应通过计算选取，具体选取原则及计算过程见本书 2.3.2 节内容。

6.1.3 构架组装

（1）现场组装要求。严格按照构架安装图及施工工艺的要求进行组装，组装前应仔细检查构件编号及基础编号，确保构架位置准确、方向一致。

杆件的支垫处应平整坚实，每段杆应根据构件长度和重量设置支点。

连接螺栓的安装方向应统一为：自下而上、由内向外穿入；螺栓不宜过长或过短，以拧紧后露出 2 ~ 3 丝扣为宜，如用双螺母时允许丝杆与螺母平。

紧固法兰连接螺栓时，应对角均匀紧固，螺栓的扭紧力矩不得低于设计要求。

螺栓联结件之间原则上不使用垫片，法兰连接面严禁使用垫片，严禁以大螺母代垫圈。

螺杆与法兰面及构件面应垂直，螺栓平面与法兰及附件间不应有空隙。

任何安装孔不得使用气割扩孔。

（2）构架排杆。根据总平面布置图，合理安排构架排杆位置及方向。

排杆位置的选择应靠近基础，既不影响吊装机械的行驶又要使吊装机械有最佳回转半径，确保吊装机械的有限工作半径。

排列的构架应互相不影响吊装。

抬杆和排杆时应注意对锌层的保护，吊装部位应用柔性垫进行保护，所垫的枕木上应铺有木板。

排杆时，杆下的支点应合理，为防止构件产生弯曲，每隔 2.5 ~ 4m 应有一个支点。

构件支点处垫的枕木，一般应使钢杆离地约 30cm 左右，给拼装工序操作创造必要的条件，管段应垫衬坚实，防止滚动。

构件排杆地面应选择硬结土层，对于土质较松软的土地面，应考虑不同支点的防沉降措施。

杆件的挠度采用拉线测量，已排直的杆若当天不能及时拼装，第二天拼装时需重新复测其直线度。

（3）钢梁组装。在初装时，用靠模将梁端安装孔进行固定，梁紧固后再拆除靠模，每架梁组装完毕，均要检查梁的起拱值、梁长、与柱安装的螺孔距。

横梁的组装从中间依次向两端组装的方式进行。

钢梁构件摆放采用枕木支垫，枕木上放置沙袋以保护构件镀锌层。每根钢管构件采用两点支垫，在距离各端头 0.207L 位置摆放枕木。

仔细核对钢梁构件的参数（长度、直径、壁厚、节点）后选择构件，确保严格按图组装，并核对钢梁起拱尺寸应符合设计要求。

根据设计图纸要求和现场吊装情况，合理布置构架梁的拼装位置，特别是要考虑到构架吊装过程中起重机的行驶和停车吊装位置方便。

安装时应仔细检查钢梁与钢结点联接的螺孔尺寸，如有差错，严禁用气割扩孔，孔径、孔距偏差在规定范围内时，一般可用铰刀或锉刀扩孔，如错孔超过规定范围时返厂重新加工处理。

钢梁不得有扭转、弯曲等现象，否则应校准后再组装。

梁拼装完成后还要安装相应的走道等附件，钢横梁组装采用起重机配合。

（4）构架组装。构架柱组装先从柱顶开始，单件吊装采用起重机，然后依次按从顶部到底部进行组装，有横撑的位置应先安装横撑后再进行下部的杆件组装。为保证组装精度，组装

图 6-14　钢构架组装

后要进行测量调整。

1）钢构架组装（如图 6–14）。组装前，应检查法兰盘的平整度并处理法兰接触面上的锌瘤或其他影响法兰接触的附着物。

法兰应垂直于钢管中心线，上下法兰盘接触面应相互平行。

螺栓穿向应一致，水平面由里向外、垂直面由下向上穿。

螺栓拧紧后，外露螺纹以露出 2 ~ 3 丝扣为宜。

螺栓使用前应检查螺栓型号，拧紧螺栓时，要按对称或十字交叉进行组装，每个螺栓不能一次拧紧到底，应分 2 ~ 3 次拧紧。

组装前，应将构件垫平、排直，每段钢柱应保证不少于两个支点垫实，且每组钢柱组装的支点应在同一直线上。

构柱拼装完成后进行爬梯的安装，爬梯的方向和高度符合设计图纸要求。

钢管构架柱组装时连接牢固，无松动现象，使用高强螺栓时，螺栓紧固力矩应符合设计要求，力矩扳手使用前应进行校验。螺栓紧固分两次进行，第一次进行初拧（紧固力矩为额定紧固力矩的一半），最后进行终拧（额定紧固力矩）。

2）钢筋混凝土电杆组装、焊接。搁置电杆的枕木应排放在平整、坚实的地方，以便排杆和焊接，避免杆段的接头处在基础上方。

在枕木上的电杆用薄板垫平、排直，然后用小木楔两边临时固定。

钢圈对口找正，遇到钢圈间隙大小不一时应转动杆段；不得用大锤敲击电杆的钢圈，如还不能抿缝时可用气割处理，但应打出坡口，否则焊接质量难以保证，严禁填充焊接。

杆段全部校正后，应及时进行点焊固定，可沿周长三等分进行点焊，其位置应避开钢圈接缝，电焊的焊缝长度约为钢圈壁厚的 2 ~ 3 倍，高度不宜超过设计高度的 2/3；所用焊条牌号应与正式焊接用的牌号相同，施工中使用的电焊条应符合设计要求，严禁使用药皮脱落或焊芯生锈的焊条。

电杆现场焊接工艺要求：

①混凝土电杆的钢圈间对接均采用手工电弧焊焊接连接。

②焊接必须经过电杆焊接培训并考试合格的焊工操作，焊完后的焊口应及时清理，自检合格后应在离焊缝 40 ~ 50mm 的部位打上焊工的钢印代号，为便于检查，原则上同一根杆柱，由同一焊工施焊。

③焊前应清除焊口及附近的铁锈及污物。

④施焊前应做好准备工作，焊接设备必须完好，一个焊口应连续焊成，焊缝应呈平滑的细鳞形，为防止由于焊缝应力引起杆身弯曲，应采用对称焊。

⑤构架电杆钢圈厚度大于 6mm，采用 V 型坡口多层焊，多层焊缝的接头应错开，收口时应将熔池填满。

⑥焊缝应有一定的加强面（如图 6–15），其高度 c 及遮盖宽度 e 应符合表 6–4 的要求。

水泥杆钢圈焊接、构件镀锌破坏处及其他非镀锌的外露铁件均应按设计图纸要求进行防腐处理，如图 6–16 所示。

为了保证焊缝质量，不应在雨天或雪天进行焊接。

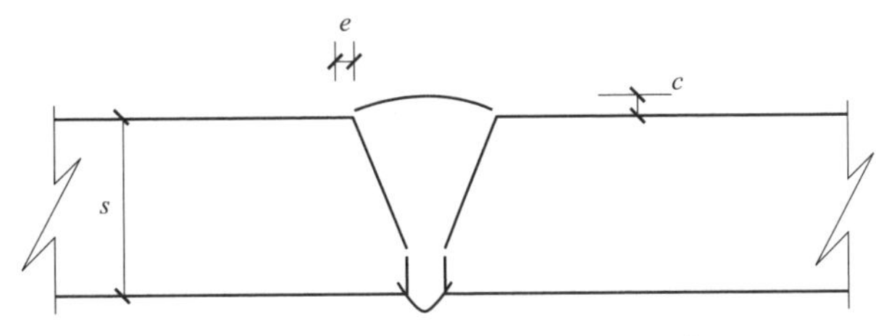

图 6-15 对接焊缝焊接面加强尺寸

表 6-4 焊缝加强面的要求

项目	钢圈厚度 s（mm）	
	＜10	10 ~ 20
高度 c	1.5 ~ 2.5	2.0 ~ 3.0
宽度 e	1.0 ~ 2.0	2.0 ~ 3.0

带接地引下线的杆柱，吊装前应敷装接地扁铁，接地扁铁采用通长镀锌扁铁，以挺身弯与两端钢圈焊接，全长呈直线，其朝向应符合电气要求，接地色漆完整，所有爬梯、人字杆的钢横撑、栏杆均应与接地连接。6m 以上的长杆的接地引下线应采用 25mm × 4mm 扁铁抱箍固定，消除风振噪声。

图 6-16 钢圈焊接外露铁件防锈处理

（5）地面验收。地面组装全部完毕后，应组织相关人员进行验收，验收主要检查：螺栓穿向及紧固，柱垂直度、钢柱的根开、柱长、柱的弯曲矢高及法兰顶紧面，钢梁起拱值、组装后的总长、支座处安装孔孔距、挂线板中心偏差等。

钢横梁：长度偏差：≤ ±10mm；安装螺孔中心距偏差：±3mm；钢梁组装后挂线板中心偏差：≤ 8mm；钢梁的弯曲矢高：≤ L/1000mm，L 为钢梁长度。

混凝土电杆：长度偏差 ±15mm，弯曲度 <3/2000 杆长，且不大于 25mm，结构根开 ±15mm，杆顶、钢帽平整度不大于 5mm。焊缝高度、长度符合规范，焊缝均匀，无咬边、夹渣、气孔等现象。混凝土构架接地应垂直、美观、朝向一致，扁钢应按照构架柱分段长度截取，扁钢两端接头设置在构架柱钢圈位置。

（6）喷涂油漆。钢构架组装验收合格后，应进行防护油漆喷涂作业。底部无法喷涂处应在构架吊装时，吊机将构架调离地面 1m 左右高度，进行油漆喷涂，确保与构件色泽一致。

6.1.4 构架吊装

（1）柱绑扎。构架组装完成后，在人字柱顶部下方约 1m 处绑扎四根（单侧钢管上各两根）长度约 45m 的钢丝缆风绳，用以人字柱单榀吊装完毕后以作临时固定。

在吊装前，先在构架柱上面绑扎 2 根长约 20m 的白棕方向绳，用以控制吊装时人字柱的方向。所用缆风绳、吊装钢丝绳在与钢构架接触处均应用保护垫保护锌层避免受磨损。

柱吊点的绑扎：采用垂直斜形吊装绑扎法，两点绑法（人字柱各边绑一点），绑扎位置位于人字杆分叉处，绑扎时应根据计算选择吊绳和卸扣，并采用双圈或以上穿套结索法。如图 6-17 所示。

构架柱及钢梁起吊点的绑扎按计算确定好的吊点绑扎牢固，绑扎点用软垫物包裹，对杆件进行有效的成品保护。避免划伤构件镀锌层，防止构件打滑。A 型柱底部约 1.5m 处采取措施加撑固定，以便更好地控制根开距离和便于安装。

（2）柱起吊。起吊前，先进行试吊工作，即将吊物吊离地面 200mm，以检查起重机性能、吊点位置等是否符合吊装要求。试吊工作结束后，并满足吊装要求，方可进行吊装作业。

构架起吊时，应慢速起吊，待吊绳绷紧后暂停上升，及时检查钢丝绳绑扎的可靠情况，防止脱扣、缠绕。

构架吊装采用旋吊法，即构架根部着地，起吊时起重机起钩（有时还需要在起钩的同时旋转起重臂），将构架吊起，如图 6-18、图 6-19 所示。

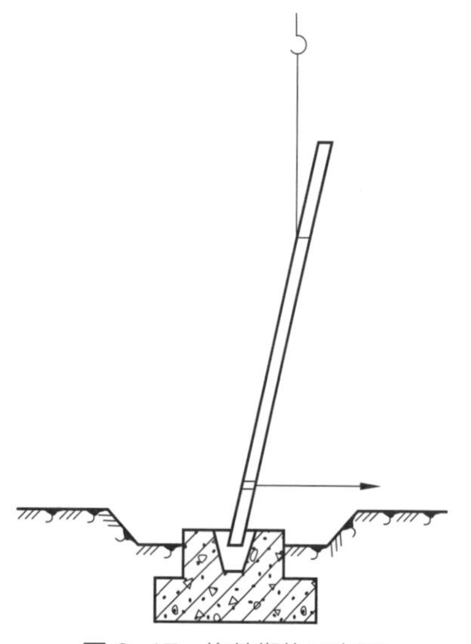

图 6-17　构件绑扎示意图

图 6-18　钢构架吊装图

图 6-19　混凝土构架吊装图

（3）柱落位。构架吊起后，根部离地 500mm 左右，平移至基础杯口上部。由人工对准杯口中心线位置后缓缓下放，直至构架落位；同时用经纬仪控制柱垂直度和中心偏移，当柱脚接近杯底时，应从柱四周向杯口放入 4 ~ 5 个木楔，同时收紧四周的缆风绳，确认缆风绳全部固定并使立柱基本垂直后，才能松大钩。当 A 形杆立起后必须设置拉线，拉线紧固前应将 A 形架构基本找正，拉线与地面的夹角不大于 45° 。

（4）柱临时固定。构架落位后，正面和侧面用两台全站仪，在互相垂直的两轴线校正垂直度。校正后，打紧木楔，并固定缆风绳。木楔打紧时应两侧同时进行。待构架临时固定后，方可摘除吊钩，并及时做好构架临时接地。

设备区构架接地端子高度、方向一致，接地端子顶标高不小于500mm（场平 ±0mm），且接地端子底部与保护帽顶部距离不小于200mm。接地引下线沿构架正面引出，接地引下线引出方位与架构接地孔位置对应，并应露出保护帽。接地螺栓规格：接地排宽度25～40mm，不小于M12或2×M10，接地排宽度50～60mm，不小于2×M12，接地排宽度60mm以上，不小于2×M16或4×M10。

（5）钢梁的吊装。待构架吊装完成两榀后，应立即展开钢梁吊装，吊装采用单榀吊装，吊点采用二点绑扎，绑扎点用软材料垫至其中以防钢构件受损。钢梁吊装图如图6-20所示。

钢梁吊装容易发生摇摆，因此起吊前在其两端支座的节点附近绑扎晃绳（白棕绳），晃绳随吊随放，辅佐起重机使钢梁平稳就位。

吊梁时，必须将梁两端与构架杆连接螺栓用铁丝和小袋挂在梁两端，以便安装。

起吊时同样先进行试吊，将钢梁吊离地面100mm左右时停吊，检查索具牢固和起重机稳定性，确认安全后方可继续缓慢起吊。施工人员使钢梁扶平稳后徐徐升钩，将钢梁吊至安装位置以上500mm左右，再用晃绳旋转钢梁使其对准安装位置，以使落钩就位，落钩时将缓慢进行，并在钢梁刚接触安装位置时刹车对准预留螺栓孔，并将螺栓穿入孔内，拧紧螺栓。

图6-20 钢梁吊装图

高空人员应在吊装指挥员的指令下，先对一侧钢梁进行连接，再进行另一侧钢梁与柱连接，所有螺栓拧紧后，起重机方可松钩拆除吊具。

第一榀钢梁吊装完成后，即可拆除每榀构架的钢梁侧缆风绳。

（6）构架的调整和校正（钢构架调整校正和钢构架分别如图6-21和图6-22所示）。观测校正由班组测工负责，平面校正应根据基础杯口安装限位线进行根部的校正，立体校正用两台经纬仪同时在相互垂直的两个面上检测，单杆进行双向校正，人字柱以平面内和平面外进行。校正时从中间轴线向两边校正，每次经纬仪的放置位置应做好记号，否则在

图6-21 钢构架调整校正

图6-22 钢构架

测 A 字柱会造成误差，校正最好在早晚进行，避免日照影响；柱脚用千斤顶或起道机进行调整，上部用缆风绳纠偏。

正向及侧向的轴线及垂直度，其标准如下：杆中心线与基础中心线偏差不大于 5mm；柱顶标高与设计标高偏差不大于 10mm；杆垂直偏差不大于 15mm。

构架柱校正合格后，采用地脚螺栓连接方式时，进行地脚螺栓的紧固，螺栓的穿向垂直由下向上，横向同类构件一致，紧固螺栓后，应将外露丝扣冲毛或涂油漆，以防螺栓松脱和锈蚀。

（7）杯口基础二次浇灌。采用插入式连接方式，应清除杯口内的泥土或积水，及时进行二次浇筑，浇筑时用振捣棒振实，不得撞击木楔，并及时留置试块。在作业工作的当天必须使安装的结构构件及时形成稳定的空间体系。基础杯口内灌浆工作应在当天构架吊装完成后，并经校正合格立即进行。灌浆前应将杯口空隙内的木屑等垃圾清除干净，并用水湿润构架和杯口壁。

灌浆工作一般分两次进行。第一次至楔子底面，待混凝土强度达到设计强度的 25% 后，拔出楔子，全部灌满。捣混凝土时，不要碰动楔子。

如果振捣细石混凝土时发现碰动了楔子，可能影响构架的垂直，必须及时对构架的垂直度进行复查与调整。

（8）缆风绳的拆除。二次浇筑混凝土强度达到 75% 时，构架已形成稳定结构，方可拆除缆风绳。

采用地脚螺栓的构架上所有紧固件复紧后方可拆除缆风绳。

6.1.5　施工安全措施

（1）人员安全保证措施。严格执行起重吊装安全操作规程，设备操作规程和其他安全作业规程，认真检查落实各项技术交底内容的准备与实施情况。

安装全过程中，专职安全员必须全程进行安全监护。工作负责人、技术负责人、安全负责人在工作期间必须坚守岗位，不得擅离职守。

施工前，组织施工所有管理及施工人员进行安全工作规程、规定、制度、安全控制措施等的培训学习与考试。合格者方可进入施工现场。特殊作业工种必须持证上岗，特殊作业包括起重、测量、高空作业、专职质检员、专职安全员等。其他人员须持普通上岗证上岗。高处作业人员必须进行体格检查，不合格者不得进行高处作业。

吊装前，对可能造成的环境因素进行识别，必须按安全规定、规程制订安全技术措施，重大、特殊项目必须制订安全技术措施，并按权限报批。并在吊装前进行全员安全技术交底，未经交底，严禁施工。施工人员必须具体分工，明确职责，遵守劳动纪律，服从指挥。

吊装人员必须正确佩戴安全帽、穿好工作服，工作前不得饮酒；参加高空作业的人员须经医生检查，合格者才能进行高空作业。上高空作业时，必须穿软底鞋，严禁穿拖鞋、硬底鞋及塑料鞋等。

严禁作业人员攀爬构件上下和无保护措施的情况下人员在钢构件上作业、行走。

所有高空作业人员必须配备安全带和保护绳，攀爬使用双钩，高处作业使用“速差保护器”，并高挂低用。全体作业人员必须戴好安全帽等安全防护用具。

高处操作人员使用的工具、零配件等，应放在随身佩带的工具袋内，不可随意向下丢掷，防止高空坠物。

在高处使用撬扛时，人要立稳，如附近有安装好的构件，应一手扶住，一手操作。撬杠插进深度要适宜，如果撬杠距离较大，则应逐步撬动，不宜急于求成。在钢梁吊装过程中，高空作业人解吊点绳时，严禁在梁上直立行走。

构件起吊必须由专人统一指挥，并按规定口令行动和作业。在起吊过程中，应有统一的指挥信号，参加施工的全体人员必须熟悉此信号，以便各操作岗位协调动作。吊装的指挥人员作业时应与起重机驾驶员密切配合，执行规定的指挥信号。驾驶员应听从指挥，当信号不清或错误时，驾驶员可拒绝执行。

设置吊装禁区，非施工人员未经许可严禁进入安装现场。在构架起吊和钢梁安装时，严禁非吊装人员进入非安全距离范围内。

雨天进行高处作业时，必须采取可靠的防滑措施。作业处和构件上有水应及时清除。对进行高处作业的构筑物，应事先设置避雷设施。雷雨天气严禁吊装作业和高空作业。

地面操作人员，应尽量避免在高空作业面的正下方停留或通过，也不得在起重机的起重臂或正在吊装的构件下停留或通过。

（2）机械设备安全保证措施。

起重机安装作业时，其工作半径、起重量、起重高度应控制在安全范围以内。配重必须符合起重机起重量的要求。

起重机的行驶道路及停机点必须平坦坚实，地下松软土层要进行处理。机械设备行进路线上的沟道、坑洞要填平，做到场地平整，道路通畅。

起重机停放位置必须平整，吊距、角度正确，严禁超载吊装。对起重机每次支腿支撑的地点要在事前做统一的规划，避免随意性。

起重机的安全装置除应按规定装设力矩限制器、超高限位器等安全装置外，还应装设偏斜调整和显示装置。

严格执行起重吊装安全操作规程，设备操作规程和其他安全作业规程，认真检查落实各项技术交底内容的准备与实施情况。

机械设备由专人维修和保养，并定期进行性能和安全检查。除此外，起重机的各项证照备档，还应每年定期进行运转试验，包括额定荷载、超载试验，检验其机械性能、结构变形及负荷能力，达不到规定时，应减载使用。

作业中严禁搬动支撑操纵阀。应尽量避免超载吊装。在操作时应缓慢进行。

起重机起吊作业时，汽车驾驶室内不得有人，重物不得超越驾驶室上方，且不得在车的前方起吊。

对施工专用机械设备、工器具等必须进行安全负荷试验，保证其使用安全合理。所配工器具的型号、规格应有足够的安全余度，严禁以小带大使用，每班工作前应仔细进行吊索、卸扣、滑车等外观检查是否确保完好无损。

（3）安全技术管理。在施工前应根据《国家电网公司输变电工程施工安全风险识别、评估及预控措施管理办法》（国网〔基建/3〕176—2019）的要求，针对施工过程中的危险源和危险点进行辨识，并制订相应的预控措施。施工前应进行安全技术交底。

1）构架安装施工技术保证措施。

①高空作业防坠落措施。构架安装过程中，小型材料、小型工器具等应放在专用工具袋内，如螺栓卸扣、扳手等。

所有可能进行高空作业的施工人员每年至少进行一次体检，以确保登高作业人员不患有高血压、心脏病等不适合高空作业的疾病，未经过体检或体检不合格的人员一律不得进入高空施工。

所有施工人员在构架安装过程中严禁饮酒。

②吊索吊具等安全技术措施。吊带：不得使用已损坏的吊带；在吊装时，不要扭、绞吊带；使用时不得让吊带打结；避免撕开缝纫联合部位或超负荷工作；当移动吊带时，不要拖拉吊带；避免震荡造成吊带的负载；每根吊带在使用前必须要认真检查。

吊钩：吊钩必须要有保险装置，严禁使用焊接钩、钢筋钩，当吊钩挂绳断面处磨损超过原截面积的10%时应报废。吊钩表面应光滑，不得有剥裂，刻痕，锐角，裂缝等缺陷存在，并不准对磨损或有裂缝的吊钩进行补焊修理，应在吊装前检查。吊钩在钩挂吊索时要将吊索挂至钩底；直接钩在构件吊环中时，不能使吊钩硬别或歪扭，以免吊钩产生变形或使吊索脱钩。吊索拉力不应超过其允许拉力，并在吊装前检查。吊索拉力取决于所吊构件的重量及吊索的水平夹角，水平夹角应不小于30°，一般用45°～60°。拉线与地面的水平夹角应取30°～45°。

③吊索吊具其他安全管理措施。吊索吊具等检验：吊带、钢丝绳、吊钩、滑轮、安全装置及起重工器具应定期按有关标准进行检验、检查和保养。起重工器具严禁以小代大。

钢丝绳：钢丝绳锈蚀、缺油、磨损断丝超标不得使用。钢丝绳在棱角处必须采取可靠的保护措施，防止打结和扭曲。与钢构件接触处应设置软垫物。钢丝绳使用前应进行全面检查，合格后方可使用。达到报废标准的不得使用。钢丝绳应保持良好的润滑状态（每年浸润一次）。如果钢丝绳绳股间有大量的油挤出，表明钢丝绳的荷载已相当大，这必须勤加检查，以防发生事故。钢丝绳线夹应把夹座扣在钢丝绳的工作段上，U型螺栓扣在钢丝绳的尾段上，钢丝绳夹不得在钢丝绳上交替布置。钢丝绳严禁与任何带电体接触。钢丝绳与地面夹角以45°～60°为宜。并对拉线进行警示。

安全带：安全带腰带、保险带、绳应有足够的机械强度，材质应有耐磨性，卡环（钩）应具有保险装置。保险带、绳使用长度在3m以上的应加缓冲器。安全带应系在牢固的物体上，禁止系挂在移动或不牢固的物件上。

2）起重机设备防倾覆措施。通过计算，核定该起重机工作状态的稳定性。明确起重机最大起重量、最大起重高度、最大回转半径、仰角安全范围等各项性能参数，确保在吊装过程中，起重机始终处于一个安全稳定的工作状态。

起重机起吊后，吊离地面100mm时应停止，经检查确认一切正常后方能继续起吊。起吊过程中，应平稳提升和降落，尽量减少运动对起重机稳定性的影响。特别是起重机回转时，应平稳操作。

吊装前，起重机行进路线上，行进路路基应夯结实，确保起重机在吊装过程中路基不塌陷。吊装时，在起重机停机位可以垫厚钢板，确保起重机的稳定性。

吊件不得长时间悬空停留，短时间停留时，操作人员、指挥人员不得离开现场。工作结束后，起重机的各部分应恢复原状。

起重机司机、指挥要持证上岗，非本机型司机不得操作。临近带电体作业起重机本体必须设保护接地设施。

（4）环保措施。现场机械、机动车辆应运行良好，经常检修，必须设置减少噪音的装置。

维修机械所产生的废油，必须集中收集，交给回收站回收。

焊条头，应以方便施工为宜，以免资源浪费，且应集中回收给回收站。

随时检查乙炔瓶，以防泄漏，产生大气污染。

油漆余料，应集中回收，交给回收站，油漆作业时，应远离火种，施工人员应戴防护口罩。

在涂刷封闭漆过程中，工人应戴面罩，用完的油漆桶应设专人回收。

现场所有的杆件包装物，在构架起吊前拆除，拆除后的包装物应分类回收。

6.1.6 验收标准

钢构架安装质量标准（见表 6–5）和检验方法详见《变电（换流）站土建工程施工质量验收规范》（Q/GDW 1183—2012）。现场实物主要抽查：外观检查、螺栓紧固、构架柱轴线偏差、钢柱垂直度偏差、钢柱弯曲矢高偏差等。

表 6–5 钢构架安装质量标准

<table>
<tr><th colspan="2">检验项目</th><th>质量标准</th><th>检验方法和工器具</th></tr>
<tr><td colspan="2">构支架质量</td><td>必须符合设计要求和有关现行规范规定，无因存放和运输造成的变形</td><td>检查出厂证件和移交记录，观察和尺量检查</td></tr>
<tr><td colspan="2">焊接质量</td><td>必须符合设计要求和有关现行规范规定</td><td>检查出厂证件或试验报告</td></tr>
<tr><td colspan="2">接地装置</td><td>必须符合设计要求和有关现行规范规定</td><td>观察检查</td></tr>
<tr><td colspan="2">螺栓连接</td><td>螺栓型号、规格、安装、紧固必须符合设计要求和有关规范规定</td><td>观察检查、扳手试拧检查</td></tr>
<tr><td colspan="2">构架外观</td><td>表面洁净，无焊疤、油污、老锈、凹凸、失圆等，涂装层色泽均匀</td><td>观察检查</td></tr>
<tr><td colspan="2">钢梁安装</td><td>安装后平直略有上拱，无弯曲变形</td><td>观察检查</td></tr>
<tr><td rowspan="5">钢梁</td><td>断面尺寸偏差</td><td>± 10mm</td><td>钢尺测量检查</td></tr>
<tr><td>安装螺栓孔中心距偏差</td><td>± 3mm</td><td>钢尺测量检查</td></tr>
<tr><td>侧向弯曲矢高</td><td>L/1000mm</td><td>钢尺测量检查</td></tr>
<tr><td>预拱值</td><td>L/350 ~ L/450（按设计要求）</td><td></td></tr>
<tr><td>结构变形挠度</td><td>≤ 1/400 L</td><td></td></tr>
<tr><td rowspan="2">钢管构架柱</td><td>中心线对定位轴线偏移</td><td>± 5 mm</td><td>经纬仪和尺量检查</td></tr>
<tr><td>根开偏差</td><td>± 5mm</td><td>尺量检查</td></tr>
</table>

续表

检验项目		质量标准	检验方法和工器具
钢管构架柱	顶面标高偏差	± 10mm	
	垂直度偏差	≤ H/1000，且不大于 15mm	经纬仪检查
	钢柱弯曲矢高偏差	≤ H/1200，且不大于 15 mm	
混凝土杆柱	中心线对定位轴线偏移	≤ 10mm	经纬仪和尺量检查
	根开偏差	± 5mm 或 ± 15mm（格构式架构）	尺量检查
	顶面标高偏差	柱顶标高不大于 10m 时，≤ ± 10mm	
		柱顶标高大于 10m 时，≤ ± 15mm	
	垂直度偏差	≤ 3H/2000，但不大于 25mm	经纬仪检查
格构式架构柱	中心线对定位轴线偏移	≤ 10mm	经纬仪和尺量检查
	根开偏差	≤ 15mm	尺量检查
	柱弯曲矢高偏差	≤ H/1000 且不大于 20mm	经纬仪检查
	垂直度偏差	≤ H/1000 且不大于 25mm	经纬仪检查

（1）钢构件无因运输、堆放和吊装等造成变形及涂层脱落。钢管构架柱法兰顶紧接触面不小于 75% 紧贴，且边缘最大间隙不大于 0.8mm。

（2）钢结构连接用高强度大六角头螺栓连接副、扭剪切高强度螺栓连接副、钢网架用高强度螺栓、普通螺栓、铆钉、自攻钉、拉铆钉、射钉、锚栓（机械型和化学试剂型）、地脚锚栓等紧固标准件及螺母、垫圈等标准配件，其品种、规格、性能等应符合现行国家产品标准和设计要求。高强度大六角头螺栓连接副和扭剪型高强度螺栓连接副出厂时应分别随箱带有扭矩系数和紧固轴力（预拉力）的检验报告。

（3）高强度螺栓连接摩擦面的抗滑移系数试验和复验，现场处理的构件摩擦面应单独进行摩擦面抗滑移系数试验，其结果应符合设计要求。

（4）钢结构焊接抽样检验应按下列规定进行结果判定：

①抽样检验的焊缝数不合格率小于 2% 时，该批验收合格；

②抽样检验的焊缝数不合格率大于 5% 时，该批验收不合格；

③除本条第 5 款情况外抽样检验的焊缝数不合格率为 2% ~ 5% 时，应加倍抽检，且必须在原不合格部位两侧的焊缝延长线各增加一处，在所有抽检焊缝中不合格率不大于 3% 时，该批验收合格，大于 3% 时，该批验收不合格；

④批量验收不合格时，应对该批余下的全部焊缝进行检验；

⑤检验发现 1 处裂纹缺陷时，应加倍抽查，在加倍抽检焊缝中未在检查出裂纹缺陷时，该批验收合格；检验发现多于 1 处裂纹缺陷或加倍抽查又发现裂纹缺陷时，该验收不合格，应对该批余下焊缝的全数进行检查。

6.2　装配式混凝土围墙

变电站装配式混凝土围墙结构按基础形式不同可分为条形基础和独立基础两种类型。在湖北省，新建变电站一般采用条形基础装配式围墙，本节主要以条形基础装配式围墙为例进行阐述。

6.2.1　施工流程图

装配式混凝土围墙施工流程图如图 6–23 所示。

装配式混凝土围墙施工主要分为抗风柱安装、墙板安装、压顶安装以及修饰四部分。

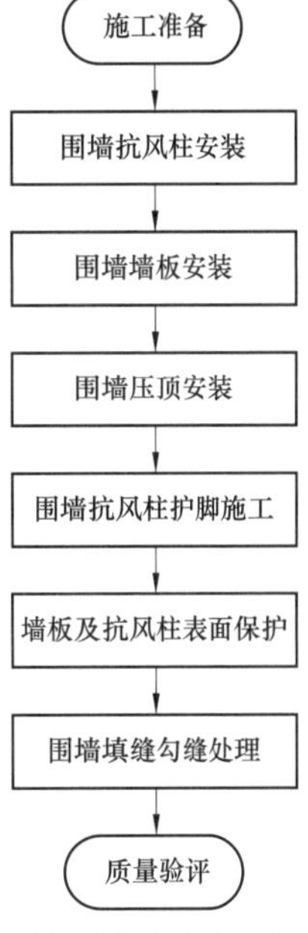

图 6–23　装配式混凝土围墙施工流程图

6.2.2　施工准备

（1）施工技术准备。

1）施工图纸审查。开工前，必须进行设计交底及施工图纸会检，相关设计问题均有明确的处理意见并形成书面的施工图纸会检纪要。

2）技术交底。开工前，进行项目部级交底；由项目经理主持，项目总工组织，并对施工人员进行技术、质量、安全交底，并做好书面交底记录。吊装前进行班组级交底；由项目总工主持，班组长组织，技术员对班组人员进行全员交底，并做好书面交底记录。

技术交底的范围包括：施工图交底、项目管理实施规划交底、设计变更交底、单位工程 / 分部工程 / 分项工程施工工艺交底。

技术交底的内容包括：施工方法、质量要求和验收标准，施工过程中需要注意的问题，可能出现意外的措施和应急方案。

技术交底内容应充实，具有针对性、指导性和可操作性。全体施工人员应参加交底会，掌握交底内容，明确质量标准、安全风险、熟知工艺流程并全员签字后形成书面交底记录。

（2）施工人员准备。装配式围墙安装过程中，施工人员配置如表 6–6 所示。

表 6–6　　装配式混凝土围墙安装施工人员配置表

序号	岗位	数量	职责划分
1	现场负责人	1	全面负责整个项目的实施
2	技术负责人	1	负责施工方案的策划，负责技术交底，负责施工期间各种技术问题的处理
3	测量员	1	负责施工期间的测量
4	质检员	1	负责施工期间质量检查及验收，包括各种质量记录
5	安全员	1	负责施工期间的安全管理
6	施工员	1	负责施工期间的施工管理
7	机械操作工	1	负责施工期间小型机械设备的操作、维护、保养管理
8	泥工	2	

续表

序号	岗位	数量	职责划分
9	焊工	2	负责抗风柱的安装固定
10	起重工	1	负责吊装期间的指挥
11	普通用工	4	配合安装，其中打胶人员需熟练工

在以上人员中，测量员、质检员、安全员、机械操作工、电焊工、起重工等须持证上岗。

（3）施工场地准备。

1）基础准备。对基础上的浮尘和杂物进行清扫，对基础预埋钢板上的浮尘杂物及锈斑进行清扫。对焊接固定方式的预埋钢板和混凝土固定的杯口基础进行复核。埋件与混凝土结合部留置 2 ~ 4mm 宽的变形缝，深度与埋件厚度一致。中心偏差不大于 1mm，全长不大于 5mm；与混凝土表面的平整偏差不大于 3mm。对不符合要求的进行整改，整改后方可施工。现浇混凝土结构外观及尺寸偏差质量标准和检验方法见表 6–7，预埋钢板制作质量标准和检验方法见表 6–8。

表 6–7　　现浇混凝土结构外观及尺寸偏差质量标准和检验方法

检查项目			质量标准	单位	检验方法及器具
外观质量			不应有严重缺陷。对已经出现的严重缺陷，应由施工单位提出技术处理方案，并经监理（建设）、设计单位认可后进行处理，对经处理的部位，应重新检查验收		观察，检查技术处理方案
尺寸偏差			不应有影响结构性能和使用功能的尺寸偏差。混凝土设备基础不应有影响结构性能和设备安装的尺寸偏差；对超过尺寸允许偏差且影响结构性能和安装、使用功能的部位，应由施工单位提出技术处理方案，并经监理（建设）、设计单位认可后进行处理。对经处理的部位，应重新检查验收		观察，检查技术处理方案
外观质量			不宜有一般缺陷。对已经出现的一般缺陷，应由施工单位按技术处理方案进行处理，并重新检查验收。防水混凝土不得有露筋、蜂窝等缺陷		观察，检查技术处理方案
轴线位移	墙、柱、梁		≤ 8	mm	钢尺检查
垂直度	层高	≤ 5m	≤ 8	mm	经纬仪或吊线、钢尺检查
标高偏差	杯形基础杯底		0 ~ −10	mm	水准仪或拉线、钢尺检查
	其他基础顶面		± 10		
	层高		± 10		
截面尺寸偏差			+8 ~ −5	mm	钢尺检查
表面平整度			≤ 8	mm	2m 靠尺和楔形塞尺检查
预留洞中心位移			≤ 15	mm	钢尺检查
预留孔	中心位移		≤ 5	mm	钢尺检查
	截面尺寸偏差		+10 ~ −5	mm	钢尺检查
防水混凝土表面裂缝宽度			不大于 0.2mm，并不得贯通		用刻度放大镜检查

表 6-8　　预埋钢板制作质量标准和检验方法

检查项目		质量标准	单位	检验方法及器具
焊工技能		从事钢筋焊接施工的焊工必须持有焊工考试合格证，并应按照合格证规定的范围上岗操作		检查合格证
钢材品种和质量		预埋件钢板应有质量证明书，其质量应符合 设计要求和现行有关标准的规定		检查出厂证件和试验 报告
焊条、焊剂的品种、性能 牌号		应有质量证明书，其质量应符合设计要求和 现行有关标准的规定		检查出厂证件和试验 报告
钢筋级别		符合设计要求和现行有关标准规定		观察检查
焊前工艺试验		工程焊接开工前，参与该项工程施焊的焊工 必须进行现场条件下的焊接工艺试验，应经试 验合格，方准于焊接生产		检查试件试验报告
钢筋焊接接头的力学性能检验		符合 JGJ 18 的规定		检查焊接试验报告
预埋件的型号		符合设计要求和现行有关标准规定		观察和钢尺检查
焊条电弧焊	采用 HPB300 钢筋时	角焊缝焊脚高度不得小于钢筋直径的 50%	mm	观察和焊接工具尺检查
	采用 HPB300 以外钢筋时	角焊缝焊脚高度不得小于钢筋直径的 60%	mm	
埋弧压力焊或埋弧螺柱焊	钢筋直径不大于 18mm 时	焊包高度不小于 3	mm	观察和焊接工具尺检 查
	钢筋直径不小于 20mm 时	焊包高度不小于 4	mm	
钢板外观质量		表面应无焊痕、明显凹陷和损伤		观察检查
钢板平整偏差		≤ 3 或（2）	mm	直尺和楔形塞尺检查
型钢埋件挠曲		不大于 1/1000 型钢埋件长度，且不大于 5mm		拉线和钢尺检查
预埋件尺寸偏差		+10 ~ −5	mm	钢尺检查
中心位移		≤ 3	mm	经纬仪检查
预埋件标高偏差		± 2	mm	水准仪检查

注　表 6-7 及表 6-8 引自《变电（换流）站土建工程施工质量验收规范》（Q/GDW 1183-2012）。

围墙基础验收如图 6-24 所示。

2）吊装场地准备。吊装场地已平整，无堆土。各种构件进场前应对施工场地平整夯实，清理场地障碍物。运输道路必须平整坚实，行进道路的宽度和转弯半径应满足要求。

完成起重机行走路线，确定吊装顺序及起重机支腿悬撑位置。在起重机行驶路线上，不得摆放构件，并清理路面以保证行驶路线的畅通。起重机路线的路基要全面检查，如发现有地基不够牢固的应进行适当处理。吊装前应适当储备一些地基处理材料（如钢板或枕木等），以防起重机在行驶或吊装过程中地脚下陷时临时急用。

根据站内测量控制网和控制点确定观测仪器架设位置，以便施工过程中进行测量观测。

（4）材料准备。

1）构件进场、堆放。人工配合起重机，每次起吊单一构件，起吊时注意吊装绳必须放置到构件的木质保护板上；吊装绳不得直接接触构件；起吊后轻轻放置到指定位置，如需堆放请做好隔离保护措施，抗风柱堆放不超过 3 层、墙板不超过 2 层、压顶不超过 1 层，如图 6–25 所示。

2）构件进场验收

①抗风柱、墙板、压顶进场验收：对进场的抗风柱逐根检查，检查项目包括：材料、外形尺寸、卡槽尺寸、颜色、表面损伤检查等。材料宜采用普通硅酸盐水泥，质量要求符合《通用硅酸盐水泥》（GB 175—2007/XG3—2018）的规定。粗骨料采用碎石或卵石，细骨料应采用中砂，其他质量要求符合现行《普通混凝土用砂、石质量及检验方法标准》（JGJ 52—2006）。宜采用饮用水拌和，当采用其他水源时水质应达到现行《混凝土用水标准》（JGJ 63—2006）的规定。装配式板墙采用清水混凝土施工工艺，工业化制作。现浇钢筋混凝土抗风柱：采用清水混凝土倒角工艺制作。压顶底部两侧距边缘 20mm 处做滴水线条和滴水线槽。滴水线条尺寸为 50mm × 15mm，滴水线槽槽尺寸为 10mm × 10mm。压顶长度：两墙垛间宜为整块。压顶应在距端部 300mm 处设置 ϕ12mm 钢筋吊钩。

②产品质量验收标准。

主控项目：应全数检查。

一般项目：外观质量：同一工作班或供应商生产的同类型预制件，抽查 5% 且不少于 3 件。

装配式围墙构件质量验收标准如表 6–9 所示。

图 6–24　围墙基础验收

图 6–25　抗风柱堆放

表 6–9　**装配式围墙构件质量验收标准**

类别	序号	检查项目		质量标准	单位	检验方法及器具
主控项目	1		结构性能检验	预制构件应进行结构性能检验。结构性能检验不合格的预制构件不得用于混凝土结构		检查结构性能试验报告
	2		外观质量	不应有严重缺陷，对已出现的严重缺陷，应按技术处理方案进行处理，并重新验收		观察检查
	3		尺寸要求	预制构件不应有影响结构性能和安装、使用功能的尺寸偏差。对超过尺寸允许偏差且影响结构性能和安装、使用功能的部位，应由施工单位提出技术处理方案，并经监理（建设）、设计单位认可后进行处理。对经处理的部位，应重新检查验收		观察，检查技术处理方案

续表

类别	序号	检查项目		质量标准	单位	检验方法及器具
主控项目	4		构件标志和预埋件、预留孔洞、槽	预制构件应在明显部位标明生产单位、构件型号等。构件上的预埋件和预留孔洞、槽要符合标准图或设计的要求		观察，检查技术处理方案
一般项目	1	外观质量	颜色	颜色基本一致，无明显色差		观察检查
			修补	基本无修补痕迹		观察检查
			气泡	最大直径不大于8mm，深度不大于2mm，每平方米气泡面积不大于$20cm^2$		钢尺检查
			裂缝	宽度小于0.2mm，且长度不大于1000mm		钢尺、刻度放大镜检查
			光洁度	无漏浆、流淌及冲刷痕迹，无油迹、墨迹及锈斑，无粉化物		观察检查
	2	长度偏差	压顶、抗风柱、墙板	±5	mm	钢尺检查
				±5		
	3	宽度偏差	压顶、抗风柱、墙板	±5	mm	钢尺量一端及中部，取其中较大值
				±5		
	4	厚度偏差		±3	mm	钢尺量一端及中部，取其中较大值
	5	侧向弯曲	抗风柱、墙板	不大于长度/750，且不大于20	mm	拉线、钢尺量最大侧向弯曲处
	6	预埋板	中心位移	≤10	mm	钢尺检查
			与混凝土面平面高差	0～−5		
	7	压顶预留孔中心位移		≤5	mm	钢尺检查
	8	门柱预留洞	中心位移	≤5	mm	钢尺检查
			孔尺寸	±5		
	9	主筋保护层厚度偏差	墙板	+5～3	mm	钢尺检查
			抗风柱	+10～5	mm	检查产品说明书及检测报告
	10	墙板对角线差		≤3	mm	钢尺量两个对角线
	11	墙板、抗风柱表面平整度		≤5	mm	2m靠尺和塞尺检查
	12	墙板翘曲		不大于板长/750	mm	调平尺在两端量测
	13	抗风柱、压顶预留槽	中心线位置	≤5	mm	钢尺检查
			长度、宽度	±5		
			深度	±10		

注 依据《变电（换流）站土建工程施工质量验收规范》（Q/GDW 1183—2012）表79、表80，《混凝土结构工程施工质量验收规范》（GB 50204—2015）表9.2.4，《国家电网公司输变电工程标准工艺（三）（2016版）》0101030105、0101030107制定。

装配式围墙构件外观质量缺陷如表6-10所示。

③围墙压顶处要考虑预留后期滚刺或电子围栏安装固定位置，在门柱外侧预留门禁开关的开关暗盒，按设计要求在门柱内侧中部预留门禁控制开关、电动大门控制开关、照明

表 6-10　　装配式围墙构件外观质量缺陷

名称	现象	严重缺陷	一般缺陷
露筋	构件内钢筋未被混凝土包裹而外露	纵向受力钢筋有露筋	其他钢筋有少量露筋
蜂窝	混凝土表面缺少水泥砂浆而形成石子外露	构件主要受力部位有蜂窝	其他部位有少量蜂窝
孔洞	混凝土中孔穴深度和长度均超过保护层厚度	构件主要受力部位有孔洞	其他部位有少量孔洞
夹渣	混凝土中夹有杂物且深度超过保护层厚度	构件主要受力部位有夹渣	其他部位有少量夹渣
疏松	混凝土中局部不密实	构件主要受力部位有疏松	其他部位有少量疏松
裂缝	缝隙从混凝土表面延伸至混凝土内部	构件主要受力部位有影响结构性能或使用功能的裂缝	其他部位有少量不影响结构性能或使用功能的裂缝
连接部位缺陷	构件连接处混凝土缺陷及连接钢筋、连接件松动	连接部位有影响结构传力性能的缺陷	连接部位有基本不影响结构传力性能的缺陷
外形缺陷	缺棱掉角、棱角不直、翘曲不平、飞边凸肋等	清水混凝土构件有影响使用功能或装饰效果的外形缺陷	其他混凝土构件有不影响使用功能的外形缺陷
	构件表面麻面、掉皮、起砂、沾污等	具有重要装饰效果的清水混凝土构件有外表缺陷	其他混凝土构件有不影响使用功能的外表缺陷

控制开关的开关暗盒，在两门柱内侧顶部预埋大门支撑杆的预埋铁，在门柱内要预埋 ϕ32 的 PVC 管以便穿线。

预制围墙压顶和门柱如图 6-26 和图 6-27 所示。

(a)

(b)

图 6-26　预制围墙压顶

(a) 预制围墙柱压顶；(b) 预制围墙板压顶

图 6-27　预制围墙门柱

3）施工耗材配置。在装配式围墙安装过程中，需配置的耗材如表 6-11 所示。

表 6-11　　装配式围墙安装耗材表

序号	材料名称	单位	数量	用途
1	保护液	kg	若干	构件的保护
2	黑色硅酮结构胶	支	若干	勾缝
3	水泥	kg	若干	配置砂浆
4	砂	m^3	若干	配置砂浆
5	石	m^3	若干	配置砂浆
6	云石胶	筒	若干	固定压顶

（5）施工机械、工器具准备。施工前应根据施工组织部署编制工器具及机械设备使用计划，并提前七天进场。工器具及机械设备使用前应检查各项性能指标是否在标准范围内，确保其性能满足安全和使用功能的要求，验收合格后方可投入使用，确保其运行正常。

安装施工主要施工机械、工器具如表 6–12 所示。

表 6–12　装配式围墙安装机械及工器具配置表

序号	设备名称	单位	数量	用途
1	小型吊机	台	1	组件的吊装工作
2	运输车	台	1	组件的运输
3	经纬仪	台	1	水平、垂直度检测
4	电焊机	台	1	抗风柱的安装
5	喷涂机	台	1	保护液的喷涂
6	手动胶枪	台	1	勾缝

6.2.3 抗风柱安装

安装抗风柱前，首先在基础划线，如图 6–28 所示，以确定抗风柱的安装位置，应将围墙变形缝设置在墙垛处，并与挡土墙基础、地圈梁变形缝上下贯通。再将待安装的抗风柱从顶部向底部依次划出每块墙板的安装线，预留好每个板块的缝隙宽度。

将起吊装置的吊钩钩住抗风柱顶部的吊钩，缓慢吊起，确认空中及周边无障碍，将抗风柱吊起 100mm 后检查吊绳及吊钩的牢固情况，如无异常将抗风柱继续吊到基础预埋钢板正上方，然后缓慢降落，当柱底部离基础距离 50mm 时，调整柱底对准预埋钢板安装位置后将抗风柱落下。抗风柱安装如图 6–29 所示。

图 6–28　围墙圈梁划线

图 6–29　抗风柱安装

确认位置无误后，调整抗风柱垂直度，调整时采用经纬仪检测，校正时可采用钢钎调拨，底部四周采用不同厚度的铁垫片填实，然后点焊固定，调整时注意风向和风力；为确保安全，应在底部点焊后再解除抗风柱顶部的吊钩绳。抗风柱安装如图 6-30 所示。

对于条形基础的装配式围墙，确认抗风柱的位置及垂直度后，将底部钢板与基础的预埋钢板满焊，焊缝不小于 8mm。焊接前注意清理周边的易燃物，焊接时在抗风柱底部焊接位置设置一周阻燃物，以保护抗风柱不被火焰污染。焊缝表面平整，无凹陷、焊瘤、裂纹、气孔、夹渣及咬边。

埋件及焊缝做环氧富锌两道，面漆两道防锈处理。

6.2.4 墙板安装

将起吊装置的吊钩钩住墙板顶部的两个安装钩（为确保平衡，必须使用两个安装钩），确认四周及空中无障碍后将墙板吊起 100mm，然后检查吊绳和吊钩的牢固情况，确认安全后将墙板吊装到两个抗风柱之间并高于抗风柱 200 ~ 300mm 位置；两个抗风柱侧各需一名工人，站在脚手架上，配合起吊设备将墙板两端插入到抗风柱的卡槽内，如图 6-31 所示，然后缓慢将墙板放下，将墙板下落到抗风柱预画的墙板安装线后，起吊设备停下，墙板底部如有空隙，需要使用合适厚度及大小的垫块垫起。

图 6-30　抗风柱安装

图 6-31　墙板安装

然后调整墙板的垂直度和平整度，调整好后，在抗风柱卡槽处使用小木楔固定，固定后的木楔不得超出卡槽。预制板安装完毕后，取出吊钩，并进行防腐处理。继续安装下一块墙板，直到一个间隔安装完成。

6.2.5 压顶安装

安装墙板压顶（见图 6-32）：安装前需要使用保护装置（如布条），将吊装点捆绑保护，然后使用吊装绳吊住已保护的位置，将压顶吊起，确保四周及空中无障碍，将压顶吊起的两个抗风柱之间的墙板顶住；两个抗风柱侧面各需一名工人，站在脚手架上，配合起吊设备将压顶插入到到抗风柱的卡槽内，检查压顶是否水平并确保压顶顶部水平并与其他间隔的压顶在一个平面上。

安装柱子压顶：抗风柱侧面需一名工人，将抗风柱压顶放置到抗风柱顶部对应位置，确保压顶水平，并与其他抗风柱的压顶在一个平面上，同时注意保持抗风柱压顶和墙板压顶的滴水线通畅，安装时用水平仪抄平、拉线，严格控制压顶标高及表面平整度；用经纬仪跟踪控制压顶的顺直度。

压顶安装完成后，需将墙板与抗风柱之间的缝隙用发泡剂填充饱满，如图 6-33 所示。

图 6-32　压顶安装

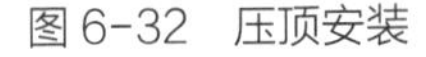

图 6-33　柱、板缝隙填充发泡剂

6.2.6　抗风柱护脚施工

挡土墙基础装配式围墙的抗风柱柱脚有两种施工方法：一是使用预制成品护脚。先将抗风柱脚四周用细石砂浆填实，砂浆高度与围墙地圈梁顶面平齐，而后安装成品柱脚，预制成品护脚施工如图 6-34 所示。二是采用细石混凝土现浇作成内高外低的菱台状的护脚，混凝土现浇护脚如图 6-35 所示。对于独立基础装配式围墙的抗风柱，使用细石砂浆将抗风柱脚四周填实并抹出 45° 的内高外低的斜面，斜面表面抹平收光，此类护脚也是在围墙构件安装完成后再施工。

图 6-34　预制成品护脚施工

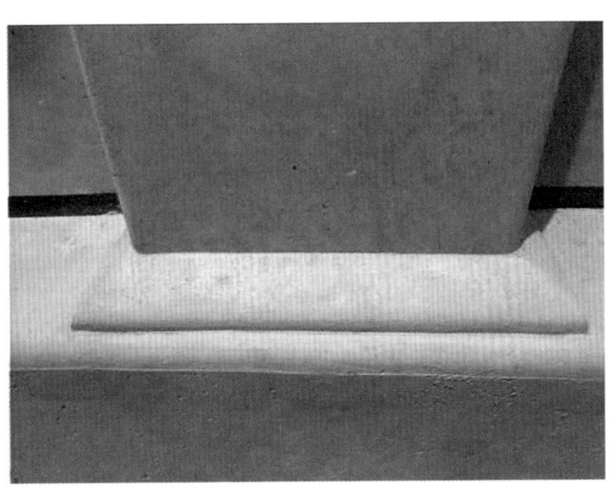

图 6-35　混凝土现浇护脚

6.2.7 墙板及抗风柱表面保护

将墙板和抗风柱表面清扫干净，保证表面无浮尘；保证墙板和抗风柱表面的干燥。

使用专用保护液将墙板和抗风柱均匀涂布，待涂液干燥后，使用保护液将墙板和抗风柱二次涂布，保护液有着色功能，保证二次涂布的颜色一致，干燥后进行表面保护，如图 6-36 所示。

表面保护施工后应达到如下效果：基体不返碱、不吸水、颜色一致、应具有混凝土的肌体感观。

图 6-36 墙板及抗风柱表面保护

6.2.8 勾缝施工

主要使用黑色耐候硅酮结构胶填充墙板、抗风柱、压顶、柱帽等组件的缝隙，具体施工要点见 2.3.4 小节内容。

勾缝打胶如图 6-37 所示，装配式围墙安装完成如图 6-38 所示。

图 6-37 勾缝打胶

图 6-38 装配式围墙安装完成

6.2.9 施工安全措施

在施工过程中，应自觉遵守《国家电网公司电力安全工作规程　电网建设部分（试行）》（国家电网安质〔2016〕212 号）和《电力建设安全健康与环境管理工作规定》等的相关安全规定。

（1）安全技术管理。在施工前应根据《国家电网公司输变电工程施工安全风险识别、评估及预控措施管理办法》的要求，针对施工过程中的危险源和危险点进行辨识，并制订相应的预控措施。施工前应进行安全技术交底。

（2）现场人员安全管理。进入施工现场必须穿戴规定的衣服、鞋子，必须正确佩戴安全帽，施工过程中应设置安全员，及时消除各种不安全的隐患。特殊工种（吊车指挥、焊工等）必须持证上岗。

（3）临时电源安全管理。开工前编制专项施工用电方案。现场由专业电工负责用电管理。加强使用前及使用过程中的检查，保护零线与工作零线不得混接。

现场配电箱必须上锁，并采取防雨措施。

配电箱、用电设备及施工机械的金属外壳必须可靠接地，并装设漏电开关或触电保安器。严格执行“一机、一闸、一保护”的要求。

每次使用电源前，认真检查电线和电气设备的安全情况，发现隐患及时排除。

（4）机械设备及电气设备安全管理。严格执行机械管理制度，定期检修、维护和保养。维修时悬挂“禁止合闸，有人作业”警示标志牌，并设专人负责监护。

施工机械设备要求工况良好，应定期检修、维护和保养。

电气设备附近应配备适用于扑灭电气火灾的消防器材。

小型吊机使用前，场地应平整，使用过程中，应保持其稳定。

起吊设备作业场地应地面平坦，保证设备的稳定性；起吊臂运动范围以外 2m 内无障碍、无电线。其他吊装安全措施参见 6.1.4 小节内容。

（5）安全标识管理。依据《国家电网公司输变电工程安全文明施工标准化管理办法》严格按要求开展安全文明施工标准化工作，规范现场管理。

危险设备、场所必须设置安全围栏和安全警示标志。警示标志应符合有关标准和要求。

现场安全设施、标志、标识牌实现标准化管理，统一制作，布置有序、位置合理。

（6）焊接安全管理。焊工必须考试合格并取得合格证书后才能持证上岗。持证焊工必须在其考试合格项目及其认可范围内施焊。

焊接材料与母材的匹配，应符合设计要求及《钢结构焊接规范》（GB 50661—2011）的规定。

电焊工必须穿戴相应的防护服和护目镜。

焊接点周围 2m 内不得有易燃、易爆物。

（7）现场定置化管理。预制构件、模板及其他材料等运抵工地后应按指定位置集中堆放。

（8）作业规范化管理。现场作业人员施工作业应严格遵守各项安全规定，作业应标准化、规范化、程序化，严格按施工操作要点进行施工。

（9）环保措施。依据《绿色施工导则》（建质〔2007〕223 号）的要求组织施工。围墙抗风柱、墙板、压顶制作选用定型钢模板，符合“两型一化”的要求。选用耐用、维护与拆卸方便的周转材料和机具。每次工作结束时，及时清理现场，做到工完、料尽、场地清。

6.2.10 验收标准

安装质量验收。

（1）主控项目：应全数检查。

（2）一般项目：第 1 ~ 5 项应全数检查；其他一般项目应按抗风柱、压顶、墙板的件数各抽查 10% 且不少于 3 件。

装配式混凝土围墙安装验收标准如表 6-13 所示。

表 6-13　　装配式混凝土围墙安装验收标准

类别	序号	检查项目		质量标准	单位	检验方法及器具
主控项目	1	承受内力的接头和拼缝要求		当其混凝土强度未达到设计要求时，不得吊装上一层结构构件；当设计无具体要求时，应在混凝土强度不小于 10N/mm² 或具有足够的支承时方可吊装上一层结构构件		检查施工记录及试件强度试验报告
	2	构件就位校正后的焊接质量		必须符合现行有关标准的规定，主要有：焊缝长度符合要求，表面平整，无凹陷、焊瘤、裂纹、气孔、夹渣及咬边		观察检查
一般项目	1	预制构件支承位置和方法		预制构件码放和运输时的支承位置和方法应符合标准图或设计的要求		观察检查
	2	安装控制标志		预制构件吊装前，应按设计要求在构件和相应的支承结构上标志中心线、标高等控制尺寸，按标准图或设计文件校核预埋件，并作出标志		观察、钢尺检查
	3	预制构件吊装		预制构件吊装应符合标准图或设计的要求。起吊时，绳索与构件水平面的夹角不宜小于 45°，否则应采用吊架或经验算确定		观察检查
	4	临时固定措施位置和校正		预制构件安装就位后应采取临时固定措施，并应根据水准点和轴线校正位置		观察检查
	5	变形缝设置		从压顶到围墙基础上下贯通，打胶顺直、弧度一致、美观清洁		观察检查
	6	抗风柱	中心线对定位轴线位移	≤ 5	mm	经纬仪或吊线、钢尺检查
	7		柱顶的标高偏差（≤ 5m）	0 ~ -5	mm	
	8		柱和柱帽接口中心错位	≤ 3	mm	
	9		垂直度（≤ 5m）	≤ 5	mm	
	10	压顶	上表面标高偏差	0 ~ -5	mm	水准仪和钢尺检查
	11		构件倾斜度	≤ 5	mm	经纬仪或吊线、钢尺检查
	12	墙板	相邻墙板下表面平整度	不抹灰，≤ 3	mm	直尺和楔形塞尺检查
	13		垂直度	≤ 5	mm	经纬仪或吊线、钢尺检查
	14	压顶、墙板搁置长度差		± 10	mm	观察和钢尺检查
	15	墙板接缝宽度偏差		≤ 2	mm	钢尺检查
	16	围墙变形缝宽度偏差		≤ 2	mm	钢尺检查

注　依据《变电（换流）站土建工程施工质量验收规范》（Q/GDW 1183—2012）表 81，《混凝土结构工程施工质量验收规范》（GB 50204—2015）表 9.3.3，《国家电网公司输变电工程标准工艺（三）》（2016 版）0101030105 制定。

6.3 装配式金属围墙

装配式金属围墙是将围墙及其配件均由金属材质制成，现场直接拼装，如图 6-39 所示。

6.3.1 施工流程图

施工流程图如图 6-40 所示。

图 6-39 装配式金属围墙效果图

图 6-40 施工流程图

6.3.2 施工准备

（1）施工技术准备。

1）编制作业指导书：按照设计图纸对每个工艺节点编写作业指导书，主要有《金属围墙柱安装作业指导书》《墙板安装作业指导书》《压顶、装饰收边作业指导书》。

2）技术交底：按照设计图和作业指导书，对每个作业人员进行技术交底；对不同工种的作业人员现场示范交底。

3）现场试安装。在现场找一块平地，按 1∶1 放两个柱距线，将成品进行试装，复核进场成品、半成品和物资是否符合设计要求和供货商合同要求。

其他技术准备同 6.2.2 节内容。

（2）施工人员配置，如表 6-14 所示。

表 6-14 装配式金属围墙安装施工人员配置表

序号	岗位	数量	职责划分
1	现场负责人	1	全面负责整个项目的实施
2	技术负责人	1	负责施工方案的策划，负责技术交底，负责施工期间各种技术问题的处理
3	测量员	1	负责施工期间的测量
4	质检员	1	负责施工期间质量检查及验收，包括各种质量记录
5	安全员	1	负责施工期间的安全管理
6	施工员	1	负责施工期间的施工管理

续表

序号	岗位	数量	职责划分
7	机械操作工	2	负责施工期间小型机械设备的操作、维护、保养管理
8	下料工	1	
9	安装工	4	负责抗风柱的安装固定
10	焊工	2	持证上岗
11	油漆工	1	
12	普通用工	2	配合安装，其中打胶人员需熟练工
13	电工	1	

在以上人员中，测量员、质检员、安全员、机械操作工、电焊工、电工等须持证上岗。

（3）场地准备。同第六章 6.6.2 施工准备。

（4）施工机械、工器具准备。施工前应根据施工组织部署编制工器具及机械设备使用计划，并提前七天进场。使用前应检查各项性能指标是否在标准范围内，确保其运行正常。

机械使用前应进行性能检查，确保其性能满足安全和使用功能的要求，验收合格后方可投入使用。

安装施工主要施工机械、工器具如表 6–15 所示。

表 6–15　装配式金属围墙安装机械及工器具配置表

序号	名称	型号	单位	数量
1	经纬仪	DT–02	台	1
2	水准仪	DS–32	台	1
3	钢卷尺	15m	把	2
4	钢卷尺	5m	把	若干
5	测距仪		台	1

（5）材料准备。

1）金属围墙抗风柱、横梁、面板等材料进场验收。严格按照设计图纸和供货合同开箱检查，认真核对成品、半成品数量、规格、型号；逐件检查外观等。

2）检查材料出厂合格证，材质检验报告书等文件。

6.3.3　金属围墙结构安装

（1）安装流程，如图 6–41 所示。

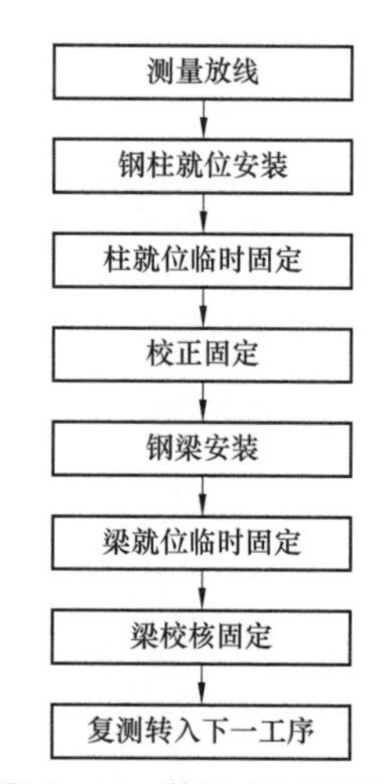

图 6–41　装配式金属围墙钢结构安装流程图

（2）钢柱安装。

1）抄平放线，用水准仪抄平高程，控制整个柱基在一个平面上；用经纬仪放轴线和每个柱的坐标，校核每个柱的预埋螺栓尺寸，有偏差先校正，再安装。

2）柱组立。由于柱子尺寸和重量不大，一般用工人组立，2

个安装工、一个辅助工和一个电焊工为一个作业班组。顺连三根柱分为一个组立单元，柱立起以后用螺栓临时紧固，把一个单元立起后，就位临时固定，待一个边组立完后，校核固定。

（3）钢梁安装。钢梁安装用移动安装平台为工作平台，先上后下，上梁就位后用螺栓临时固定，再安下梁，待一边安装就位完毕，校核固定。钢梁安装如图 6–42 所示。

图 6-42 钢梁安装

（4）质量要求：同第 3 章钢结构梁柱验评标准。

6.3.4 墙板安装

（1）安装样板，墙板分内墙板和外墙板，两面都一样，同材料，同型号规格，同质量。一般先在一个安装单元安装一块样板，每个单元分别选上中下不同的位置安装样板，如图 6–43 所示。样板安装完后校核轴线、平整度、轮廓线、垂直度、达到质量要求后再逐个柱间安装。一边安装完后，整体校核，再将每块板紧固。

(a)

(b)

图 6-43 围墙外墙板安装

(a) 围墙外墙板外侧；(b) 围墙外墙板内侧

（2）质量要求：同第 3 章钢结构外墙板验评标准。

6.3.5 压顶、收边安装

（1）压顶安装。墙板安装完工验收后，转入压顶安装，压顶安装时，先在内、外板两头边线拉通线，在两线之间安装。初安装完成后，校核无误，全线同时紧固即可。

（2）收边安装。收边主要是“三边”，即脚边、角边、缝边。脚边主要是与基础联结处，一般选两头和中间各安装一块收边装饰板，先拉通线再安装；角边主要是围墙转角处的外阳角、内阴角，一般采用一块阳角板和一块阴角板安装上即可，要求垂直、密缝；缝边主要是变形缝处的缝边，一般采用公母扣联接，在安装墙板时一并到位，有时出现公扣和母扣缝过大，用压模锤（与墙板波纹弧形一致的木锤）垫稳调整缝边螺钉即可。变形缝公母扣处校正如图 6–44 所示。

图 6-44 变形缝公母扣处校正

6.3.6 验收标准

围墙安装验收标准如表 6–16 ~ 表 6–18 所示。

表 6–16　　围墙钢柱安装验收标准

类别	序号	检查项目		质量标准	单位	检验方法及器具
主控项目	1	基础和支承面		1. 定位轴线、基础轴线和标高、地脚螺栓的规格应符合设计要求； 2. 支承面应符合设计要求并达到其规定后方可安装		经纬仪、水准仪、钢尺及观察检查；检查混凝土强度试验报告
	2	螺栓连接		1. 螺栓应与构件平面垂直，螺栓头与 构件间的接触处不应有空隙； 2. 螺母拧紧后，螺杆露出螺母外的长度宜为 2 ~ 3 扣； 3. 螺杆必须加垫者，每端不宜超过两个平垫圈； 4. 螺栓穿入方向宜保持一致；水平方向由内向外，垂直方向由下向上		观察检查
一般项目	1	地脚螺栓支承面允许偏差	标高	± 3	mm	水准仪检查
			水平度	1/1000		2m 靠尺和楔形塞尺检查
	2	地脚螺栓预埋件允许偏差	螺栓中心偏移	5.0	mm	拉线和钢尺检查
			螺栓露出长度	3.0		钢尺检查
			螺纹长度	3.0		钢尺检查
	3	地脚螺栓预留孔中心偏移		± 10.0	mm	拉线和钢尺检查
	4	钢柱安装的允许偏差	柱的整体垂直度	H/1000，且不应大于 25.0	mm	经纬仪检查
	5		柱的整体平面弯曲	L/1500，且不应大于 25.0	mm	钢尺检查

注　1. 表中 H 为钢柱高度；L 为钢梁的长度。
2. 根据《变电（换流）站土建工程施工质量验收规范》（Q/GBW 1183—2012）表 235 的规定。

表 6–17　　围墙墙板成品安装验收标准

类别	序号	检查项目	质量标准	单位	检验方法及器具
主控项目	1	墙板的品种、规格、数 量和质量	必须符合设计要求和现行有关标准的规定		墙板的合格证、施工方案
	2	压顶材质	必须符合设计要求和现行有关标准的规定		压顶的材质合格证
	3	压顶感观要求	与墙板颜色一致，无飞边、毛刺		
一般项目	1	压型金属板波纹线水平度	L/1000，且不应大于 8.0	mm	拉线、吊线和钢尺检查
	2	压顶相邻两块压型金属板端部错位	6.0	mm	
	3	压型金属板卷边板件最大波浪高	4.0	mm	
	4	墙板波纹线的垂直度	H /1000，且不大于 20.0	mm	
	5	墙板包角板的垂直度	H/800，且不大于 25.0	mm	

续表

类别	序号	检查项目	质量标准	单位	检验方法及器具
一般项目	6	相邻两块型金属板的下端错位	6.0	mm	
	7	压顶的水平度	L/1000，且不大于 8.0	mm	
	8	压顶的轴线尺寸	≤ 10	mm	

注 1. 表中 L 为围墙单边长度；H 为围墙高度。
2. 根据《变电（换流）站土建工程施工质量验收规范》（Q/GDW 1183—2012）表 99 中的规定；浙江精工钢结构有限公司企业标准《金属屋面、墙面板安装及验收规范》（Q/JG 0107—2012）表 6.1.11 中的规定。

表 6–18 围墙压顶成品安装验收标准

类别	序号	检查项目	质量标准	单位	检验方法及器具
主控项目	1	压顶材质	必须符合设计要求和现行有关标准的规定		压顶的材质合格证
	2	压顶感观要求	与墙板颜色一致，无飞边、毛刺		
一般项目	1	压顶的水平度	L/1000，且不应大于 8.0	mm	
	2	压顶的轴线尺寸	≤ 10	mm	

注 L 为围墙单边长度。

6.4 装配式防火墙

防火墙采用“预制混凝土框架 + 预制混凝土墙板”的装配型式，耐火极限不小于 3h。防火墙墙体采用 180mm 厚清水混凝土预制板。

按通用设备要求，主变电站防火墙规格如表 6–19 所示。

表 6–19 装配式防火墙规格

电压等级（kV）	防火墙规格（长 × 高，m × m）	预制实体墙板墙体厚度（mm）
500	13.9 × 8.0	180
220	12.4 × 8.0	180
110	10.0 × 6.0	180

装配式主变电站防火墙采用预制钢筋混凝土柱、预制钢筋混凝土梁和预制墙板型式。柱、梁及墙板混凝土强度等级均为 C30，清水混凝土制作工艺。

6.4.1 施工流程图

装配式防火墙施工流程图如图 6–45 所示。

6.4.2 施工准备

（1）施工技术准备。

1）施工图纸审查。开工前，必须进行设计交底及施工图纸会检，相关设计问题均有

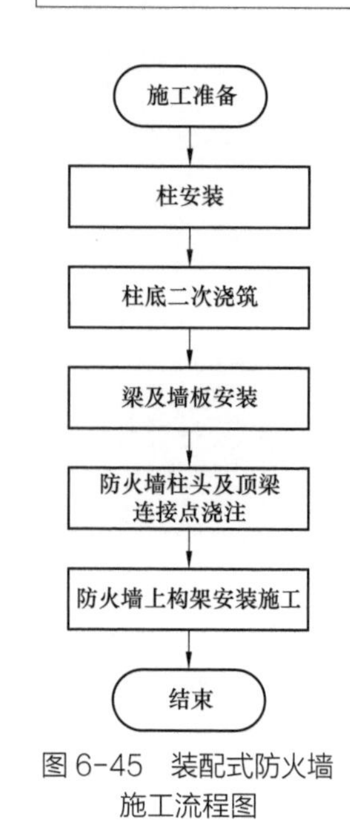

图 6-45　装配式防火墙施工流程图

明确的处理意见并形成书面的施工图纸会检纪要。

2）方案策划及编制施工方案。方案策划：施工前，根据施工图对防火墙进行统一总体策划。组织编制施工方案，并按规定程序进行审批。

3）技术交底。开工前，进行项目部级交底；由项目经理主持，项目总工组织，并对施工人员进行技术、质量、安全交底，并做好书面交底记录。吊装前进行班组级交底；由项目总工主持，班组长组织，技术员对班组人员进行全员交底，并做好书面交底记录。

技术交底的范围包括：施工图交底、项目管理实施规划交底、设计变更交底、单位工程 / 分部工程 / 分项工程施工工艺交底。

技术交底的内容包括：施工方法、质量要求和验收标准，施工过程中需要注意的问题，可能出现意外的应对措施和应急方案。

技术交底内容应充实，具有针对性、指导性和可操作性。全体施工人员应参加交底会，掌握交底内容，明确质量标准、安全风险、熟知工艺流程并全员签字后形成书面交底记录。

（2）施工人员准备如表 6-20 所示。

表 6-20　装配式防火墙施工人员配置表

序号	岗位	数量	职责划分
1	现场负责人	1	全面负责整个项目的实施
2	技术员	1	负责施工方案的策划，负责技术交底，负责施工期间各种技术问题的处理
3	测量员	2	负责施工期间的测量与放样
4	质检员	1	负责施工期间质量检查及验收，包括各种质量记录
5	安全员	1	负责施工期间的安全管理
6	队长	1	负责施工期间各种资源的调配和安排
7	施工员	1	负责施工期间的施工管理
8	材料人员	1	负责各种物资、机械设备及工器具的准备
9	机械操作工	1	负责小型机械设备的操作、维护、保养管理
10	模板工	3	负责模板工程的制作、拼装与安装工作
11	钢筋工	3	负责钢筋加工制作和安装
12	混凝土工	6	负责混凝土浇筑
13	起重工	1	负责吊装期间的指挥
14	普通用工	6	负责防火墙安装的其他工作

（3）施工场地准备。

1）防火墙柱杯口基础四周凿毛并验收合格。

2）场地清理干净，保持道路的通畅。

（4）材料与机械设备准备。

1）预制构件产品质量验收标准。除依据《国家电网公司输变电工程标准工艺（三） 工艺标准库（2016年版）》0101020504装配式防火墙的厚度、对角线偏差为3mm以外，其他同6.2.2中装配式围墙产品质量验收部分。

2）装配式防火墙施工所需的主要材料如表6–21所示。

表6–21　　装配式防火墙施工所需的主要材料计划表

序号	名称	规格	单位	备注说明
1	砂	中粗	m^3	
2	石	5 ~ 40mm	m^3	碎石、卵石
3	水泥	42.5级	t	硅酸盐水泥
4	钢筋		t	包括元钢及螺纹钢
5	定型钢模板		套	预制构件用模板
6	防火胶泥			

3）装配式防火墙施工所需的主要机械设备如表6–22所示。

表6–22　　装配式防火墙施工所需的主要机械设备配置表

序号	所需机械设备	单位	数量	备注
1	钢筋调直机与切割机	台	1	用于钢筋调直与切断
2	钢筋弯曲机	台	1	用于钢筋弯折
3	振动棒	台	3	用于混凝土振捣
4	电焊机	台	2	用于预埋件安装、预埋件的焊接
5	起重机（50t）	台	1	用于防火墙柱吊装
6	起重机（25t）	台	1	防火墙板吊装

①钢筋应按《钢筋混凝土用钢　第2部分：热轧带肋钢筋》（GB 1499.2—2018）等的规定，抽取试件做力学性能检验，其质量必须符合有关标准的规定。

②水泥应对其品种、级别、包装或散装仓号、出厂日期等进行检查，并应对其强度、安定性及其他必要的性能指标进行复验，必须符合《通用硅酸盐水泥》（GB 175—2007/XG3—2018）的有关规定。

③预制混凝土所用的粗、细骨料应抽检试验合格。其质量应符合《普通混凝土用砂、石质量及检验方法标准》（JGJ 52—2006）的规定。

④拌制混凝土水质应符合《混凝土拌合用水标准》（JGJ 63—2006）的规定。

⑤工器具及设备准备：施工前，应根据施工组织部署编制工器具及机械设备使用计划，并提前三天进场。使用前应检查各项性能指标是否在标准范围内，确保其运行正常。

⑥开工前，应进行混凝土配合比试配，其强度应满足设计要求。

6.4.3 框架柱安装

（1）起重机选用。以某220kV某变电站主防火墙为例，防火墙柱最重5.56t，长度9.4m。柱脚高出脚手架0.5m，脚手架高10.1m，吊点高度

h_1=0.5+10.1+（1−0.293）×9.4=17.25m。

吊点到吊臂的高度3m，起重机高1.5m，起吊高度h_2=17.25+3−1.5=18.75m。作业半径12m，吊臂长度24.6m，参照吊车性能表，选定50t汽车吊，如表6−23所示。主臂长度25.4m>24.6m，工作半径12m，吊装重量7.7t>5.56t，满足吊装要求。

框架柱吊装剖面图如图6−46所示。

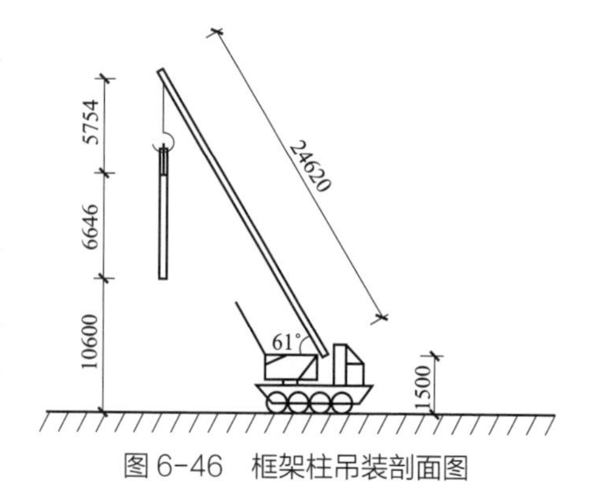

图6−46 框架柱吊装剖面图

表6−23 50t起重性能表

幅度（m）	支腿全伸，侧后方作业				
	10.7	18.05	25.4	32.75	40.1
3	50				
3.5	50	31			
4	42.5	29			
4.5	39.5	28	20		
5	36	27	19		
5.5	30.3	24.5	18.5		
6	25.6	23	18.2	13.6	
7	19.4	18.9	17	13.6	
8	15.2	14.6	15.5	12.5	8.2
9	12.1	11.8	12.8	11.5	8.2
10		9.5	10.6	10.5	7.6
12		6.8	7.7	8.2	6.8
14		4.8	5.8	6.2	6
16		3.4	4.4	4.8	5
18			3.3	3.8	4
20			2.5	3	3.2

（2）吊点计算。假设荷载是线性均匀分布的如图6−47所示。计算中不考虑加速度、风速等动荷载，其吊装示意图如图6−48所示。

设吊点至顶的距离为X，q为线荷载，柱总长度L，L_1为吊点至底端的距离。则$L=L_1+X$，下面计算式按计算长度计算。设$\lambda=X_0/L_1$

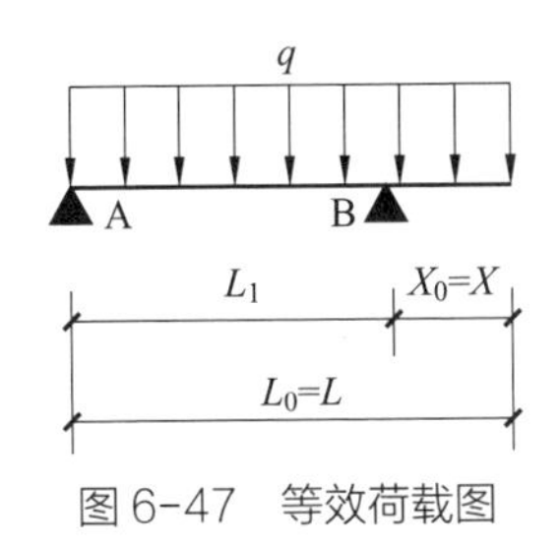

图 6-47 等效荷载图

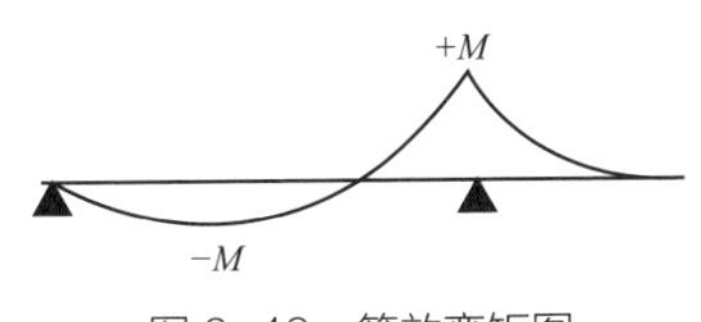

图 6-48 等效弯矩图

最大正弯矩：$(-M)=-1/8\ qL_1^2(1-\lambda^2)^2$

最大负弯矩：$(+M)=+1/2\ qL_1^2\lambda^2$

当 $(+M)+(-M)=0$ 时，求得 $\lambda=0.414$（λ 其余三个值舍去）

即 $X_0/L_1=0.414$，求得 $X_0=0.293\ L$

（3）柱绑扎及就位。柱采用一点绑扎滑移法吊装。

1）柱的吊装就位和初步校正：柱起吊后，让柱脚移至杯口上空后渐渐插入杯口，当柱脚接近杯底 50mm 左右时，用撬棍撬动柱脚，让柱身中心线对准杯口中心线，用八个木楔从杯口四周插入杯口。使柱身大致垂直，将柱子落入杯底，复查中心线，初步校正之后，对打四周木楔，使柱临时固定，再次校核轴线及垂直度。固定缆风绳之后，由吊装总指挥决定脱吊钩并取吊绳。

2）缆风绳固定：揽风绳固定于地锚上，地锚采用连环角铁桩地锚。缆风绳调整手扳葫芦的安装，采用钢丝绳加手扳葫芦。

3）节点要求：手扳葫芦两端的钢丝绳绳卡不得少于 3 支，手扳葫芦额定承载力必须大于钢丝绳的受力。为调整方便，地锚端的钢丝绳应有一定的富余长度，方便扎头。风绳调整距离应不大于手扳葫芦链条的容许长度 L。

4）地锚采用连环地锚法。每处地锚采用角铁固定，角铁和地面之间成 30° 夹角。

（4）二次浇筑。二次浇筑采用 C35 细石混凝土一次灌注杯口的 2/3 深，强度达到 25% 左右后敲去木楔，再浇至杯口面，待第二次浇筑的混凝土强度达到 75% 以上时方可拆除缆风绳。

（5）施工要点。

1）材料：宜采用普通硅酸盐水泥，质量要求符合《通用硅酸盐水泥》（GB 175—2007/XG3-2018）的规定。粗骨料采用碎石或卵石，细骨料采用中砂，其他质量要求符合《普通混凝土用砂、石质量及检验方法标准》（JGJ 52—2006）的规定。宜采用饮用水拌和，当采用其他水源时，水质应达到《混凝土用水标准》（JGJ 63—2006）的规定。掺和料宜采用二级以上粉煤灰。

2）混凝土预制构件运输时应采取防护措施，防止边角破坏，装卸时轻装轻放，就近堆放，尽量减少场内二次倒运。

3）混凝土预制构件吊装前，在构件和相应的支承结构上标志中心线、标高等控制尺寸，校核预埋件及连接钢筋等，并做出标志。墙板安装前在基础梁上均匀摊铺 20mm 厚水泥砂浆找平，墙板安装时平面校正应根据安装限位线进行底部校正，立体校正采用靠尺检查。预制板安装完毕后，应取出吊装吊钩并进行防腐处理。

4）安装时，柱垂直度的控制符合质量验评要求。框架柱安装如图 6-49 所示。

6.4.4 底梁及装配式墙板安装

（1）起重机选用。墙板采用25t起重机起吊，以最重1.5t，最大起吊高度 $h_2=0.75+0.5+10.1+3-1.5=12.85$（m），吊车半径选最远12m，吊臂17.58m，起重机性能如表6–24所示，主臂长度20.85m>17.58m，工作半径12m，吊装重量4.1t>1.5t，满足吊装要求。

墙板吊装剖面图如图6–50所示。

图6–49 框架柱安装

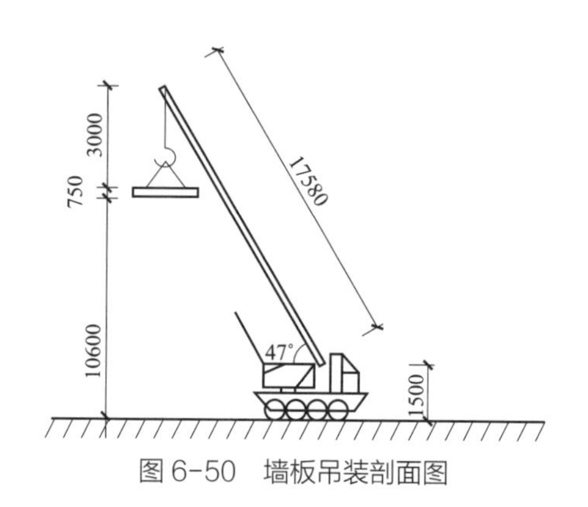

图6–50 墙板吊装剖面图

表6–24　　25t起重性能表

幅度（m）	支腿全伸，侧后方作业						
	10.7	13.75	17.3	20.85	24.4	27.95	31.5
3	25	17.5					
3.5	20.6	17.5	12.2	9.5			
4	18	17.5	12.2	9.5			
4.5	16.3	15.3	12.2	9.5	7.5		
5	14.5	14.2	12.2	9.5	7.5		
5.5	13.5	13.2	12.2	9.5	7.5	7	
6	12.3	12.2	13.3	9.5	7.5	7	5.1
6.5	11.2	11	10.5	8.8	7.5	7	5.1
7	10.2	10	9.8	8.5	7.2	7	5.1
7.5	9.4	9.2	9.1	8.1	6.8	6.7	5.1
8	8.6	8.4	8.4	7.8	6.6	6.4	5.1
9		7.2	7	6.8	6	6.1	4.8
10		6	5.8	5.6	5.6	5.3	4.4
12		4	4.1	4.1	4.2	3.9	3.7
14			2.9	3	3.1	2.9	3
16				2.2	2.3	2.2	2.3

（2）底梁及装配式墙板安装。先安装底梁，然后逐块板向上安装，最后安装顶梁，如图 6–51 所示。

安装时，应保持墙板水平，轻挪轻放，防止凹槽边角在吊装过程中破损。板的凸在上凹槽在下，拼接时凹槽内先填充 1cm 厚水泥砂浆，再将凸槽插入并压实，用橡胶锤敲击板上口调整板水平标高，采用小木楔将板与柱卡紧，填充防火胶泥后取出木楔。

图 6–51　底梁及装配式墙板安装

（3）施工要点。

1）防火墙抗风柱、墙板、压顶及定型钢模板设计方案的合理性正确。

2）构件吊钩设置及压顶滴水线设置符合图纸要求。

3）混凝土原材料的选用及配合比的控制（含试验）符合规范要求。

4）构件混凝土浇制及养护过程的控制符合规范要求。

5）安装时，墙板垂直度和水平度的控制符合质量验评要求。

图 6–52　防火墙上构架接地

6.4.5　节点施工

柱、板、梁安装完成后进行柱头浇筑，柱顶与顶梁节点处现浇，柱顶纵向钢筋锚入梁内，需按锚固要求预留钢筋锚固长度。节点连接处，将梁柱进行凿毛处理后浇筑，确保现浇节点牢固。为保证整体组立的美观，可用钢模板替代传统木模板，模板安装必须合缝，与预制构件接缝处应设置变形缝。振捣密实，严禁出现蜂窝麻面现象。保证施工工艺及其外观质量。混凝土为 C35 微膨胀细石混凝土。

6.4.6　防火墙上构架安装施工

防火墙上构架安装施工要求详见本章 6.1 中 A 型构架柱安装，需要特别注意的是，要提前将接地网引至框架柱基础边上，接地引下线应采用膨胀螺栓或化学螺栓固定在防火墙柱上，如图 6–52 所示，在距离地面 1.5 ~ 1.8m 高处设置“断接卡”，便于接地电阻测试，如图 6–53 所示。

图 6–53　接地“断接卡”

6.4.7 密封胶勾缝填缝

预制板墙与混凝土柱槽口交接处、预制板墙之间采用中性硅酮耐候胶密封处理。密封胶应饱满、密实、连续、无气泡、横平竖直宽窄均匀、光滑顺直。

6.4.8 施工安全措施

防火墙安装时的安全措施主要要求与本章 6.2 节装配式混凝土围墙的 6.2.9 施工安全措施相同。

6.4.9 验收标准

安装质量验收。

1）主控项目：应全数检查。

2）一般项目：第 1 ~ 5 项应全数检查；其他一般项目应按抗风柱、压顶、墙板的件数各抽查 10% 且不少于 3 件。

装配式防火墙安装质量验收标准如表 6–25 所示。

表 6–25　　装配式防火墙安装质量验收标准

类别	序号	检查项目	质量标准	单位	检验方法及器具	来源
主控项目	1	承受内力的接头和拼缝要求	当其混凝土强度未达到设计要求时，不得吊装上一层结构构件；当设计无具体要求时，应在混凝土强度不小于 10N/mm^2 或具有足够的支承时方可吊装上一层结构构件		检查施工记录及试件强度试验报告	Q/GDW 1183—2012 表 81
一般项目	1	预制构件支承位置和方法	预制构件码放和运输时的支承位置和方法应符合标准图或设计的要求		观察检查	Q/GDW 1183—2012 表 81
	2	安装控制标志	预制构件吊装前，应按设计要求在构件和相应的支承结构上标志中心线、标高等控制尺寸，按标准图或设计文件校核预埋件及连接钢筋等，并作出标志		观察、钢尺检查	Q/GDW 1183—2012 表 81
	3	构件吊装	起吊时，绳索与构件水平面的夹角不宜小于 45°，否则应经验算确定		观察检查	Q/GDW 1183—2012 表 81
	4	临时固定措施位置和校正	预制构件安装就位后应采取临时固定措施，并应根据水准点和轴线校正位置		观察检查	Q/GDW 1183-2012 表 81
	5	接头和拼缝要求	1. 柱顶与顶梁节点、柱下端插入杯口采用混凝土浇筑，其强度等级应比构件混凝土强度 C30 等级提高一级，采用 C35； 2. 用于接头和拼缝的混凝土，宜采用微膨胀措施和快硬措施，在浇筑过程中应振捣密实，并应采取必要的养护措施		检查施工记录及试件强度试验报告	Q/GDW 1183—2012 表 81
	6	杯形基础 中心线轴线偏差	≤ 10	mm	拉线和钢尺检查	Q/GDW 1183—2012 表 81
	7	杯形基础 杯底安装标高偏差	0 ~ −10	mm		

续表

<table>
<tr><th>类别</th><th>序号</th><th colspan="3">检查项目</th><th>质量标准</th><th>单位</th><th>检验方法及器具</th><th>来源</th></tr>
<tr><td rowspan="7">一般项目</td><td>8</td><td rowspan="4">柱</td><td colspan="2">中心线对定位轴线位移</td><td>≤ 5</td><td>mm</td><td rowspan="3">经纬仪或吊线、钢尺检查</td><td rowspan="3">Q/GDW 1183—2012 表 81</td></tr>
<tr><td>9</td><td rowspan="2">垂直度</td><td rowspan="2">>5m，且 <10m</td><td rowspan="2">≤ 10</td><td rowspan="2">mm</td></tr>
<tr><td>10</td></tr>
<tr><td>11</td><td>柱顶的标高偏差</td><td>>5m</td><td>0 ~ −8</td><td>mm</td><td>水准仪和钢尺检查</td><td>Q/GDW 1183—2012 表 81</td></tr>
<tr><td>12</td><td colspan="3">中心线对定位轴线位移</td><td>≤ 5</td><td>mm</td><td>吊线、钢尺检查</td><td>Q/GDW 1183—2012 表 81</td></tr>
<tr><td>13</td><td colspan="3">梁上表面标高偏差</td><td>0 ~ 5</td><td>mm</td><td>水准仪和钢尺检查</td><td>Q/GDW 1183—2012 表 81</td></tr>
<tr><td>14</td><td colspan="3">相邻板下表面平整度</td><td>不抹灰，≤ 3</td><td>mm</td><td>直尺和楔形塞尺检查</td><td>Q/GDW 1183—2012 Q/GDW 1183—2012 表 81 表 81</td></tr>
</table>

6.5 装配式混凝土电缆沟

装配式电缆沟采用 C30 混凝土预制，分为带沟底及无底自渗式两种。其中带沟底电缆沟底部设沟中沟排水，顶部预留减震垫安装孔，段与段之间采用 M20 螺杆连接，标准段之间防水采用防水密封胶。横向双坡度 2%。沟壁底部外侧不设墙趾。

常用的带沟底电缆沟有厚壁型和薄壁型两种。厚壁型每段长 1.4m，沟壁厚度为顶部 130mm，底部 150mm，底板厚度 150mm；底板中间半圆形排水沟 R40mm。

薄壁型规格为 600mm × 600mm，每段长 1.2m，沟壁厚度 60mm，底板厚度 100mm，底板中间半圆形排水沟 R125mm。

结合海绵城市建设理念，在山区、岗地等地下水较低而地基土透水性又较好的场地，室外电缆沟可采用无底自渗电缆沟。无底自渗式电缆沟，沟内不必做排水坡度，通过沟底铺设的透水砖、碎石层自行渗水。沟底应高出地下水位 0.5m 以上。为防止因暴雨或其他特殊原因造成的沟内积水，每 50m 左右可在沟底部增设排水管，排水管接入就近的站区排水管网。

无底自渗式电缆沟如图 6-54 所示。

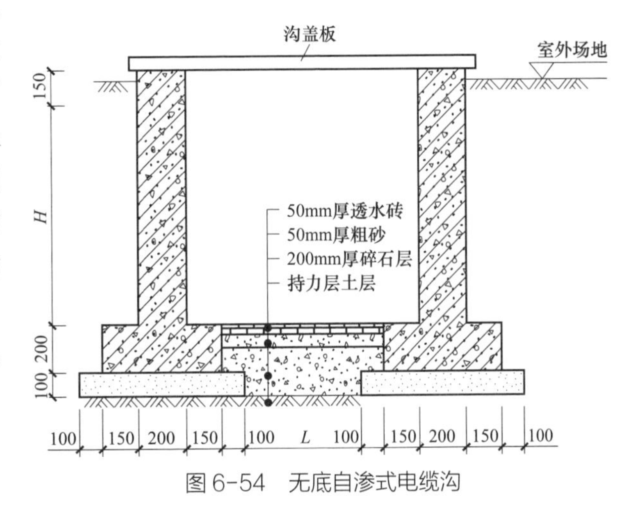

图 6-54 无底自渗式电缆沟

6.5.1 施工流程图

施工流程图如图 6-55 所示。

6.5.2 施工准备

（1）施工技术准备。

1）施工图纸审查。开工前，必须进行设计交底及施工图纸会检，相关设计问题均有明确的处理意见并形成书面的施工图纸会检纪要。

2）方案策划及编制施工方案。方案策划：施工前，根据施工图对防火墙进行统一总体策划。组织编制施工方案,并按规定程序进行审批。

3）技术交底。开工前，进行项目部级交底，由项目经理主持，项目总工组织，并对施工人员进行技术、质量、安全交底，并做好书面交底记录。吊装前进行班组级交底，由项目总工主持，班组长组织，技术员对班组人员进行全员交底，并做好书面交底记录。

技术交底的范围：包括施工图交底、项目管理实施规划交底、设计变更交底、单位工程 / 分部工程 / 分项工程施工工艺交底。

技术交底的内容包括：施工方法交底、质量要求交底和验收标准交底，施工过程中需要注意的问题，可能出现意外的措施和应急方案。

技术交底内容应充实，具有针对性、指导性和可操作性。全体施工人员应参加交底会，掌握交底内容，明确质量标准、安全风险、熟知工艺流程并全员签字后形成书面交底记录。

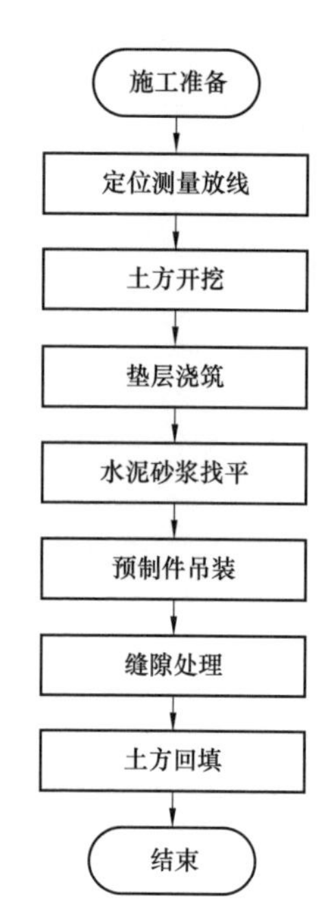

图 6-55　施工流程图

注　测量放线、土方开挖、垫层浇筑、水泥砂浆找平、土方回填等施工流程与常规电缆沟施工差别不大，不在后文中赘述。

（2）施工人员配置如表 6-26 所示。

表 6-26　装配式电缆沟施工人员配置表

序号	岗位	数量	职责划分
1	现场负责人	1	全面负责整个项目的实施
2	技术员	1	负责施工方案的策划，负责技术交底，负责施工期间各种技术问题的处理
3	测量员	2	负责施工期间的测量与放样
4	安全员	1	负责施工期间的安全管理
5	机械操作工	1	负责施工期间小型机械设备的操作、维护、保养管理
6	起重工	1	负责吊装期间的指挥
7	普通用工	若干	负责电缆沟安装的其他工作

（3）材料与设备准备。

1）装配式电缆沟施工所需的主要材料如表 6-27 所示。

表 6-27　装配式电缆沟施工所需的主要材料计划表

序号	名称	规格	单位	备注说明
1	砂	中粗	m^3	
2	水泥	42.5 级	t	硅酸盐水泥
3	橡胶密封条	150	m	
4	黑色硅酮结构胶	12	袋	

2）装配式电缆沟施工所需的主要机械设备如表 6–28 所示。

表 6–28　装配式电缆沟施工所需的主要机械设备配置表

序号	所需机械设备	单位	数量	备注
1	机动运输车	台	1	运输混凝土预制件
2	25t 起重机	台	1	用于构件吊装
3	千斤顶			

6.5.3 构件安装

（1）起重机选择。预制构件吊装采用 25t 汽车吊进行吊装。参照本章 6.4.4 中的表 6–24 25t 起重性能表，不考虑起吊高度，在工作半径 16m 内均满足吊装要求。

（2）吊装步骤。

1）以沟壁外侧预留吊装孔洞为吊点绑扎钢丝绳。

2）构件起吊离地 500mm 后用手扳葫芦将构件调平。

3）将构件平稳落位到找平面上。

4）用千斤顶调整构件轴线。

5）在第二块构件凸槽上钉上橡胶密封条，起吊。

6）将构件落位并调整到轴线上。

7）用千斤顶将第二块构件的凸槽顶到第一块构件凹槽内。

8）将螺杆插进两块预制构件预留孔洞内，锁紧。然后依次吊装。

（3）吊装注意事项。

1）安装全过程中，专职安全员必须全程进行安全监护。工作负责人、技术负责人、安全负责人在工作期间必须坚守岗位，不得擅离职守。

2）构件起吊必须由专人统一指挥，并按规定口令行动和作业。在起吊过程中，应有统一的指挥信号，参加施工的全体人员必须熟悉此信号，以便各操作岗位协调动作。吊装的指挥人员作业时应与吊车驾驶员密切配合，执行规定的指挥信号。驾驶员应听从指挥，当信号不清或错误时，驾驶员可拒绝执行。

3）设置吊装禁区，非施工人员未经许可严禁进入安装现场。

4）吊装前，起重机行进路线上，行进路路基应夯结实，确保起重机在吊装过程中路基不塌陷。吊装时，在起重机停机位可以垫厚钢板，确保起重机的稳定性。

5）禁止起重机斜吊，避免吊起的重物不在起重机起重臂顶的正下方。

（4）施工要点。装配式电缆沟施工工艺要求如下：

1）混凝土构件表面平整光洁，无裂纹，色泽一致，达到清水混凝土质量标准，工艺美观，无需进行二次粉刷或其他装修。

2）安装牢固、顺直，两侧凸凹槽填缝密实。

3）沟壁平整无翘曲、无裂纹、无变形、无明显刮痕。

4）勾缝顺直，色泽、宽度及深度一致。

5）在预制电缆沟节头和节尾的上下两处预留张拉孔，用 M20 的螺丝杆进行拧紧固定，防止发生错位和不均匀沉降，如图 6-56 所示，拧紧后用防水砂浆封堵张拉孔和螺丝杆及螺母，以免生锈，安装后如图 6-57 所示。

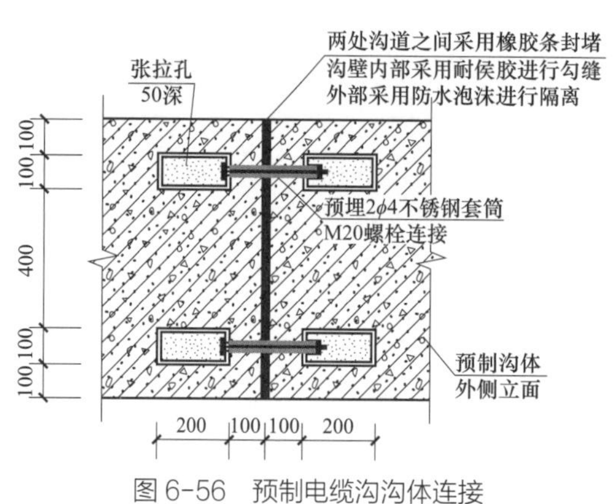

图 6-56　预制电缆沟沟体连接

注　沟体连接后张拉孔采用 C30 细石混凝土填实封堵。

图 6-57　预制电缆沟

6.5.4　透水砖施工

无底自渗电缆沟底部的透水砖主要施工要点如下：

（1）自持力层往上依次铺设 100mm 碎石层、100mm 粗砂层、50mm 透水砖。

（2）根据设计要求在沟底部增设排水管，排水管接入就近的站区排水管网。

（3）透水砖施工前，按设计进行电缆沟的定位及标定高程。

（4）按放线高程，在方格内按线砌第一行样板砖，然后以此挂纵横线，纵线不动，横线平移，依次按线及样板砖砌筑。

（5）直线段纵线向远处延伸，纵缝直顺。曲线段砌筑成扇形状，空隙部分用切割砖填筑，也可按直线顺延铺筑，然后填补边缘处空隙。

（6）铺装时避免与电缆沟壁出现空隙，如有空隙应在电缆沟一侧，出现空隙用切割砖填平。

（7）铺装时，砖应轻、平放，落砖贴近已铺好的砖垂直落下，不能推砖，造成积砂现象，并观察和调整好砖面图案的方向。用木锤或胶锤轻击砖的中间 1/3 面积处，不应损伤砖的边角，直至透水砖顶面与标志点引拉的通线在同一标高线，并使砖平铺在找平层上稳定。铺砌时应随时用水平尺检验平整度。

（8）直线或规则区域内两块相邻透水砖的接缝宽度不大于 2mm。

（9）透水砖面层铺砌完成并养护 24h 后，用填缝砂填缝（当缝隙小于 2mm 时不进行填缝），分多次进行，直至缝隙饱满，同时将遗留在砖表面的余砂清理干净。

（10）透水砖铺装过程中，不得在新铺装的路面上拌和砂浆、堆放材料或遗撒灰土。面层铺装完成到基层达到规定强度前，设置围挡，维持铺装完成面的平整。

（11）铺砌后的砖面应平整一致，同时坡向要根据施工现场利于排水而调整。

（12）对基层强度不足产生的沉陷、破碎损坏，先加固基层，再铺砌面层砌块。

（13）面层砌块发生错台、凸出、沉陷时，将其取出，整理基层和找平层，重新铺装面层，填缝。更换的砌块色彩、强度、块型、尺寸均要求与原面层砌块一致，砌块的修补部位宜大于损坏部位一整砖。

6.5.5　压顶及盖板安装

（1）电缆沟压顶安装。电缆沟压顶尺寸为长 750mm × 宽 170mm × 厚 120mm，重量为 32kg。产品实行正反铺设、一进一出、切单留双、整齐划一为原则。

1）正反铺设。压梁的铺设只能正反铺设，如图 6–58 所示。

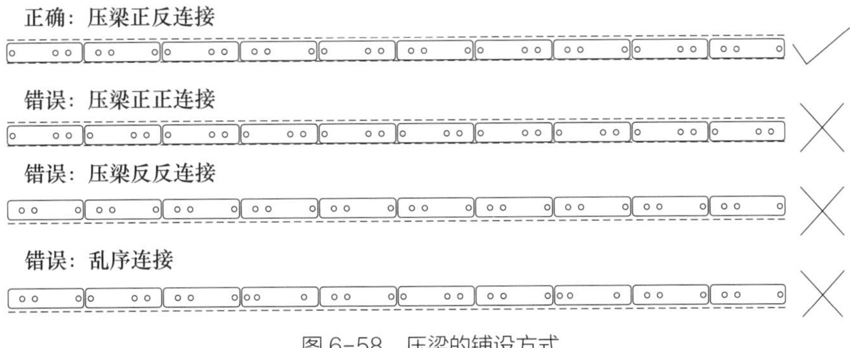

图 6–58　压梁的铺设方式

2）一进一出。压梁的铺设只能一条进口朝一个方向铺设，如图 6–59 所示。

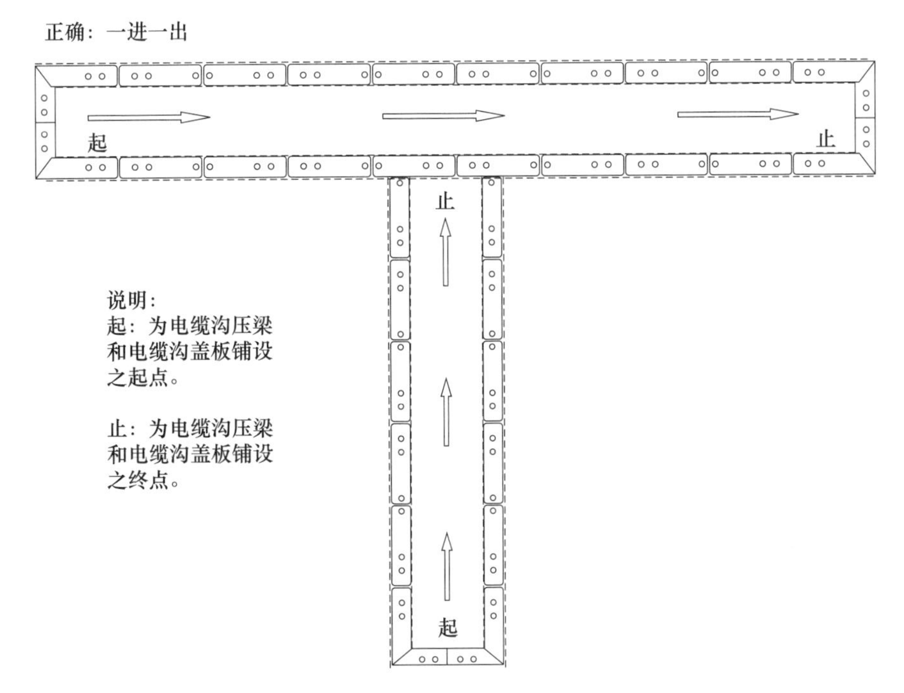

图 6–59　压梁的铺设（一进一出）

注　在铺设起点，第一块压梁必须单孔在前，双孔在后。

3）切单留双。在安装的过程中，如果需要切割异形组合，建议切除一个圆孔的一端，留两个圆孔的一端待用，如图 6-60 所示。

4）整齐划一，如图 6-61 所示。

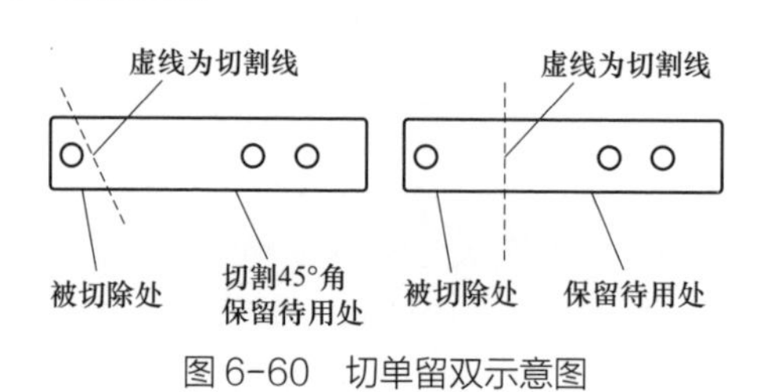

图 6-60　切单留双示意图

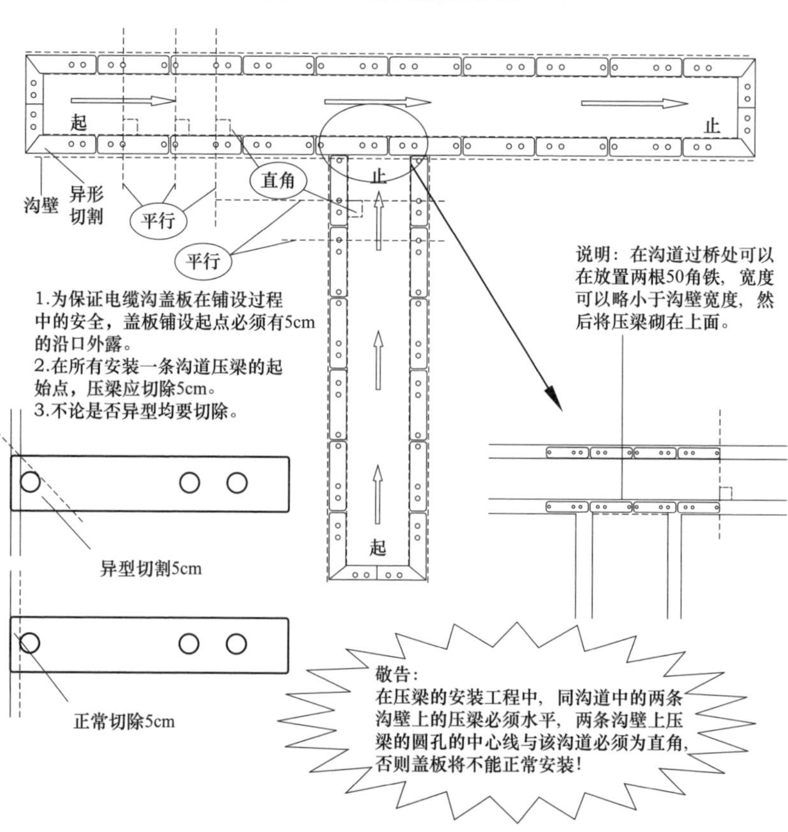

图 6-61　整齐划一示意图

压梁铺设完成后，用薄膜或透明胶布将中间凹洞覆盖，以免泥土和碎石落入，以后安装时不好清理。

（2）电缆沟盖板安装。对电缆沟盖板进行铺设时要根据实际施工需要，认真做好安装工作前的准备最好做放线处理。应先从交叉处及拐角处开始安装，交叉、T 型及拐角沟道安装应采用槽钢及压顶做成支持面；直沟安装到顶端时，使用不足一块盖板或超出一块盖板时，应选用定制加宽电缆沟盖板或在沟道顶端处用砌筑相应尺寸的“假沟道”进行安装。预制电缆沟盖板配筋及尺寸如图 6-62 所示。

（3）电缆沟压顶及盖板施工要点。

1）采用定型模板、倒扣法，工厂化制作混凝土压顶，先加工样品，后大面积制作。

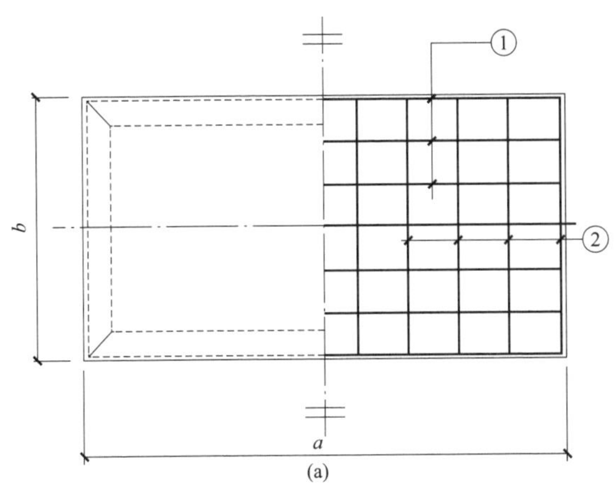

构件名称	沟净宽B (mm)	规格尺寸(mm)			钢筋	
		a	b	c	①	②
GB-1	600	900	498	50	4ϕ8	7ϕ6
GB-2	800	1100	498	50	4ϕ8	8ϕ6
GB-3	1000	1300	498	50	5ϕ8	9ϕ6
GB-4	1200	1500	498	50	4ϕ10	10ϕ6

(b)

图 6-62　预制电缆沟盖板配筋及尺寸示例
(a) 配筋图；(b) 尺寸图

2）压顶安装前应用 M15 水泥砂浆坐浆 15mm 找平，并应分段安装，每段长度不大于 20m。

3）在每段两端以电缆沟轴线和标高为准，先各安装一块，以此为准沿上口两边拉线，安装其余压顶。压顶间对缝宜控制在 8 ~ 10mm。压顶对缝两侧粘贴美纹纸后，沥青麻丝填充，硅酮耐候胶封闭。

4）柔性垫块或橡胶条应在盖板安装前设置，应确保每块盖板四角均有柔性垫块支撑。

5）盖板运输时应考虑盖板受力方向。将盖板搁置在电缆沟上，电缆沟两头采用经纬仪每 20m 左右定点。拉线调整盖板顺直及平整度。

6.5.6　密封胶勾缝填缝

（1）每 15m 设置伸缩缝，伸缩缝内填充 20mm 厚橡胶泡沫板，填充沥青麻丝，表面用硅酮耐候胶密封。

（2）沟道之间采用橡胶条封堵，沟壁内部采用耐候胶进行勾缝，外部采用防水泡沫进行隔离。

6.5.7　验收标准

（1）预制电缆沟质量验收标准如表 6-29 所示。

1）主控项目：应全数检查。

2）一般项目。

外观质量：抽查 5 ~ 10 处，每一检验项目的测点不得少于 10 处（不足 10 处的作全面检测）。

表 6-29　　预制混凝土电缆沟安装质量验收标准

类别	序号	检查项目	质量标准	单位	检验方法及器具
主控项目	1	结构性能检验	预制构件应进行结构性能检验。结构性能检验不合格的预制构件不得用于混凝土结构		检查结构性能试验报告
	2	外观质量	不应有严重缺陷，对已出现的严重缺陷，应按技术处理方案进行处理，并重新验收		观察检查

续表

类别	序号	检查项目		质量标准	单位	检验方法及器具
主控项目	3	尺寸要求		预制构件不应有影响结构性能和安装、使用功能的尺寸偏差。对超过尺寸允许偏差且影响结构性能和安装、使用功能的部位，应由施工单位提出技术处理方案，并经监理（建设）、设计单位认可后进行处理。对经处理的部位，应重新检查验收		观察，检查技术处理方案
	4	构件标志和预埋件、预留孔洞、槽		预制构件应在明显部位标明生产单位、构件型号等。构件上的预埋件和预留孔洞、槽要符合标准图或设计的要求		观察，检查技术处理方案
一般项目	1	外观质量	颜色	颜色基本一致，无明显色差		观察检查
			修补	基本无修补痕迹		观察检查
			气泡	最大直径不大于 8mm，深度不大于 2mm，每平方米气泡面积不大于 $20cm^2$		钢尺检查
			裂缝	宽度小于 0.2mm，且长度不大于 1000mm		钢尺、刻度放大镜检查
			光洁度	无漏浆、流淌及冲刷痕迹，无油迹、墨迹 及锈斑，无粉化物		观察检查
	2	沟道中心位移		±20	mm	经纬仪或拉线钢尺检查
	3	变形缝宽度		±5	mm	钢尺检查
	4	沟道顶面标高偏差		0 ~ −10	mm	水准仪检查
	5	沟道底面标高偏差		±5	mm	水准仪检查
	6	沟道底面坡度偏差		±10% 设计坡度		水准仪检查
	7	沟底排水管口标高		+10 ~ −20	mm	水准仪检查
	8	沟道截面尺寸偏差		±20	mm	钢尺检查
	9	沟壁厚度偏差		±5	mm	钢尺检查
	10	预留孔、洞中心线位移		≤ 15	mm	钢尺检查
	11	沟道盖板搁置面平整度		≤ 5	mm	2m 靠尺和楔形塞尺检查

注　依据《变电（换流）站土建工程施工质量验收规范》（Q/GDW 1183—2012）中的表 79、表 80、251 制定。

（2）预制式电缆沟压顶及盖板（如表 6–30 所示）。

表 6–30　　电缆沟盖板及压顶安装质量控制标准

类别	序号	检查项目	质量标准	单位	检查方法及器具
主控项目	1	外观质量	表面应平整，无扭曲、变形，色泽均匀		观察检查
	2	安装	平稳、顺直		观察检查
一般项目	1	压顶对缝宽度	8 ~ 10	mm	钢尺检查
	2	压顶表面平整度	≤ 3	mm	2m 靠尺和楔形塞尺检查
	3	盖板表面平整度	≤ 3	mm	2m 靠尺和楔形塞尺检查

注　依据《变电（换流）站土建工程施工质量验收规范》（Q/GDW 1183—2012）中的表 255、表《国家电网公司输变电工程标准工艺（三）（2016 版）》中的 0101030803、0101030804 制定。

1)主控项目：第1项全数检查；第2项：在同一检验批内，抽查10%，但不得少于3件。

2）一般项目：在同一检验批内，抽查10%，但不得少于3件。

6.6 地面金属槽盒

随着变电站建设智能化、一次电缆逐渐被二次光缆所取代，而传统砖砌或混凝土电缆沟的功能丧失，地面金属电缆槽盒随着科技的进步而诞生，如图6-63所示。

(a)

(b)

图6-63 地面金属电缆槽盒安装效果图
(a)侧面图；(b)表面图

6.6.1 施工流程图

（1）安装顺序：先户内后户外，户内为先里后外，按照槽盒总装配图安装就位，并进行尺寸调整，最后进行断口处连接。

（2）金属槽盒安装流程如图6-64所示。

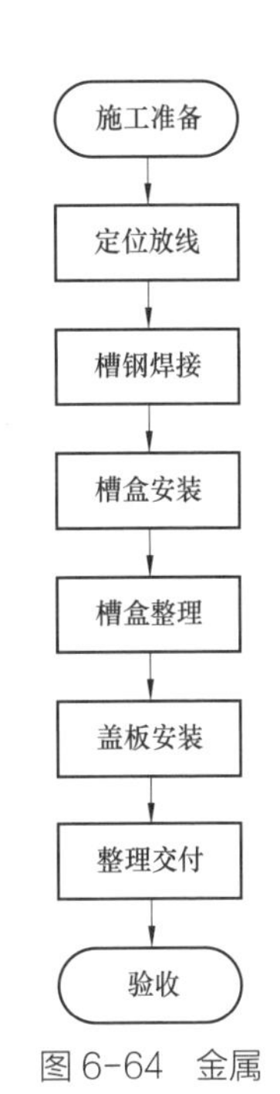

图6-64 金属槽盒安装流程

6.6.2 施工准备

（1）安装工具准备，常用金属构件安装工具。

（2）支墩与汇控柜的尺寸和高程检查验收。检查验收土建工程支墩及汇控柜的尺寸和高程与设计图是否相符，有偏差时需进行修正，修正误差为±1mm/m，整体不大于±2mm。

（3）测量定位槽盒支墩与构架的基础尺寸与高程，复核构架基础尺寸及标高是否符合设计图纸要求，复核槽盒安装图与构架、设备基础是否有交叉或碰撞。

（4）成品槽盒验收。槽盒到货现场后必须进行验收，检查外观、规格、数量、几何尺寸等，按照设计图纸和施工大样图认真清点槽盒与配件数量是否与订货清单吻合。

6.6.3 槽盒安装

地面槽盒是承载电缆等电力设施的加强型桥架。由于地面槽盒整体较长，一般在制造厂做若干分段，到现场后将各槽盒分段用螺栓连接起来，槽盒间连接处采用螺栓连接，各连接处接地要有跨接线。

（1）槽盒的就位。

1）支架必须准确地安装就位，根据槽盒的总装配图或段装配图确定支撑架或吊架的焊接位置，焊接支撑架及槽钢（角钢）横梁，并调整其标高，确保其标高计算与设计图纸完全一致，其误差不超过 ±2mm，根据槽盒支撑架安装图焊接支撑架（必须焊接牢固，防止槽盒就位后不安全的事情发生）。

2）待上述工作结束后，按照设计图纸将槽盒按次序吊装在槽钢（角钢）支撑架上，然后开始进行尺寸方向调整，误差一般由伸缩节来满足配合。

3）如果槽盒在安装就位至穿墙处，请将穿墙隔板框架点焊在基础埋件上，以防止槽盒安装后，穿墙框架未就位，而造成返工或切割框架等工作：如无穿墙隔板，洞口的封堵一般由土建施工单位进行，一般采用石棉泥封堵。

4）槽盒在就位后，在尺寸调整过程中，同时进行槽盒整理清扫工作。

（2）地面槽盒安装。地面槽盒是承担电力传输的重要部件。槽盒的机械性能应是高质量的。同时，要考虑地面槽盒堆放必须达到防雨（主要是户外），需采用防雨罩进行防雨，地面槽盒的安装人员需具有一定的电气理论知识和实践经验的能力，确保安装一次性完成。槽盒整体安装完毕，应用接地电阻仪测试，槽盒整体测试值不低于 0.1Ω。

（3）盖板安装。所有电缆全部安装并试验完毕后，具备盖盖板的条件后，先对槽盒进行整理，对盖板接缝处进行处理，对槽盒盖板反面进行隔热处理后再盖上盖板。

（4）整理验收。安装结束后，对整体地面槽盒进行整理清洁，申请验收，消缺后转序交付。

6.6.4 安全施工技术

（1）主要技术参数如下：

槽盒宽度：400 ~ 1200mm

槽盒高度：100 ~ 300mm

中间隔板数量：1 ~ 3 层

槽盒材料：铝合金，钢板，玻璃钢，复合材料

表面处理：阳极氧化、静电喷涂，热浸镀锌

使用环境温度：−40 ~ +40℃

海拔高度：2000m 以下

地震烈度：8 度

（2）地面槽盒吊装必须使用软绳具，吊装必须由持证的起重工来承担。

（3）地面槽盒安装和调整时应注意电气设备，要千万小心，严禁损坏电气设备。

（4）搭设符合规范的脚手架，使施工人员在高空有一个安全的施工平台。

（5）在施工现场准备充足的照明，在内部施工时必须具有充足的安全照明。

（6）在施工现场准备所需的防火器具，防止火灾发生。

（7）安装地点应打扫干净，避免泥灰等进入槽盒内部。

（8）户外部分工作应尽量避免在雨天进行，防止漏电。

（9）地面槽盒尺寸较大，但钢性不大，故应避免碰撞，吊装时起吊用工具及起吊点应加以注意。

（10）使用的吊链必须经过负荷试验并合格，不得超载使用。

地面金属电缆槽盒内部结构如图 6–65 所示。

(a)

(b)

图 6–65　地面金属电缆槽盒内部结构图

(a) 电缆从底部出槽盒；(b) 电缆从旁边出槽盒

6.6.5　验收标准

地面金属电缆槽盒验收标准如表 6–31 和表 6–32 所示。

表 6–31　　地面金属电缆槽盒成品构件验收标准

类别	序号	检查项目	质量标准	单位	检验方法及器具
主控项目	1	材质检查	相关材质报告		由厂家提供相关材质报告
	2	外观	表面平整，无飞边、毛刺，色泽均匀，颜色一致	mm	实物检查
	3	绕度	≤ 10	mm	每段 2 ~ 3m，用水平尺检查
一般项目	1	尺寸偏差	≤ ±1.5	mm	钢尺检查
	2	侧边与底面的垂直度	≤ ±1	mm	水平尺检查
	3	盖板与槽盒间隙	≤ 2	mm	钢尺检查

表 6-32　　地面金属电缆槽盒安装验收标准

类别	序号	检查项目		质量标准	单位	检验方法及器具
主控项目	1	电缆槽盒及其支墩接地连接		全长应不少于 2 处与接地		观察检查
	2	非镀锌电缆槽盒间连接板的两端跨接铜芯接地线允许最小截面积		≥ 4	mm^2	观察、手扳检查
一般项目	1	电缆槽盒转弯处的弯曲半径		不小于槽盒内电缆最小允许弯曲半径		根据电缆规格型号进行计算
	2	电缆槽盒的支墩间距	水平	1.5 ~ 3	m	钢尺检查
	3		垂直	≤ 2	m	钢尺检查
	4	电缆槽盒中心轴线偏差		≤ 5	mm	钢尺检查
	5	电缆槽盒水平高程偏差		≤ 2	mm	钢尺检查
	6	任取 2m 的对角线的偏差		± 1	mm	拉线或钢尺检查

注　根据《变电（换流）站土建工程施工质量验收规范》（Q/GBW 1183—2012）中的表 200、201。

6.6.6　地面槽盒技术发展

（1）复合金属地面槽盒。随着复合材料技术的发展，复合金属材料重量轻、易加工、隔热效果好、防腐性能好，正在迅速推广使用。一种复合金属压膜成型，组合式地面槽盒正在试验过程中，这种地面槽盒在支墩上预埋螺栓，在槽盒底面两侧转角处装上“L”型专用卡。专用卡与预埋螺栓用螺母拧紧即可。现场不需要吊装焊接,安装方便,安装效率高,外形美观。

（2）整体就位安装新工艺。随着专业运输机械技术的发展，场区小型轿式平板电动转运车大量使用，在我们变电站施工场区使用这种平板车，在车上安装专用吊装夹具，将每一个直线槽盒在夹具上安装好，一次吊装到槽盒地面支墩上就位。这种安装工艺改变了目前先安装直线段再安装接口及转角的工艺，而是先安装接口和转角再安装直线段的工艺，这种新工艺效率高，对成品保护好，无损伤。

6.7　预制小件

本节所讨论的变电站预制小件和传统意义上的小型构件不一样，传统意义上的小型构件是指单个体积或单个外形体积在 $0.05m^3$ 以内的构件，而本节所讨论的部分预制件的体积远超过传统意义上小型构件的定义，本文对变电站预制小件的定义是安装工作量小的预制件。

6.7.1　预制消防小间

预制消防小间基本有两种类型：金属结构、混凝土结构。

（1）金属结构。金属变电站消防组合柜，其变电站消防组合柜采用集中式方案，将变电站砂池、消防器材、工具集中于同一个组合的柜体内，形成一个独立产品，由工厂生产好后，运到现场安装即可。其安装比较简单，在站内道路边找一个长 2.5m 宽 1.5m 左右的场地，进行硬化。按照厂家所给基础预埋图，进行铁件或槽钢预埋，埋件与混凝土结合部留置 2 ~ 4mm 宽的变形缝，深度与埋件厚度一致，并采用硅酮耐候胶封闭，防止设备安装焊接过程中，因埋件变形引起的混凝土面层裂缝。待混凝土强度达到 70% 以上，可将该柜吊装就位。将柜脚与预埋铁焊接即可。特别强调，在硬化地坪时，应将接地网接地扁铁引到四个角预埋铁处焊接。安装后成品如图 6–66（a）所示，设计图如图 6–66（b）所示。

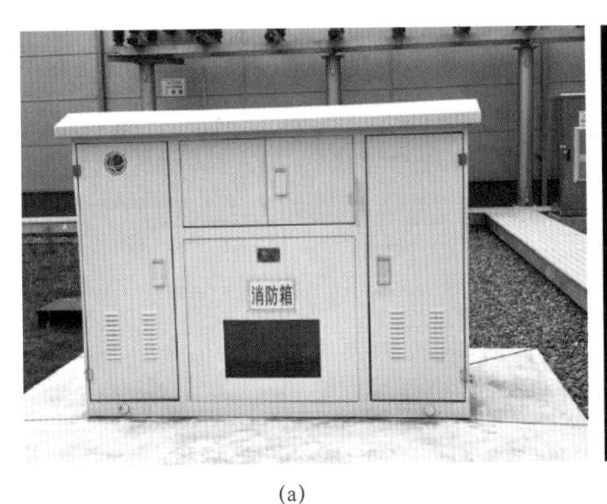

(a)

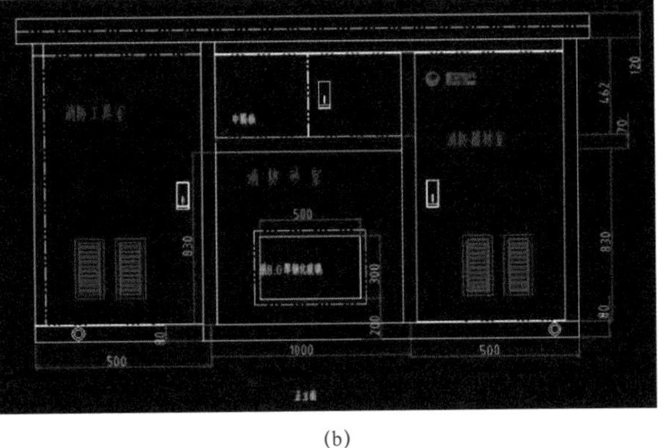

(b)

图 6–66 金属预制消防组合柜

(a) 成品图；(b) 设计图

施工工艺要求如下：

箱柜安装垂直牢固、完好，无损伤。箱柜底座框架及本体接地可靠，可开启门应用软铜导线可靠接地。成行箱应在同一轴线上。

（2）混凝土结构。混凝土结构消防小间由抗风柱、墙板和屋面板三大部分组成，各构件均采用 C30 混凝土预制。抗风柱、墙板的安装方式和挡土墙基础装配式围墙的抗风柱、墙板的安装方式完全类同。屋面板安装时卡槽要与墙板对缝齐整，用固定胶固定，注意保持屋面板水平，轻拿轻放防止磕碰。构件拼装完成后，使用黑色耐候硅酮结构胶填充墙板间、墙板和抗风柱间的缝隙。安装后成品如图 6–67 所示。

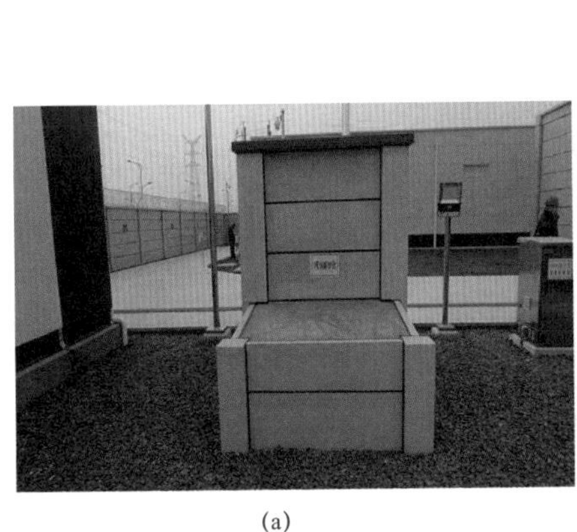

(a)

(b)

图 6–67 混凝土结构消防小间

(a) 背面图；(b) 正面图

施工工艺要求如下：

表面平整光洁美观，色泽一致，达到清水混凝土质量标准，无需进行二次粉刷。构件型号、位置、节点锚固筋必须符合设计要求，且无变形损坏现象。预制板墙与抗风柱间采用预埋件焊接工艺。焊缝长度符合要求，表面平整，无凹陷、焊瘤、裂纹、气孔、夹渣及咬边，无翘曲，无破损。抗风柱垂直度满足要求，墙板安装牢固，卡槽填缝密实。屋面板距边缘 20mm 处做滴水槽或鹰嘴、滴水线。滴水槽尺寸为 10mm × 10mm，顺直，深浅一致，全线贯通。勾缝顺直，色泽一致，宽度、深度一致。

6.7.2 预制散水

散水采用 C30 混凝土预制，清水混凝土工艺，尺寸为 600mm × 600mm、800mm × 800mm，板内配置双向钢筋 ϕ6@150，一次浇制成型；阳角倒圆角，半径 35mm，预制散水成品如图。预制散水的应用有一定的局限性，湿陷性黄土、膨胀土及黄泛区不应采用。

（1）安装注意事项：

1）散水安装前，应整平夯实预安装建筑物周边地面，素土找坡，向外坡度 3% ~ 5%，再铺 60mm 厚 C15 混凝土垫层；而后，在垫层上 50mm 厚 1 ∶ 3 水泥砂浆干铺找平，再用 1 ∶ 1 素水泥浆铺贴。

2）转角处散水四个边角做成圆弧角，其他处预制散水三个边角做成圆弧角。

3）散水安装前，按建筑尺寸进行模数预排，应先从散水转角处预制件开始，由四角向中间预排模数，并考虑空调支墩、落水管安装的位置，确保留置间距合理美观。

4）散水安装前，在垫层上铺 50mm 厚水泥砂浆干铺。安装时与建筑物装饰面层间留 20mm 缝，每块之间留缝 5mm，外侧倒角处圆弧对接顺直。待散水稳定后底部砂浆强度达到 50% 时，预留缝采用硅酮耐候胶密封。

5）预制散水安装时，先安装转角处两边的散水，而后嵌入安装转角处散水。再安装其余直线段散水，遇到空调支墩、落水管时，对预制散水进行切割。

6）安装时，与建筑物装饰面层间留 20mm 缝，每块之间留缝 5mm，外侧倒角处圆弧对接顺直。待散水稳定后底部砂浆强度达到 50% 时，预留缝采用硅酮耐候胶密封，伸缩缝灌缝硅酮耐候胶表面应光滑平整，中间低于边缘 3mm，预制散水安装完成后效果如图 6-68 所示。严禁在已完成的散水上拌合砂浆及混凝土，以免导致散水污染和破损。

（2）施工工艺要求。散水外观质量表面应平整，无扭曲、变形，色泽均匀。宜采用清水混凝土施工工艺，一次浇制成型。阳角倒圆角，半径 35mm。散水拼缝应与外墙砖对缝。

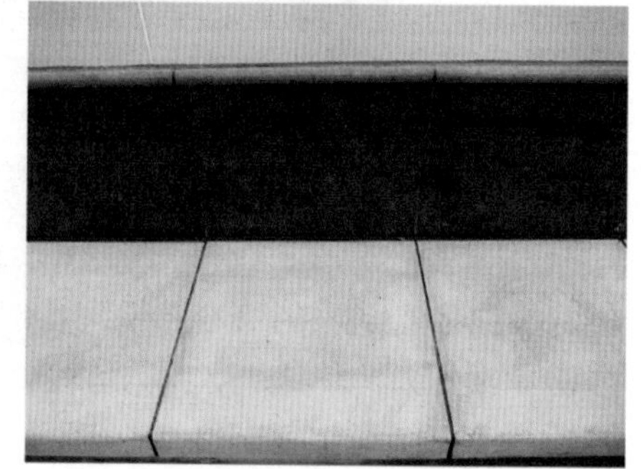

图 6-68　预制散水安装效果图

6.7.3 预制检查井、雨水井

现有预制检查井、雨水井按井圈安装方式不同有两种，一种是整体式，施工现场直接安装；另一种是拼装式，施工现场拼装。

（1）整体式。雨水口由雨水箅子和井圈两部分构成，外侧采用倒 20° 圆角工艺，采用 C30 混凝土预制，雨水箅子及井圈的具体尺寸如图 6-69 所示。预制检查井由检查井井盖和井圈两部构成，外侧采用倒 20° 圆角工艺，采用 C30 混凝土预制，井盖及井圈的具体尺寸如图 6-70 所示。雨水口和集水井井圈的截面型式保持一致，具体尺寸如图 6-71 所示。运输时雨水箅子和井盖套于井圈中整体运输，安装时，先安装好井圈，再将雨水箅子或井盖套于井圈中。

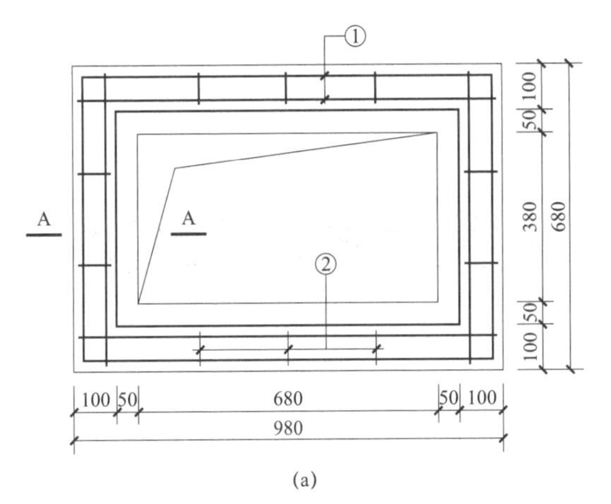

(a)

(b)

图 6-69　整装式雨水箅子及井圈

(a) 设计图；(b) 成品图

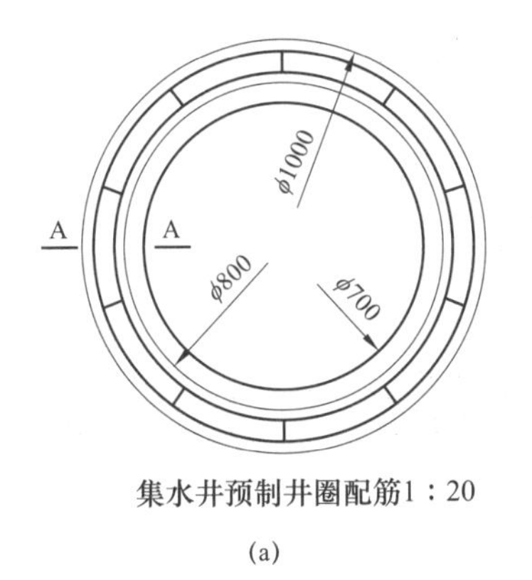

(a)

(b)

图 6-70　整装式检查井盖及井圈

(a) 设计图；(b) 成品图

（2）拼装式。雨水口由井圈和雨水箅子构成，井圈分成 6 块，采用 C30 混凝土预制，具体尺寸如图 6-72 所示，雨水箅子采用复合材料。检查井由井盖和井圈两部构成。井圈为圆形，等分为 5 块，采用 C30 混凝土预制，具体尺寸如图 6-73 所示，井盖采用复合材料。雨水口和集水井井圈的单块截面保持一致，具体尺寸如图 6-74 所示。

（3）安装注意事项。安装整体式井圈时，要控制好砌体顶面的平整度，安装前采用座浆，安装雨水箅子和井盖时，注意成品保护，勿发生碰撞。

安装拼装式井圈时，控制好井圈的高度，井圈和井盖的吻合度，井圈表面平整，拼接处勾缝。

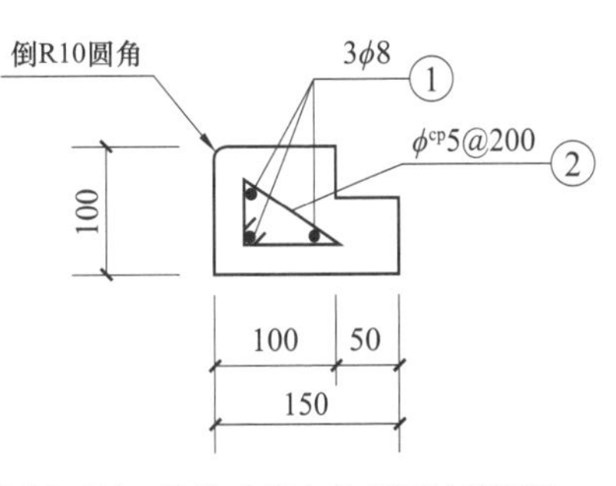

图 6-71　整装式集水井井圈的截面图

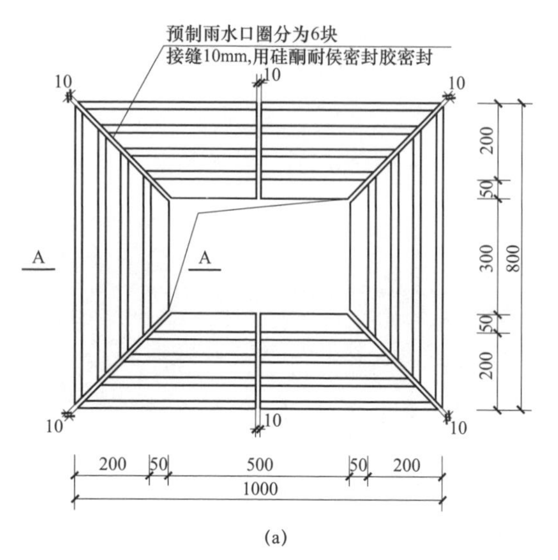

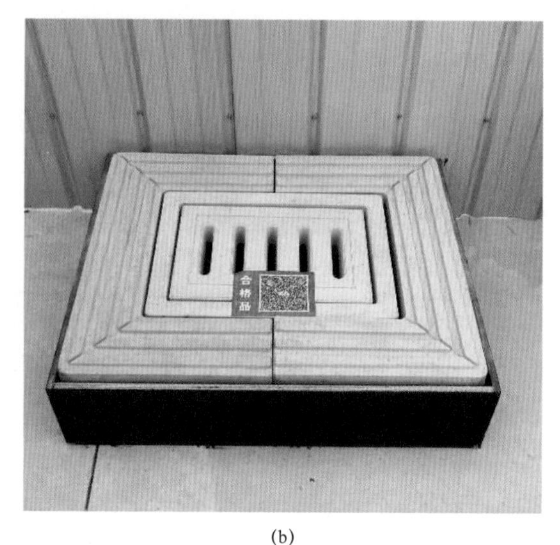

图 6-72　拼装式雨水箅子及井圈

(a) 设计图；(b) 成品图

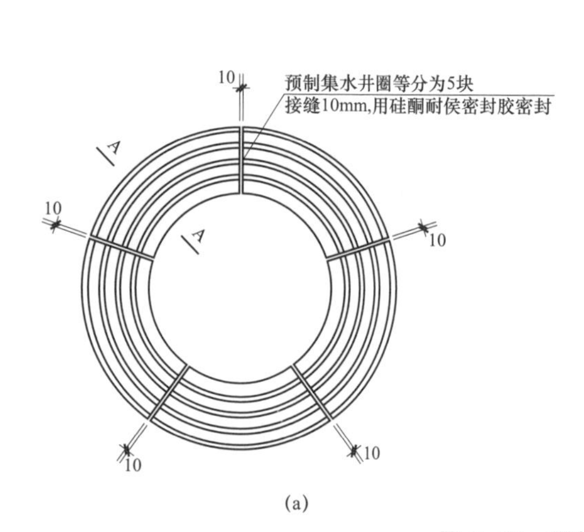

图 6-73　拼装式检查井盖及井圈

(a) 设计图；(b) 成品图

安装完成后，检查井和雨水井的规格、尺寸和位置正确，雨水井和兼排水功能的检查井排水顺畅，检查井流槽应平顺、圆滑、光洁。道路外雨水井，井顶标高应低于碎石场地基层或简易绿化土表层，或采取其他确保排水通畅的措施，井边应有防止碎石、泥土等掉落井内的构造措施。

（4）施工工艺要求。预制块结构无严重质量缺陷，组砌时灰浆饱满、灰缝平直、首层砌筑时应采用座浆，不得出现通缝。检查井和雨水井的规格、尺寸和位置正确，雨水井和兼排水功能的检查井排水顺畅，检查井流槽应平顺、圆滑、光洁。井室内踏步位置正确、牢固。

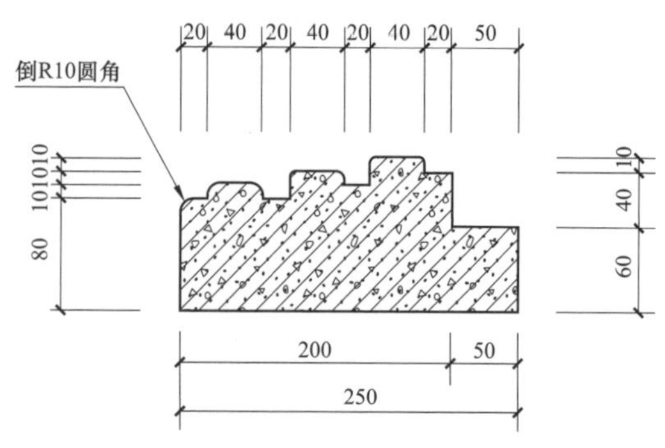

图 6-74　拼装式集水井井圈的截面图

6.7.4 预制操作地坪及巡视小道

预制式操作地坪及检修小道采用 400mm × 400mm × 60mm（或 350mm × 350mm × 60mm）C30 混凝土预制板进行拼装的方式，预制板面设防滑纹路，如图 6-75 所示。在预制板下设现浇混凝土垫层（在有绝缘要求时见单体工程设计要求）。

(a)　　(b)

图 6-75　预制巡视小道

(a) 整体安装图；(b) 单块成品图

（1）安装注意事项。

1）拼图与套割：根据设计要求，弹出各纵横巡视小道中心线，巡视小道之间交接及小道与站内道路交接尺寸。

2）按排块设计图将板材预先编号、镶贴时，严格按编号顺序施工。

3）设控制线：板材铺贴前，根据巡视道路标高，测设水平标高控制，纵向巡视小道控制线应采用经纬仪进行通长观测调整，确保巡视道路纵向道板直线精确度。

4）铺贴：预制件安装前，应整平夯实预安装处地面，再铺设 150mm 厚 C20 细石混凝土垫层（若有绝缘要求，按设计图纸要求施工）。铺贴时应从纵横向道路交接处进行铺贴，随刷随铺水泥砂浆，采用橡皮锤轻击预制件表面，使其与砂浆密实，并采用水平尺检查表面水平度，刮去侧边挤出砂浆。

5）养护：预制件粘贴 12h 内进行浇水养护，养护时间满足规范要求。

（2）施工工艺要求。砖与砂浆的结合必须牢固，无空鼓。面层表面洁净，无裂纹、脱皮、麻面和起砂等现象。面层排水坡度不小于 1.5%，排水畅通，无积水现象。

6.7.5 预制空调支墩

空调基础采用双墩式基础，基础间距根据空调规格确定，每条基础支墩尺寸采用 500mm × 150mm × 200mm（长 × 宽 × 高），C30 混凝土，采用 C40 混凝土预制，钢筋保护层厚度为 20mm，上表面两侧采用倒圆角 R=35mm，空调安装固定时可采用膨胀螺栓或预留安装孔方式。具体如图 6-76 ~ 图 6-80 所示。

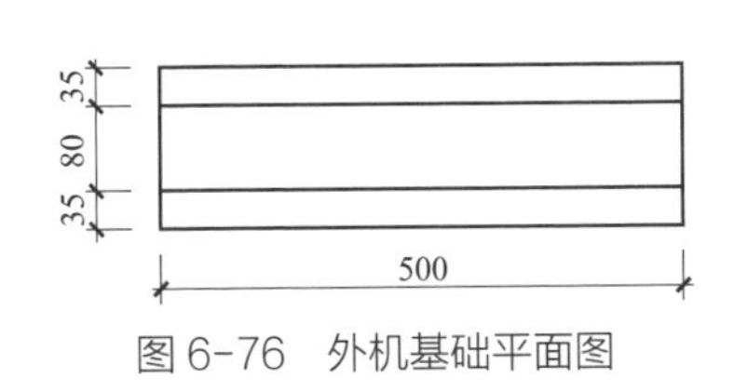

图 6-76　外机基础平面图

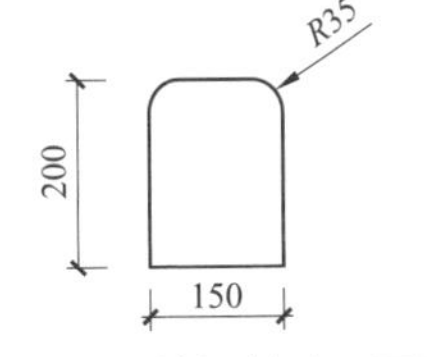

图 6-77　外机基础正面图

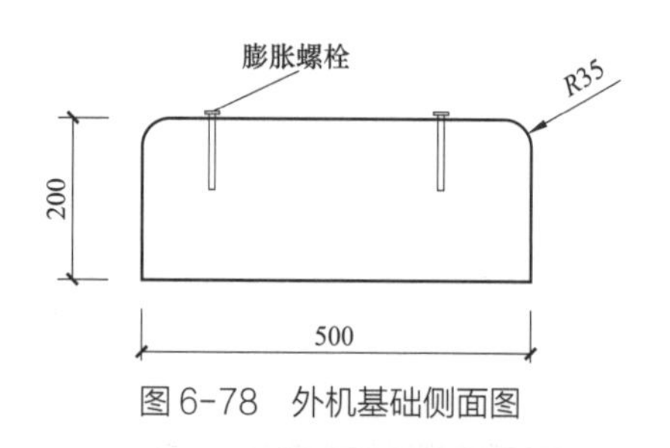

图 6-78　外机基础侧面图

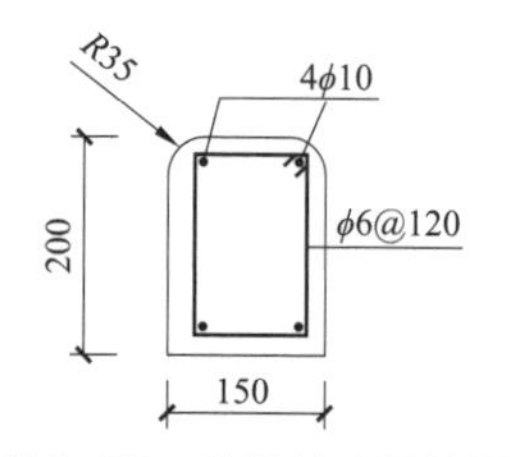

图 6-79　外机基础配筋图

图 6-80　双墩式空调基础照片

（1）安装注意事项。提前策划好空调基础具体位置，提前将主接地网引至空提基础旁，以便于空调室外机安装后接地施工，同时，预装好引至站内排水管网的 PVC 管，便于空调实现有组织排水。空调基础应在散水前施工，预制基础应安装在散水的细石混凝土垫层上。

（2）施工工艺要求。预制混凝土基础尺寸应与施工图保持一致，预留空洞、穿管、地脚螺栓和预埋件必须准确。外露部分采用清水混凝土倒圆角工艺。空调基础周边与散水交接处应设变形缝，并用硅酮耐候胶封闭。

6.7.6　预制端子箱及电源检修箱基础

预制端子箱及电源检修箱基础采用 C30 混凝土预制，尺寸为 880mm × 780mm × 300mm（长 × 宽 × 高），基础高出地面 200mm。钢筋保护层厚度为 20mm，如图 6-81 所示。

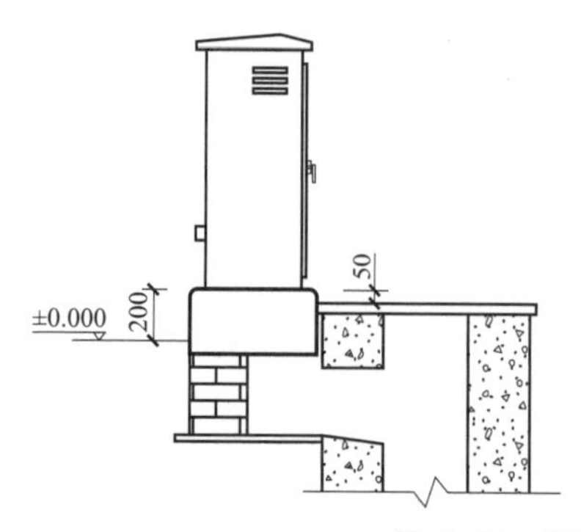

图 6-81　预制端子箱及电源检修箱基础

（1）安装注意事项。

1）预制前，按照预埋螺栓间距尺寸加工一个打孔钢板，将各个螺栓用螺母固定在钢板孔洞内，浇筑时，将钢板固定在模板的紧固钢管上，以保证预埋螺栓位置不发生移动。或者不预埋螺栓，后期安装采用化学螺栓固定。

2）基础预制时，螺栓上部的螺杆及螺母须抹上固体黄油后用塑料布包裹，并用铁丝扎紧。

3）安装时，要控制好砌体顶面的平整度，采用座浆。预制基础与电缆沟连接处宜设置变形缝，下部采用沥青砂填充，上部采用 20mm 硅酮耐候胶封闭。

（2）施工工艺要求。预制混凝土基础尺寸应与施工图保持一致，预留空洞、穿管、地脚螺栓和预埋件必须准确。外露部分采用清水混凝土倒圆角工艺。

6.7.7 预制灯具、视频基础

基础采用 C40 混凝土预制，上表面采用倒圆角 R=35mm。结构形式为独立基础，样式可做成圆形或者正方形，当采用圆形基础时，上部直径为 500mm，当采用方形基础时，上部尺寸为 500mm × 500mm。在基础中预留 UPVC50 线管，方便接线。场地灯和视频监控在基础上部采用螺栓连接，螺栓孔间距尺寸由厂家提供，经复核后交预制件生产厂家生产，如图 6-82 ~ 图 6-86 所示。

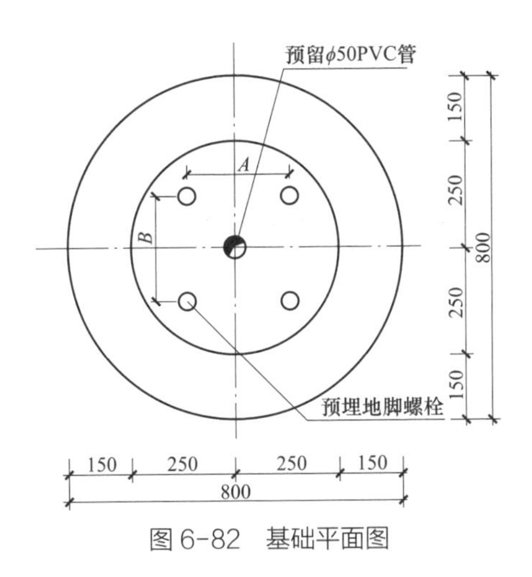

图 6-82　基础平面图

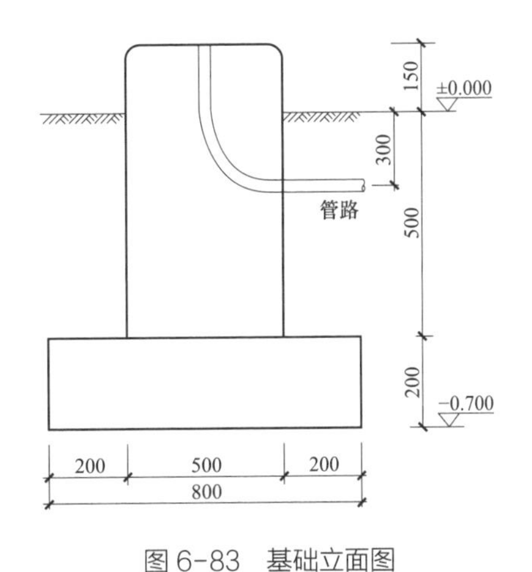

图 6-83　基础立面图

图 6-84　方形基础

图 6-85　圆形基础

图 6-86　预制视频终端基础

（1）安装注意事项。安装灯具、遥视基础时，要控制好基础顶面的平整度，安装前采用水泥砂浆找平，就位后注意成品保护，勿发生碰撞。

提前将接地网干线引至基础旁，方便灯杆和遥视杆安装后接地。

（2）施工工艺要求。预制混凝土基础尺寸应与施工图保持一致，预留空洞、穿管、地脚螺栓和预埋件必须准确。外露部分采用清水混凝土倒圆角工艺。

6.7.8　预制主变压器油池压顶

预制主变压器油池压顶采用 C40 混凝土预制，清水混凝土工艺，具体长度见个体工程设计（常规尺寸有 750mm × 250mm × 200mm），对缝宽带 10mm。为了美观和防止碰撞，压顶上表面两个侧边采用倒圆角 R=35mm，如图 6-87 所示。

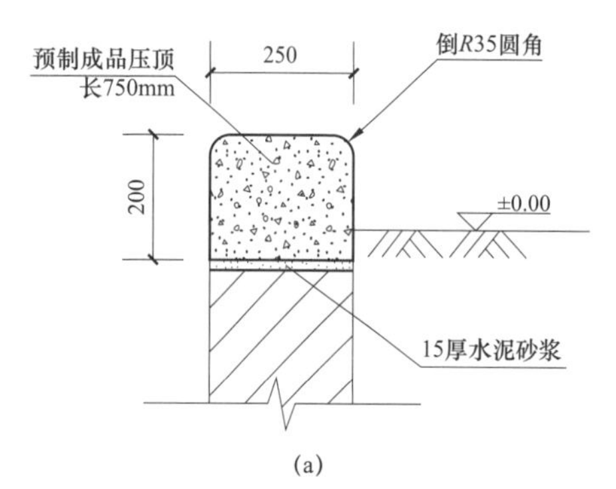

(a)

(b)

图 6-87　油池压顶断面图

(a) 设计图；(b) 成品图

（1）安装注意事项。主变压器油池施工前，需对主变压器油池压顶进行预排，应以油池壁变形缝间距确定长度模数，要求均分且每块长度小于 1m，确保每块压顶尺寸一致，池壁伸缩缝和压顶连接缝应上下贯通。

压顶正式安装前，对事故油池上口进行平直度复合，用 M15 水泥砂浆坐浆找平。设基准点进行排尺，在四角开始安装挂线全面安装，压顶板对缝宽度控制在 10mm，压顶对缝两侧粘贴美纹纸后，采用硅酮耐候封闭。压顶梁宽度宜与池壁宽度一致，在和砌体连接处接缝顺直，宽窄一致。油池池壁在四个转角处，应采取 45° 切角处理。

主变压器油池成品如图 6-88 所示。

（2）施工工艺要求。压顶梁宽度宜与池壁宽度一致。压顶梁厚度应不小与 200mm，在和砌体连接处接缝顺直，宽窄一致。压顶梁长度应不大于 1000m，进行均分。对缝处应采用硅酮耐候封闭。

图 6-88　预制主变压器油池压顶安装效果

6.7.9 预制站外排水沟

预制式排水沟采用U形沟，每段长1m，用于站区及站外边坡（挡土墙）坡脚处排水。预制式排水沟采用C40碳素混凝土预制在电缆沟沟壁一侧位置预留50mm×50mm的企口接头，另一侧位置预留50mm×50mm的平口接头，在预制式排水沟转角处由排水管引接至站外排水系统，如图6-89和图6-90所示。

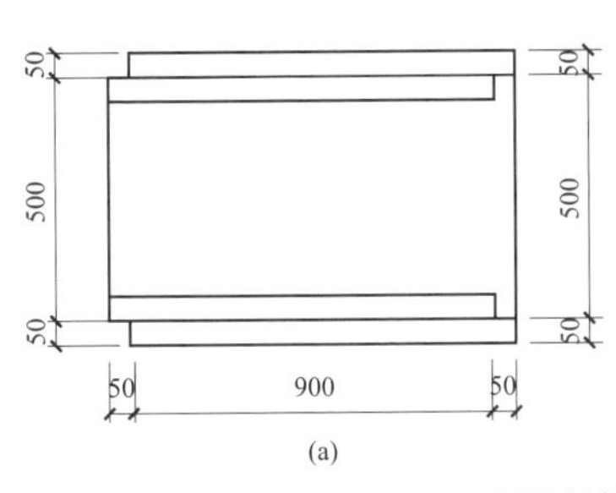

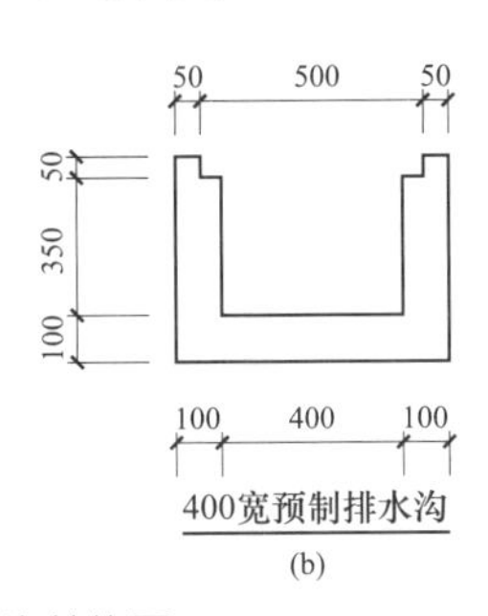

图6-89 预制站外排水沟结构图
(a) 设计平面图；(b) 设计断面图

图6-90 预制站外排水沟

预制排水沟安装流程如下：基坑开挖—垫层施工—垫层找坡—预制排水沟吊装—土方回填。由于预制排水沟体积和重量相对较大，它的安装前需要大面积开挖基槽，开挖作业时无可避免的要扩大作业面，施工时的安全风险也会相应的增加，同时，构件的运输以及吊装也存在一定的困难，特别是在成品保护方面，因为预制排水沟的企口和平口比较小，在吊装和安装时很容易开裂。

（1）安装注意事项。

1）安装前采用座浆，土方开挖时预留一定的排水坡度。

2）在铺设垫层的时候，在垫层面施工时候保留大致的设计坡度。

3）构件吊装就位时进行坡度的初步调整，在构件固定后进行最后一次坡度调整。

4）两块预制构件企口和平口相交时，要保持一定比例坡度，水平和垂直方向要严密，构件两头的每一个接口缝宽要保持一致。

5）两块预制构件连接处接缝宽度允许偏差0～5mm，采用硅酮耐候胶勾缝，每15m设置变形缝，变形缝内填充20mm厚橡胶泡沫板，填充沥青麻丝，表面用硅酮耐候胶密封。

（2）施工工艺要求。混凝土构件表面平整光洁，无裂纹，色泽一致，达到清水混凝土质量标准，工艺美观，无需进行二次粉刷或其他装修。安装牢固、顺直，两侧企平口槽填缝密实。沟壁平整无翘曲、无裂纹、无变形、无明显刮痕。勾缝顺直，色泽、宽度及深度一致。

6.7.10 预制事故油池

预制事故油池采用新型的虹吸式油池，它利用油水分离后，浮于油池上部的绝缘油的油压，降沉于底部的水排出，工作原理如图6-91所示。

预制事故油池安装流程如下：基坑开挖—垫层施工—预制事故油池吊装—土方回填。由于事故油池体积较大，在安装前需要开挖大基坑，而且开挖作业时无可避免的要扩大作

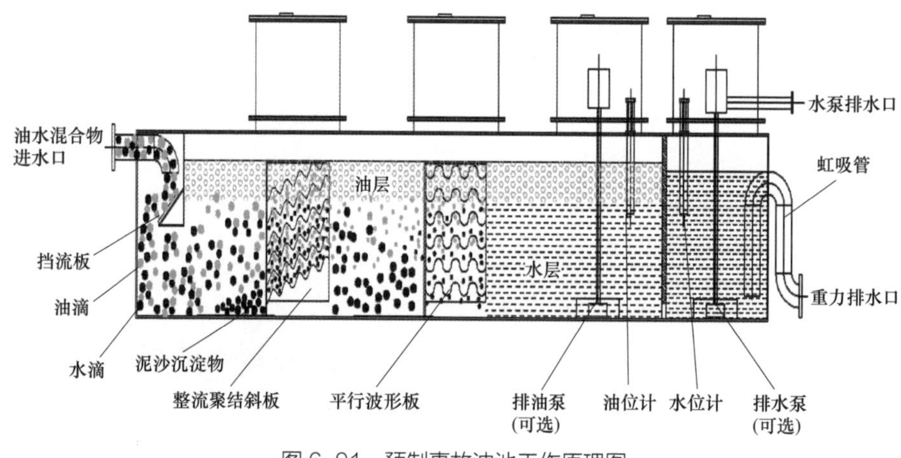

图 6-91　预制事故油池工作原理图

业面，施工时的安全风险也相应的增加，同时，大体积预制件的运输以及吊装也存在一定的困难，而且使用年限、废水处理的效果及综合单价等性能指标还需要进一步研究。现在，预制事故油池还在起步阶段，离大面积推广应用还言之过早。

6.7.11　预制化粪池

预制混凝土化粪池，是在现浇钢筋混凝土、砖砌结构和玻璃钢材质化粪池的基础上，开发出来的新一代化粪池。

产品规格：2300mm × 2300mm × 1000mm，混凝土板厚 150mm，平均一个 4t 重。

采用钢筋混凝土结构，工厂化生产，不仅建造周期短、总体造价低、节约用地、排列组合灵活，而且抗压强度高、不渗漏、使用寿命长，是现浇钢筋混凝土、砖砌结构和玻璃钢材料的升级和替代产品。多种工艺化粪池比较如表 6-33 所示。国标图集参见 03S702《钢筋混凝土化粪池》。

表 6-33　　多种工艺化粪池比表

项目	预制钢筋混凝土	传统砖砌	玻璃钢
材质	钢筋混凝土 （150mm 厚）	砖（非消防通道下 240mm 厚，消防通道下 370mm 厚）	玻璃钢（5 ~ 8mm 厚）
结构性	钢筋混凝土（稳定性好）	砖结构（稳定性不够）	内肋（稳定性差） 内部钢筋（易腐蚀）
质量可控性	现场模块式组装，全过程可控	工期长，多工种、多隐蔽工程，难监控	一体化，无法监控
安全性	安全性高	施工周期长易引发安全事故	危险
耐抗压性	高耐压，使用牢固	抗压性低，周边土方易坍塌	不抗压，易坍塌损坏
耐腐蚀性	耐酸碱性好	耐腐蚀性差	较好
安装工期	2 ~ 3 天（安装后上部可载重）	30 天以上（占用施工场地）	2 ~ 3天(安装后上部不能载重）
施工阶段	各个阶段均可施工	工程外架拆除后	工程外架拆除后

续表

项目	预制钢筋混凝土	传统砖砌	玻璃钢
二次成本	无（原土回填、附加工程），上部无需加钢筋	防渗漏工程，因工期长需加固基坑费用	四周石粉回填 上部钢筋混凝土保护层
渗漏情况	无渗漏	易渗漏	易开裂、易穿孔
使用寿命	70 年	40 年	30 年
排污效果	标准化无动力污水处理，完全达标	标准化无动力污水处理，完全达标	各厂商工艺不同，较难监控。无法达到无动力污水处理装置排放要求
成本情况	低	高	低

（1）施工流程。

1）地基验收：混凝土表面高差控制在 1cm 以内，基坑内无积水。

2）化粪池吊装：将各个化粪池按顺序放入基坑，控制好各个底座的水平位置，严格控制整体池体垂直度，及时调整。

3）接缝处理：连接缝凹槽内灌聚合物防水水泥砂浆，表面用聚合物防水水泥砂浆抹缝。

4）管道安装：管道与池体连接处，用橡胶密封环进行密封，内外两侧灌微膨防水水泥砂浆，两侧灌微膨防水水泥砂浆。

5）加盖回填：将污水处理池顶盖吊装至池体上并固定。

（2）工艺要求。化粪池底板安放要保持水平和稳定，相连通的化粪池进、排水孔要对正，方便对接。盖板安装平稳、顺直，走动无异响声，如图 6–92 所示。

图 6–92　预制化粪池

6.7.12　验收标准

1）产品质量验收标准，如表 6–34 所示。

表 6–34　　预制小件产品质量验收标准

类别	序号	检查项目	质量标准	单位	检验方法及器具	来源
主控项目	1	混凝土的抗压强度及试件取样留置（现场预制）	应符合设计要求和现行有关标准的规定		检查施工记录及试件强度试验报告	
	2	质量证明文件和表面标识（工厂化预制）	应符合设计要求和现行有关标准的规定		检查产品合格证、混凝土强度检验报告和表面标识	GB 50204—2015 9.2.1
	3	外观质量（工厂化预制）	不应有严重缺陷，且不应有影响安装、使用功能的尺寸偏差		观察，尺量检查	GB 50204—2015 9.2.2
	4	预埋件、预留孔洞	预埋件和预留孔洞要符合标准图或设计的要求		观察，检查技术处理方案	Q/GDW 1183—2012 表 80

续表

类别	序号	检查项目		质量标准	单位	检验方法及器具	来源
一般项目	1	外观质量	表面	应干净，不应有疤痕、泥沙等污垢		观察，检查技术处理方案	Q/GDW 1183—2012 表 79
			颜色	颜色基本一致，无明显色差		观察检查	Q/GDW 1183—2012 表 79
			修补	基本无修补痕迹		观察检查	Q/GDW 1183—2012 表 79
			气泡	最大直径不大于 8mm，深度不大于 2mm，每平方米气泡面积不大 $20cm^2$		钢尺检查	Q/GDW 1183—2012 表 79
			裂缝	宽度小于 0.2mm，且长度不大于 1000mm		钢尺、刻度放大镜检查	Q/GDW 1183—2012 表 79
			光洁度	无漏浆、流淌及冲刷痕迹，无油迹、墨迹及锈斑，无粉化物		观察检查	Q/GDW 1183—2012 表 79
			螺栓孔眼	排列整齐，孔洞封堵密实，凹孔棱角清晰圆滑		观察、钢尺检查	Q/GDW 1183—2012 表 79
	2	长度偏差	预制式电缆沟盖板	± 3	mm	钢尺检查	标准工艺（三）（2016 版）0101030804
			预制式电缆沟压顶	± 5			标准工艺（三）（2016 版）0101030803
			预制主变压器油池压顶	± 5			标准工艺（三）（2016 版）0101020403
	3	宽度偏差	预制式电缆沟盖板	± 3	mm	钢尺量一端及中部，取其中较大值	标准工艺（三）（2016 版）0101030804
			预制式电缆沟压顶	± 5			标准工艺（三）（2016 版）0101030803
			预制主变压器油池压顶	± 2	mm	钢尺量一端及中部，取其中较大值	标准工艺（三）（2016 版）0101020403
	4	高（厚）度偏差	预制式电缆沟及主变压器油池压顶	± 3	mm	钢尺量一端及中部，取其中较大值	标准工艺（三）（2016 版）0101030803、0101020403
			预制电缆沟盖板	± 2	mm	钢尺量一端及中部，取其中较大值	标准工艺（三）（2016 版）0101030804
	5	预埋件	中心位移	≤ 10	mm	钢尺检查	Q/GDW 1183—2012 表 80
			螺栓位移	≤ 5			Q/GDW 1183—2012 表 80
			螺栓外露长度偏差	0 ~ 10			Q/GDW 1183—2012 表 80
	6	预留孔中心位移		≤ 5	mm	钢尺检查	Q/GDW 1183—2012 表 80
	7	预留洞中心位移		≤ 15	mm	钢尺检查	Q/GDW 1183—2012 表 80
	8	对角线差	检查井、雨水井、压顶及预制电缆沟盖板	≤ 3	mm	钢尺量两个对角线	标准工艺（三）（2016 版）0101030803 0101030804 0101030703 0101020403

注 依据《变电（换流）站土建工程施工质量验收规范》（Q/GDW 1183—2012）表 77、表 80，《国家电网公司输变电工程标准工艺（三）（2016 版）》0101030803、0101030804、0101030703、0101020403。

2）安装质量验收标准。

①消防组合柜成品安装验收标准如表 6–35 所示，预制混凝土结构消防小间安装验收标准参照装配式围墙安装验收标准。

表 6–35　消防组合柜成品安装验收标准

类别	序号	检查项目	质量标准	单位	检验方法及器具
主控项目	1	材质检查	相关材质报告		由厂家提供相关材质报告
	2	结构检查	结构牢固，无变形		实物检查
	3	外观	表面平整，无飞边、毛刺，色泽均匀，颜色一致		实物观察
	4	保护接地	消防组合柜必须有两处接地		实物观察
一般项目	1	稳固程度	安装牢固，不得倾斜		实物观察
	2	几何尺寸	与设计相符；满足消防器材存放要求		实物检查
	3	垂直度偏差	安装垂直度允许偏差为 1.5‰	mm	钢尺检查
	4	离地高度	0.1 ~ 0.2	m	钢尺检查

注　根据《变电（换流）站土建工程质量验收规范》（Q/GDW 1183—2012）表 199、《电气装置安装工程质量检验及评定规程　第 8 部分》（DL/T 5161.8—2018）表 4.0.2、《国家电网公司输变电工程标准工艺（三）　工艺标准库（2016 年版）0102040102 制定。

②预制散水安装质量验收标准如表 6–36 所示。

主控项目：应全数检查。

一般项目：在同一检验批内，抽查 10%，但不得少于 3 件。

表 6–36　预制散水安装质量验收标准

类别	序号	检查项目	质量标准	单位	检验方法及器具
主控项目	1	安装	平稳、顺直		观察检查
一般项目	1	边线位移	≤ 5	mm	经纬仪或吊线、钢尺检查
	2	顶高偏差	−5 ~ 0	mm	水准仪和钢尺检查
	3	接缝	0 ~ 5	mm	钢尺检查

注　根据《变电（换流）站土建工程施工质量验收规范》（Q/GDW 1183—2012）表 81、《国家电网公司输变电工程标准工艺（三）　工艺标准库（2016 年版）0101011001 制定。

③预制检查井、雨水井安装质量验收标准如表 6–37 所示。

主控项目：全数检查。

一般项目：在同一检验批内，抽查 10%，但不得少于 3 件。

表 6–37　　预制检查井、雨水井安装质量验收标准

类别	序号	检查项目	质量标准	单位	检验方法及器具
主控项目	1	安装	完整无损，平稳牢固		观察检查
	2	功能检查	雨水井和兼排水功能的检查井排水顺畅，沉砂槽设置规范，检查井流槽应平顺、圆滑、光洁		观察、钢尺检查
一般项目	1	轴线偏差	≤ 5	mm	经纬仪检查
	2	平整度	≤ 3	mm	2m 靠尺和楔形塞尺检查
	3	井圈和井壁吻合偏差	≤ 10	mm	楔形塞尺检查
	4	井顶面标高	符合设计要求		水准仪检查

注　根据《变电（换流）站土建工程施工质量验收规范》（Q/GDW 1183—2012）中的表 198、《国家电网公司输变电工程标准工艺（三）（2016 版）》中的 0101030703《给水排水管道工程施工及验收规范》（GB 50268—2008）中的表 8.5.2 制定。

④预制巡视小道安装质量验收标准如表 6–38 所示。

主控项目：应全数检查。

一般项目：在同一检验批内，抽查 10%，但不得少于 3 件。

表 6–38　　预制巡视小道安装质量验收标准

类别	序号	检查项目	质量标准	单位	检验方法及器具
主控项目	1	板块的品种和质量	应有产品质量合格证明文件，并应符合设计要求和国家现行有关标准的规定		观察检查和检查型式检验报告、出厂检验报告、出厂合格证
	2	面层与下一层结合	应牢固，无空鼓（单块砖边角允许有局部空鼓，但每自然间或标准间的空鼓砖不应超过总数的 5%）		用小锤轻击检查
一般项目	1	面层表面质量	表面应洁净，图案清晰，色泽一致，接缝平整，深浅一致，周边顺直。板块无裂纹、掉角和缺楞等缺陷；非整砖块材不得小于 1/2		观察检查
	2	面层表面坡度	应符合设计要求，不倒泛水、无积水；与地漏、管道结合处应严密牢固，无渗漏		观察、泼水或坡度尺及蓄水检查
	3	接缝	0 ~ 5	mm	钢尺检查
	4	表面平整度	≤ 4.0	mm	用 2m 靠尺和楔形塞尺检查
	5	线格平直度	≤ 3.0	mm	拉 5m 线和用钢尺检查
	6	接缝高低差	≤ 1.5	mm	用钢尺和楔形塞尺检查
	7	板块间隙宽度	≤ 6.0	mm	钢尺检查
	8	标高	± 10	mm	

注　根据《变电（换流）站土建工程施工质量验收规范》（Q/GDW 1183—2012）表 121 制定。

⑤预制空调基础安装质量验收标准如表 6–39 所示。

一般项目：在同一检验批内，抽查 10%，但不得少于 3 件。

表 6-39 预制空调基础安装质量验收标准

类别	序号	检查项目	质量标准	单位	检验方法及器具
一般项目	1	中心线对定位轴线位移	≤ 5	mm	经纬仪或吊线、钢尺检查
	2	双墩顶高偏差	-5 ~ 0	mm	水准仪和钢尺检查
	3	垂直度	≤ 2	mm	经纬仪或吊线、钢尺检查

注 根据《变电（换流）站土建工程施工质量验收规范》（Q/GDW 1183—2012）表 81 制定。

⑥预制端子箱及电源检修箱安装质量验收标准如表 6-40 所示。

一般项目：在同一检验批内，抽查 10%，但不得少于 3 件。

表 6-40 预制端子箱及电源检修箱安装质量验收标准

类别	序号	检查项目	质量标准	单位	检验方法及器具
一般项目	1	安装控制标志	预制构件安装前，应按设计要求在构件和相应的支承结构上标志中心线、标高等控制尺寸，按标准图或设计文件校核预埋件及连接钢筋等，并作出标志	mm	观察、钢尺检查
	2	截面尺寸偏差	≤ 5	mm	钢尺检查
	3	预埋孔洞及预埋件中心位移	≤ 5	mm	钢尺检查
	4	中心线对定位轴线位移	≤ 5	mm	经纬仪或吊线、钢尺检查
	5	顶面标高偏差	-3 ~ 0	mm	水准仪和钢尺检查
	6	平整度	≤ 3	mm	直尺和楔形塞尺检查

注 根据《变电（换流）站土建工程施工质量验收规范》（Q/GDW 1183—2012）表 81，《国家电网公司输变电工程标准工艺（三）（2016 版）》0101030902 制定。

⑦预制灯具、视频基础安装质量验收标准如表 6-41 所示。

一般项目：在同一检验批内，抽查 10%，但不得少于 3 件。

表 6-41 预制灯具、视频基础安装质量验收标准

类别	序号	检查项目	质量标准	单位	检验方法及器具
一般项目	1	安装控制标志	预制构件安装前，应按设计要求在构件和相应的支承结构上标志中心线、标高等控制尺寸，按标准图或设计文件校核预埋件及连接钢筋等，并作出标志	mm	观察、钢尺检查
	2	立面垂直度偏差	≤ 2	mm	钢尺检查
	3	阳角方正偏差	≤ 3	mm	钢尺检查
	4	预埋件顶面标高偏差	≤ ±3	mm	水准仪和钢尺检查
	5	基础表面标高偏差	-5 ~ 0	mm	水准仪和钢尺检查
	6	平整度偏差	≤ 3	mm	直尺和楔形塞尺检查

注 根据《变电（换流）站土建工程施工质量验收规范》（Q/GDW 1183—2012）表 81、《国家电网公司输变电工程标准工艺（三）（2016 版）》中的 0101031201 制定。

⑧预制油池压顶安装质量验收标准如表 6-42 所示。

一般项目：在同一检验批内，抽查 10%，但不得少于 3 件。

表 6–42　　预制油池压顶安装质量验收标准

类别	序号	检查项目	质量标准	单位	检验方法及器具
一般项目	1	安装控制标志	预制构件安装前，应按设计要求在构件和相应的支承结构上标志中心线、标高等控制尺寸，按标准图或设计文件校核预埋件及连接钢筋等，并作出标志	mm	观察、钢尺检查
	2	长度偏差	≤ ±5	mm	钢尺检查
	3	宽度偏差	≤ ±2	mm	钢尺检查
	4	厚度偏差	≤ ±3	mm	钢尺检查
	5	对角线偏差	≤ 3	mm	钢尺检查
	6	平整度偏差	≤ 3	mm	直尺和楔形塞尺检查

注　根据《变电（换流）站土建工程施工质量验收规范》（Q/GDW 1183—2012）表 81、《国家电网公司输变电工程标准工艺（三）（2016 版）》0101020403 制定。

⑨预制站外排水沟安装质量验收标准如表 6–43 所示。

主控项目：全数检查。

一般项目：在同一检验批内，抽查 10%，但不得少于 3 件。

表 6–43　　预制站外排水沟安装质量验收标准

类别	序号	检查项目	质量标准	单位	检验方法及器具	来源
主控项目	1	变形缝	变形缝间距必须符合设计要求		钢尺检查	Q/GDW 1183—2012 表 251
			变形缝填缝材料必须符合设计要求		观察检查	Q/GDW 1183—2012 表 251
	2	安装	平稳、顺直		观察检查	
一般项目	1	沟道中心位移	± 20	mm	经纬仪或拉线钢尺检查	Q/GDW 1183—2012 表 251
	2	变形缝宽度	± 5	mm	钢尺检查	Q/GDW 1183—2012 表 251
	3	沟道顶面标高偏差	0 ~ −10	mm	水准仪检查	Q/GDW 1183—2012 表 251
	4	沟道底面标高偏差	± 5	mm	水准仪检查	Q/GDW 1183—2012 表 251
	5	沟道底面坡度偏差	± 10% 设计坡度		水准仪检查	Q/GDW 1183—2012 表 251

注　依据《变电（换流）站土建工程施工质量验收规范》（Q/GDW 1183—2012）表 251 制定。

⑩预制化粪池质量控制标准如表 6–44 所示。

主控项目：全数检查。

一般项目：每项抽查 5 ～ 10 点。

表 6–44　　预制化粪池质量控制标准

类别	序号	检查项目	质量标准	单位	检查方法及器具
主控项目	1	质量证明文件和表面标识	应符合设计要求和现行有关标准的规定		检查产品合格证、混凝土强度检验报告和表面标识
	2	外观质量	不应有严重缺陷，且不应有影响安装、使用功能的尺寸偏差		观察，尺量检查
一般项目	1	中心线位移	≤ 10	mm	经纬仪检查
	2	化粪池底板标高	± 15	mm	水准仪及钢尺检查

注　依据《混凝土结构工程施工质量验收规范》（GB 50204—2015）9.2.1、9.2.2 条及《变电（换流）站土建工程施工质量验收规范》（Q/GDW 1183—2012）中的表 198、表 264 制定。

装配式变电站建构筑物施工技术经济分析

本章主要讨论装配式变电站在目前施工条件下的造价水平及其差异。装配式变电站造价数据来源于国网湖北省电力有限公司（简称湖北公司）2016 ~ 2018 年投产的新建变电站工程。2016 ~ 2018 年湖北公司投产的新建变电站工程共 133 项，本次资料收集到了其中 91 项工程的样本数据，样本率 68.42%。

与传统变电站造价水平相比，装配式变电站整体造价水平偏高。主要原因首先是装配式变电站由于推广时间较短，针对该细分市场提供服务的专业厂商较少，市场竞争不够充分；其次是变电工程体量小、较为分散，且未能实现标准化、工厂化制作安装。

从全寿命周期角度考虑，装配式变电站在施工过程中有环境污染小、能缩短工期、运行成本低、报废成本低的优点。

7.1 装配式变电站建筑物

装配式变电站建筑物整体单位造价为 4834 元 /m^2，高于常规变电站 3200 元 /m^2 的造价水平，然而较 2016 年统计的装配式变电站建筑物整体 5050 元 /m^2 的单位造价来说，各项费用构成均呈现下降趋势。目前变电站工程装配式建设造价水平依然较高，主要原因是预制件开模等前期费用分摊成本较高，随着装配式变电站行业规模的不断扩大，装配式变电站市场的进一步成熟，生产规模效益增加带来生产成本的下降，装配式变电站建设造价水平依然存在较为可观的下降空间。

7.1.1 厂房结构技术经济分析

钢结构建筑的结构体系类型很多，常用的主要有装配式钢结构、装配式混凝土结构等。共收集到 70 个变电站控制室建筑采用钢框架结构项目的有效数据（包括常规钢结构 65 项，超轻钢结构 5 项）。

65 项采用常规钢框架结构平均造价水平为 8311 元 /t，最低 6200 元 /t，最高 10820 元 /t；5 项采用超轻钢结构平均造价水平 6900 元 /t，最低 6200 元 /t，最高 7400 元 /t。

（1）装配式钢框架结构造价水平分析。

对 65 项采用常规钢框架结构工程的钢结构单价进行了统计，如图 7-1 和图 7-2 所示。

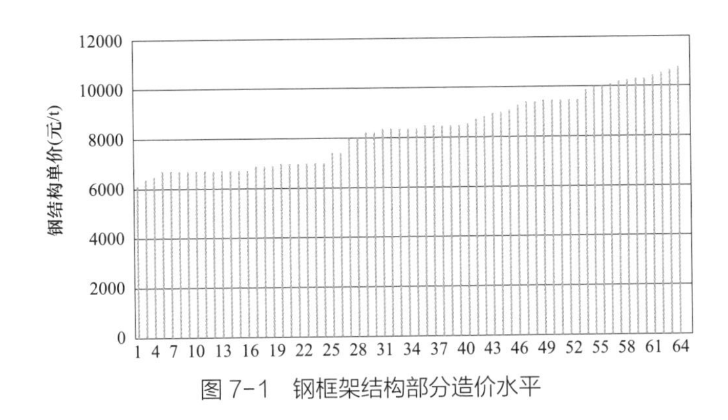

图 7-1 钢框架结构部分造价水平

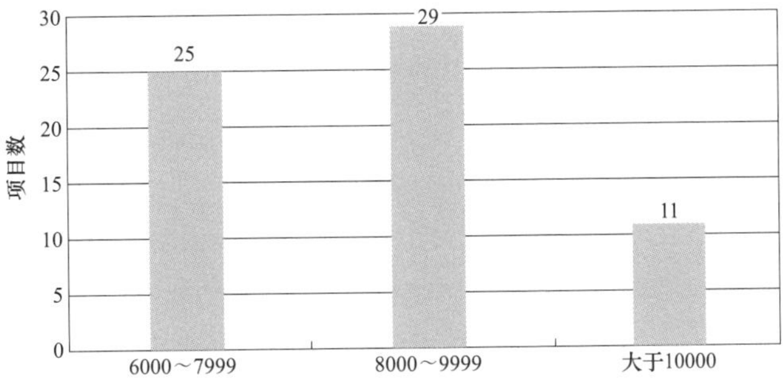

图 7-2 钢框架结构造价分布

此处统计价格包含安装费用。从造价指标分布上看，单价 6200 ~ 7999 元 /t 区间内共有项目 25 项，单价 8000 ~ 9999 元 /t 区间内共有项目 29 项，单价超过 10000 元 /t 项目共 11 项。

对采用超轻钢结构的 5 项工程造价水平进行统计分析，5 项装配式超轻钢结构造价数据如表 7-1 所示，5 个项目平均单价水平为 6900 元 /t，其中最低指标为 6200 元 /t，最高 7400 元 /t。

表 7-1 超轻钢框架结构价格统计表

项目名称	投产年份	结构形式	用钢量（t）	单价（元 /t）
长阳都镇湾 110kV 变电站工程	2016.6	超轻钢框架	20.4	6200
点军何家坡 110kV 变电站工程	待投产	超轻钢框架	21.3	6500
当阳金桥 110kV 变电站工程	2017.9	超轻钢框架	21.5	7000
夷陵龙镇 110kV 变电站工程	2018.7	超轻钢框架	17.2	7400
枝江沙湾 110kV 变电站工程	2018.9	超轻钢框架	21.9	7400

（2）装配式钢结构经济性比较。装配式钢结构主要分为常规钢框架结构、超轻钢框架结构。针对使用最多的常规钢框架结构与超轻钢框架结构进行对比分析。

从用钢量来看，收集数据显示 110kV 钢框架结构变电站平均用钢量水平在 67.25t。采用超轻钢框架结构的 5 项 110kV 变电工程中，厂房结构用钢量最大的为 21.9t，平均用钢量则仅为 19.89t，低于同类钢框架结构变电站用钢量平均水平。

采用超轻钢结构的 5 项 110kV 变电工程中，钢结构部分单价在 6200 ~ 7400 元 /t 区间内，平均造价水平 6900 元 /t，低于钢框架结构 8311 元 /t 的平均单价。由于超轻钢结构用钢量较常规钢结构较小，仅在钢结构部分，超轻钢结构具有一定的经济性优势。考虑屋面等其他因素，建筑整体造价水平与常规钢框架结构差异不大。

7.1.2 外墙技术经济分析

铝镁锰金属外墙面板（通用做法：外板为 0.8mm 铝镁锰压花，内板为 0.6mm 镀铝锌板，中间 50mm 岩棉夹心）单价数据如图 7–3 所示。平均单价为 561 元 /m^2，价格区间为 412 ~ 830 元 /m^2。其中板材单价在 400 ~ 600 元 /m^2 之间的项目 34 个，板材单价在 600 ~ 800 元 /m^2 之间的项目 18 个，超过 800 元 /m^2 的项目 3 个。此处单位价格为墙板采购单位价格，包括檩条、安装费用。

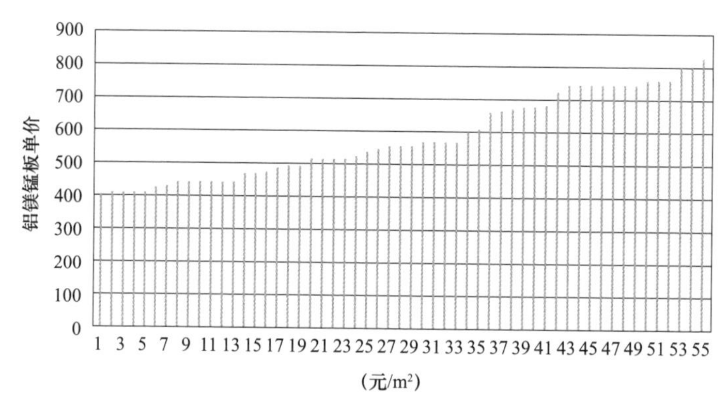

图 7–3 铝镁锰岩棉夹芯板墙面造价水平

7.1.3 内墙技术经济分析

内墙有效造价数据的 53 项，除 3 项工程采用轻质水泥板方案外，50 项工程采用轻钢龙骨石膏板方案。轻钢龙骨石膏板内墙具体结构形式及价格如表 7–2 所示。

表 7–2 内隔墙价格一览表

内墙	基础方案	墙面方案		饰面方式	单位价格（元 /m^2）
		石膏板层数	填充		
典型方案	轻钢龙骨外挂石膏板	双面共6层	岩棉	抹灰乳胶漆	210 ~ 440
				金属波纹板	334
		双面共4层	岩棉	抹灰乳胶漆	200 ~ 245
	轻质水泥板	轻质水泥墙板		抹灰乳胶漆	262 ~ 285

轻钢龙骨纸面石膏板内隔墙单位价格区间在 210 ～ 440 元 /m^2，平均单位价格 308 元 /m^2。纤维水泥复合板样本单价在 262 ～ 285 元 /m^2，平均单价 270 元 /m^2，略低于轻钢龙骨纸面石膏板。此处单位价格为折算到墙体展开面积的单位价格，包括墙面装饰费用。

7.1.4 屋面技术经济分析

变电站主控楼屋面形式分为现浇混凝土屋面（钢板底模现浇、钢筋混凝土桁架）、金属坡屋面。单价数据为屋面做成后的整体单价，包括钢板底模、混凝土现浇刚性防水、屋面排水、屋面保温、屋面防水或实现同等功能的工作内容整体单价进行统计。

现浇屋面平均单位单价为 571 元 /m^2，单位价格集中在 450 ～ 750 元 /m^2 区间，最高为 768 元 /m^2，如图 7–4 所示。

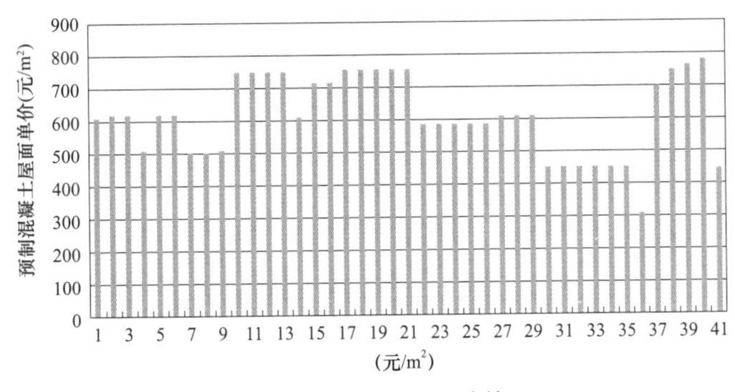

图 7–4 混凝土屋面造价

金属屋面 5 项工程造价数据，除图 7–5 中 3 号工程采用钛合金屋面单价较高为 891 元 /m^2，其他四项常规方案工程平均单价 400 元 /m^2，造价区间为 346 ～ 465 元 /m^2，如图 7–5 所示。

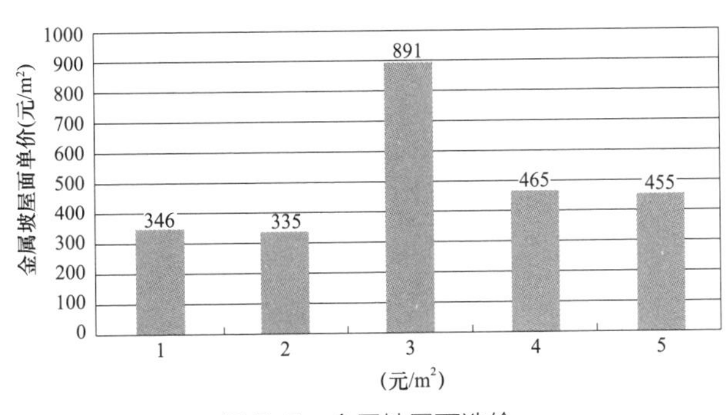

图 7–5 金属坡屋面造价

7.2 装配式变电站构筑物

7.2.1 装配式防火墙技术经济分析

装配式防火墙均采用预制钢筋混凝土立柱（梁）+ 预制混凝土墙板的方案，平均单位造价为 1551 元 /m^2，单位价格集中在 1210 ～ 1620 元 /m^2。此处统计价格为包括安装费用，不含基础，如图 7–6 所示。

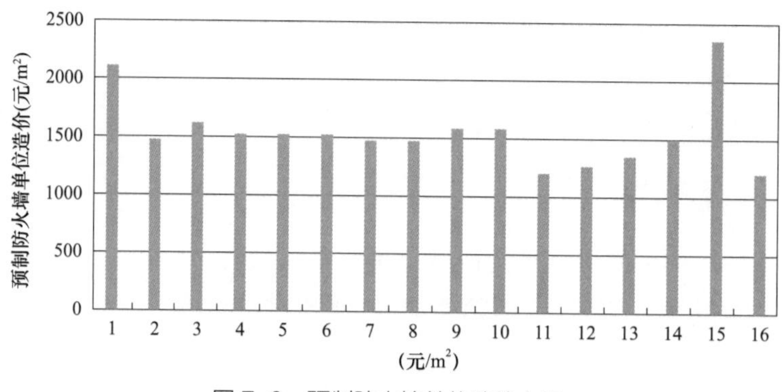

图 7-6　预制防火墙单位造价水平

装配式变电站防火墙相较于常规变电站现浇混凝土防火墙单价较高，装配式防火墙具有工期短、高空作业少、施工难度低等优点。

7.2.2　装配式围墙技术经济分析

装配式围墙样本数据 79 项，除 1 项工程采用金属围墙外，其余工程均采用预制混凝土围墙方案。预制混凝土围墙的平均单位造价为 1377 元 /m，单位价格集中在 1000 ~ 1500 元 /m，整体高于金属围墙的 1158 元 /m。此处单位造价包括材料费及安装费用。具体造价分布情况如图 7–7 所示。

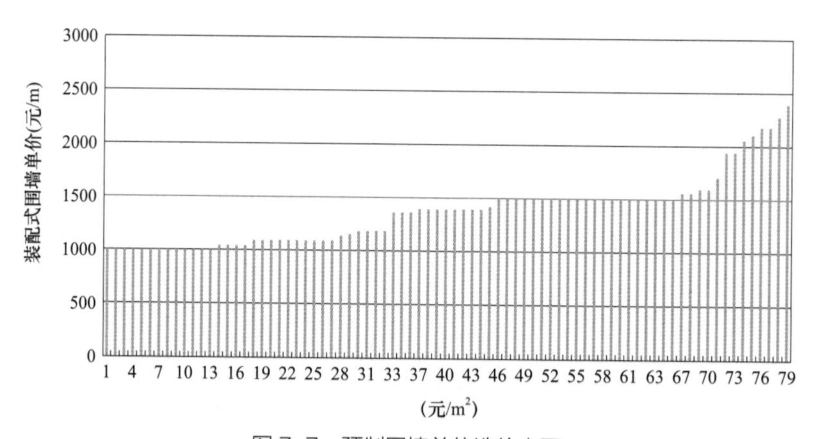

图 7-7　预制围墙单位造价水平

装配式围墙整体单位造价水平高于传统的砌块围墙，其中金属围墙单位造价水平偏低、构件轻便、所需基础工程量较其他方案低很多。

7.2.3　装配式电缆沟技术经济分析

统计共收集到 9 项为预制混凝土电缆沟均为厚壁型电缆沟，如表 7–3 所示。此处单位造价为预制电缆沟采购单价，不包含安装产生费用。由于样本数量较小，不再对不同规格的电缆沟造价进行分类讨论。

表 7–3　　　　预制电缆沟造价水平

序号	工程名称	投产时间	形式	尺寸（mm）	采购单价（元 /m）
1	荆州秘师桥 110kV 变电站	2017	预制混凝土	800	1800
2	卧龙 500kV 变电站新建工程（厂家部分）	2016		1200	1710
				800	1458
				600	1300
3	团风淋山河 110kV 变电站	2016		600	1050
4	浠水白石 110kV 变电站	2016		600	1050
5	黄梅城南 110kV 变电站	2016		600	1050
6	蕲春狮子 110kV 变电站	2016		600	1050
7	武穴城西 110kV 变电站	2016		600	1050
8	十堰龙门沟 110kV 变电站工程	2017		2100	1260
9	十堰机场 110kV 变电站工程	2018		800	1200

上表中的装配式电缆沟单价为采购单价，不包括现场安装费用。装配式电缆沟具有工厂预制、安装过程受环境因素影响较小的优点，同时也具有自重大、安装工艺要求高、安装费用较高等缺点。

7.2.4　预制式电缆槽盒技术经济分析

电缆槽盒造价数据如表 7–4 所示。

表 7–4　　　　预制电缆槽盒造价水平

序号	工程名称	投产时间	形式	尺寸（mm）	采购单价（元 /m）
1	长阳都镇湾 110kV 变电站工程	2016.6	铝合金	800	1100
2	点军何家坡 110kV 变电站工程	待送电	铝合金	800	1100
3	当阳金桥 110kV 变电站工程	2017.9	铝合金	800	1100
4	枝江沙湾 110kV 变电站工程	在建	铝合金	800	1100

7.2.5　预制式主变压器油池压顶经济性分析

统计共收集到了 58 项工程预制式主变压器油池压顶的样本数据，均为预制式钢筋混凝土材质，平均单位价格造价为 131 元 /m，单位价格主要在 120 ~ 160 元 /m 之间波动，具体统计数据如图 7–8 所示。

7.2.6　其他预制混凝土小件技术技经分析

由于其余预制混凝土小件有效样本数较少，因此仅提供样本工程的参考价格，不作具体的分类统计分析，具体结果如表 7–5 所示。

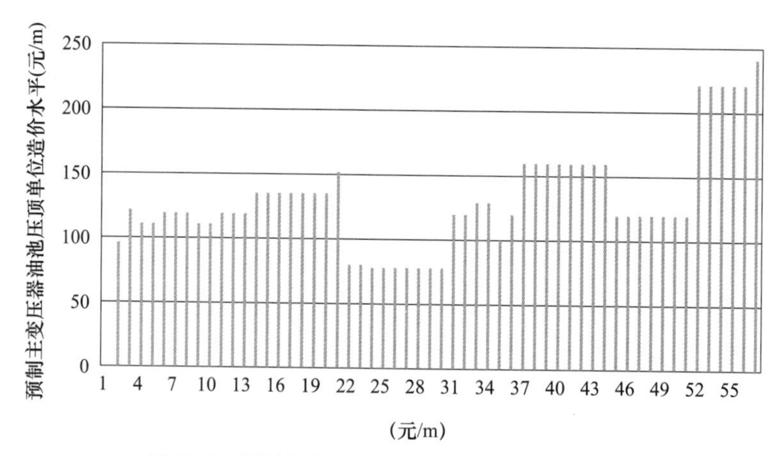

图 7-8 预制主变压器油池压顶单位造价水平分布

表 7-5 其他预制混凝土小件平均单位造价水平

预制混凝土小件名称	有效样本数	平均单位造价
预制式雨水口	3	222 元 / 个
预制式集水井	3	251 元 / 个
预制式排水沟	1	600 元 /m
预制式操作地坪	7	232 元 /m^2
预制式巡视小道	7	80 元 /m^2
预制式空调基础	1	600 元 / 个
预制式场地灯基础	1	360 元 / 个
预制视频监控基础	1	330 元 / 个
预制式端子箱	1	500 元 / 个
预制电源检修箱基础	1	700 元 / 个

8 装配式变电站施工新技术

8.1 装配式变电站施工新技术

8.1.1 施工技术智能化

随着经济社会的不断发展，增长减缓的劳动力供给难以满足用工需求，以智能化生产和施工来精简成本、提高效率成为大势所趋。随着目前移动互联网的普及和大数据时代的来临，BIM、物联网、云计算、工业互联网、移动互联网等信息化手段被广泛应用于装配式变电站工厂化生产与施工信息管理中，实现工厂化生产、装配化施工和信息化管理。通过对装配式建筑产品生产过程中的深化设计、材料管理、产品制造环节进行管控，以及对施工过程中的产品进场管理、现场堆场管理、施工预拼装管理环节进行管控，实现生产过程和施工过程的信息共享，确保生产环节的产品质量和施工环节的效率，提高装配式建筑产品生产和施工管理的水平。

8.1.2 施工过程智能化

（1）信息管理平台能对深化设计、材料管理、生产工序的情况进行集中管控，能在施工环节中利用生产环节的相关信息对产品生产质量进行监管，并能通过施工预拼装管理提高施工装配效率。

（2）在深化设计环节按照各专业（如预制混凝土、钢结构等）深化设计标准（要求）统一产品编码，采用专业深化设计软件开展深化设计工作，达到生产要求的设计深度，并向下游交付。

（3）在材料管理环节按照各专业（如预制混凝土、钢结构等）物料分类标准（要求）统一物料编码。进行材料“收、发、存、领、用、退”全过程信息化管理，应用物联网条码、RFID 条码等技术绑定材料和仓库库位，采用扫描枪、手机等移动设备实现现场条码信息的采集，依据材料仓库仿真地图实现材料堆垛可视化管理，通过对材料的生产厂家、尺寸外观、规格型号等多维度信息的管理，实现质量控制的可追溯。

（4）在产品制造环节按照各专业（如预制混凝土、钢结构等）生产标准（要求）统一人员、工序、设备等编码。制造厂应用工业互联网建立网络传输体系，能支持到工序层级的设备层面，实现自动化的生产制造。

（5）采用 BIM 技术、计算机辅助工艺规划、工艺路线仿真等工具制作工艺文件，并能将工艺参数通过制造厂工业物联网体系传输给对应设备（如将切割程序传输给切割设备），各工序的生产状态可通过人员报工、条码扫描或设备自动采集等手段进行采集上传。

（6）在产品进场管理环节应用物联网技术，采用扫描枪、手机等移动设备扫描产品条码、RFID 条码，将产品信息自动传输到管理信息平台，进行产品质量的可追溯管理。并可按照施工安装计划在 BIM 模型中直观查看各批次产品的进场状态，对项目进度进行管控。

（7）在现场堆场管理环节应用物联网条码、RFID 条码等技术绑定产品信息和产品库位信息，采用扫描枪、手机等移动设备实现现场条码信息的采集，依据产品仓库仿真地图实现产品堆垛可视化管理，合理组织利用现场堆场空间。

（8）在施工预拼装管理环节采用 BIM 技术对需要预拼装的产品进行虚拟预拼装分析，通过模型或者输出报表等方式查看拼装误差，在地面完成偏差调整，降低预拼装成本，提高装配效率。

（9）可采取云部署的方式，提高信息资源的利用率，降低信息资源的使用成本。应具备与相关信息系统集成的能力。

8.2 装配式变电站发展方向

8.2.1 装配式变电站发展前景

随着国家政策大力推进装配式变电站，全国各地变电站工业化工厂遍地开花。事实上，相比传统方式建造的变电站，装配式技术的优点是显而易见的，如工期短、无噪音、无粉尘、节能环保等，之前由于装配式变电站的成本较现浇成本增加 20% 左右，导致市场以观望为主。近两年随着政策硬性要求预制率和装配率，特别是近几年电力企业陆续提出大力发展装配式变电站，各地方政府也相应出台相关扶持政策。为了进一步增强市场活力，使市场加快进入高速扩张和充分竞争的阶段，业主单位也应提高预制率和装配率的要求。

目前，中国电力企业正在积极参与“一带一路”建设，国家电网公司在非洲、美洲承接了大量海外电力建设工程项目。下一步，电力企业计划将把装配式变电站建设的先进经验推广应用到海外项目中，提升电力工程企业竞争力，为“一带一路”建设作贡献。

8.2.2 BIM 技术在装配式施工中应用

BIM 技术能够改善施工中预制构件库存和现场管理水平，装配式建筑预制构件生产过程中，对预制构件进行分类生产、储存需要投入大量的人力和物力，并且容易出现差错。利用 BIM 技术结合 RFID 技术，通过在预制构件生产的过程中嵌入含有安装部位及用途信息等构件信息的 RFID 芯片，存储验收人员及物流配送人员可以直接读取预制构件的相关信息，实现电子信息的自动对照，减少在传统的人工验收和物流模式下出现的验收数量偏差、构件堆放位置偏差、出库记录不准确等问题的发生，可以明显地节约时间和成本。在装配式建筑施工阶段，施工人员利用 RFID 技术直接调出预制构件的相关信息，对此预制构件的安装位置等必要项目进行检验，提高预制构件安装过程中的质量管理水平和安装效率。能够提高施工现场管理效率，由于装配式建筑吊装工艺复杂、施工机械化程度高、施工安全保证措施要求高，在施工开始之前，施工单位可以利用 BIM 技术进行装配式建筑的施工模拟和仿真，模拟现场预制构件吊装及施工过程，对施工流程进行优化；也可以模拟施工现场安全突发事件，完善施工现场安全管理预案，排除安全隐患，从而避免和减少质量安全事故的发生。利用 BIM 技术还可以对施工现场的场地布置和车辆开行路线进行优化，减少预制构件、材料场地内二次搬运，提高垂直运输机械的吊装效率，加快装配式建筑的施工进度。5D 施工模拟优化施工、成本计划，利用 BIM 技术，在装配式建筑的 BIM 模型中引入时间和资源维度，将“3D-BIM”模型转化为“5D-BIM”模型，施工单位可以通过“5D-BIM”模型来模拟装配式建筑整个施工过程和各种资源投入情况，建立装配式建筑的“动态施工规划”，直观地了解装配式建筑的施工工艺、进度计划安排和分阶段资金、资源投入情况；还可以在模拟的过程中发现原有施工规划中存在的问题并进行优化，避免由于考虑不周引起的施工成本增加和进度拖延。利用“5D-BIM”进行施工模拟使施工单位的管理和技术人员对整个项目的施工流程安排、成本资源的投入有了更加直观的了解，管理人员可在模拟过程中优化施工方案和顺序、合理安排资源供应、优化现金流，实现施工进度计划及成本的动态管理。

在传统建筑的现场施工中，经常会进行高空作业，由于施工人员素质不够高，并且技术水平有限，导致了施工过程中施工质量出现问题，甚至还存在很多安全隐患，这就使得施工现场人员的人身安全受到威胁。而在装配式建筑中就大大减少了以上问题的出现，在工厂进行预制构件的生产大都是低空作业，不存在高空坠物等现象，在工地进行预制构件的装配大部分都是机械化操作，避免了人工操作的失误，保证了施工质量，减少安全隐患。

在制订施工组织方案时，施工单位技术人员将本项目计划的施工进度、人员安排等信息输入 BIM 信息平台，软件可以根据这些录入信息进行模拟，施工单位可以依据模拟结果选取最优的施工组织方案。施工单位将施工过程中产生的相关信息实时输入到 BIM 信息平台，全面监控工程现场情况。在现场施工时，BIM 技术可以作为施工进度监督表并指导现场施工，可以通过软件对现场实际施工进度与原计划进度进行对比分析，及时安排人员调配和各类物质的堆放。

变电站建设中大部分构件可以做到装配化，但是对于极小数的零星构件和比较偏远地方的构件，在进行经济对比分析后，可以将 BIM 技术应用到铝模板技术中。

铝模板，又名铝合金模板，顾名思义是铝合金制作的建筑模板。铝合金模板系统具有安装、拆除方便的优点，周转次数可达 120 余次，混凝土外观质量可达到清水混凝土效果，是住房和城乡建设部推广的节能、环保产品。在铝合金模板加工过程中，增加过氧化处理及粉末喷涂工艺，有效解决了铝模初次应用阶段高温氧化产生的混凝土表面气孔、麻面、脱皮的质量缺陷问题。混凝土外观质量得以保障，提升工程整体品质。相对于传统作业的胶合模板，铝合金模板具有以下特点：节约木材，保护森林，有利于环保；

模板可多次再利用，良好的表面成形；尺寸误差最小；杂物较少，易于堆放；施工产生的垃圾少，利于文明施工。

传统的铝模板配模图只是平面标注了铝模的编号尺寸，但是不能很好表现细部的拼接关系，学习成本较高，工人不能很好的了解铝模的摆放关系，而且由于洞口及梁的存在，平面不能表达其中的位置关系。并且由于模板及配装图与现场位置有偏差，现场出现很多随意切割铝模的行为。综合下来铝模的成本、工期等效益可能并不比木模高出多少。其次利用 Revit 软件参照厂家的 CAD 图纸对铝模进行 BIM 拼接，由于厂家的 CAD 平面图纸不能很好的反映铝模板的三维摆放位置，而且由于 CAD 图纸的平面特性，结构洞口与梁位置与铝模板的位置关系难免出现错误。

利用 BIM 技术对铝模板拼接过程进行预检验和优化，能有效减少现场的施工返工，节省了成本。通过对施工阶段 BIM 技术在铝模板上技术上的具化深入的研究，能够发挥 BIM 技术应用对现场施工流程的整体优化作用。

8.2.3 推广应用中存在的问题

（1）技术支撑有待进一步提升。目前很多从事装配式变电建设的企业在专业性极强的关键技术岗位有断层或存在衔接不上的危机，导致不能满足扩大产能的需求，更不能满足装配式变电站产业化发展的需求。

从初期设计上讲，新型的预制构件大多需要深化设计，而现有的设计院通常不考虑深化设计，或者没有能力做深化设计，而传统的预制构件厂普遍不具备预制构件深化设计能力，缺乏成熟稳定的模块化构件。

生产过程中的装备有待改进，目前尚没有成熟的系列化通用模块，在摸索和试验阶段；模具和配件有待改进，制造模具的原材料质量参差不齐，配套情况不一，难以生产高质量的磨具和配件，生产精度和效率较低。

缺乏标准化通用化的预制构件，构件品种单一，建筑与结构功能脱节，通用性和互换性不强，系列化开发、规模化生产、配套化供应的产品生产性尚未形成。配套化供应的产品线尚未形成，未形成完整产业链。生产、运输、安放预制构件需要很多配套材料，如吊装配件、预埋件、钢筋套筒、保温连接件、灌浆料、密封胶等。

（2）市场化、商业化发展的条件不成熟。

1）不成熟的市场化机制暂时处于条块分割状态。目前在整个运行机制上讲，建设单位、设计单位、施工单位和项目监管单位、构件生产企业处于分割状态，责任界面不清楚。

2）市场化、商业化发展动力受阻。装配式变电站规模发展不足，项目处于“零星”运作状态，致使单位产品成本较高，难以拓展市场。

3）商业模式还不稳定，产品升级存在困难。一些有一定规模的相关企业也准备在预制装配式变电站建设上加大投入，但是缺乏政府以及相关部门的工程支持。

4）产业链“协调”不够，产业链上下“步调”不一致。预制构件企业与上下游企业的融合度较低，存在严重的产业链脱节现象。

（3）生产体系和管理体系有待完善。装配式变电站对设计、生产、安装一体化要求较高，这对相关企业的管理能力和管理手段提出了更高的要求。只有熟悉设计、施工等环节的工作，适应施工总承包体质下的项目管理模式，才能及时、准确地满足市场的要求。

监理、监督措施未成体系，落实度不高。装配式采用预制构件，要求监理单位采取驻厂监造、巡回监控的方式，监理的一部分业务“施工现场”转到“工厂”，增加了任务，而且目前无相应的技术及经费保障，都很难落实，总体监督检查困难，短时期内监督人员很难适应。

（4）BIM 软件技术应用存在问题。目前，市场上的 BIM 的软件较多，但是大多用于设计和招投标阶段，施工阶段的应用软件相对匮乏。大多数 BIM 软件以满足单项应用为主，集成性高的 BIM 应用系统较少，与项目管理系统的集成应用更是匮乏。此外软件商之间存在市场竞争和技术壁垒，使得软件之间的数据集成和数据交互困难，制约了 BIM 技术的发展。

8.2.4 成品构件行业发展趋势

2012 ~ 2017 年中国混凝土输送泵市场研究及未来发展趋势报告称我国混凝土预制构件行业正经历着深刻的变化。从近期调查的结果看，目前我国预制构件行业主要呈现出以下特点：

（一）行业规模不大，市场地位不高

目前我国变电站建构物结构施工除钢结构，大部分为混凝土结构。从全国主要城市反馈的情况看，预制混凝土结构在市场上占有的份额非常少，在住宅领域占比更是有限。同时由于受传统观念和错误认识的影响，从业主、设计到施工单位都对预制构件存在一些偏见。预制构件往往被看做是生产简单、技术含量不高、性能不好的粗糙产品，除了盾构管片、预制看台等新型预制构件外，市场地位不高。

（二）市场竞争激烈，产业升级困难

虽然近几年已经有一些工程开始采用新型高品质的预制构件，但大多数预制构件厂仍然以传统标准化产品为主。这些产品的生产工艺相对成熟，容易被模仿，导致先进的企业没有合理的利润，缺乏创新的动力。尤其是一些二、三线城市，在政府监管不是很有力的情况下，一些无资质企业鱼龙混杂，而正规企业的生存和发展却受到威胁。在北京、上海、广州、深圳这样的大城市，往往是重大活动之后，基础设施建设的规模下降很多，预制构件市场的需求也大幅萎缩，导致一定的区域内市场竞争激烈，仅依靠预制构件厂本身的能力产业升级困难。

（三）产品种类较多，技术含量有限

目前市场上的混凝土预制构件产品种类非常多，从结构性能、装饰性能、成型工艺、使用范围来划分都可以分出很多类别。就目前全国预制构件厂产量情况看，基础设施构件类（地铁管片、预制管、桥梁、道路护栏等）、建筑预制构件类（预制柱、预制梁、屋架、屋面板等）、地基类（管桩等）是主要的三大类产品。这些预制构件细分起来种类繁多，但是大多属于标准产品，生产工艺基本成熟，技术含量不高。近几年兴起的预制复合（装饰、保温）挂板、预制清水看台、预制景观构件（护栏、灯杆、座椅等）虽然技术含量较高，但还不是主流。一些新型产品（如复合挂板）的技术含量较高，但对构件厂实施能力的要求也较高，需要逐步介入。

（四）经营状况一般，面临压力不小

由于产品技术含量不高、成本压力较大、市场竞争无序等多方面原因，总体上国内预制构件厂的经营状况并不乐观。在北京、上海这样的大城市，由于政府监管较严，大型基础设施项目对供应商的要求较高，有实力的大型构件厂可以获得较好的市场竞争地位。但是由于建筑业本身的特点限制，即使是参与大型工程建设，回款不及时也是普遍存在的问题。在一些二、三线城市或者郊区，预制构件厂的经营状况与当地的建设规模息息相关，一旦需求减少，恶性竞争就不可避免。

（五）积极寻求突破，大多未雨绸缪

正因为行业发展状况不甚理想，一些大型预制构件厂早有转型升级的想法。很多构件厂开始兼营预拌混凝土等产品，但仍无法突破发展的瓶颈。近两年新型建筑预制构件的复苏，让很多业内人士看到了发展的希望。他们积极调研相关情况，努力改进生产工艺，积极配合试点项目实施，力求在下一波市场需求到来之前占据一个相对较好的位置。

（六）业内观望不少，业外已然出手

如果把预制构件看成一个相对独立的行业，我们可以看到一个有意思的现象，尽管业内的很多构件厂还在观望，不知道如何在新型构件领域落子，但业外的很多企业却已经大干快上，摆出了力拔头筹的架势。所谓的业外企业包括大型施工企业，大型水泥企业和其他企业。之所以会出现这种状况，是与新型建筑工业化的本质要求息息相关的。

在过去的计划经济时期，预制构件厂是工业企业，其生产的预制构件符合工业产品的特征，可以以销定产，也可以先产后销；现在的建筑构件大多是定制化产品，必须依靠一体化的策划才能实施。

目前的大型施工总承包单位和大型水泥企业，除具备自身领域原有的优势外，大多也涉及房地产开发等业务，有条件主导预制装配式工程的试验和施工，完成预制构件的设计、生产、安装环节的衔接。这种状况无疑对下一步构件企业的发展提出了新的挑战。

装配式变电站工程面对如此多的压力，在此背景下，只有通过政府有效市场引导，加强项目管理一体化，提升项目核心技术，才能在未来的装配式市场上立足。

（1）市场引导。

1）传统的市场化观念会促使很多使用者认为装配式变电站的质量得不到保障，电力建设企业相关部门应该进行相关的宣传和引导，使公众在内心能够接受这样的变电站。

2）标准化是装配式变电站发展的重要前提和保障，而以企业自身的标准体系作为全行业的通用标准，不具备广泛的普及性。应该制定完善装配式变电站的行业及国家标准。

3）从电力建设企业相关部门的角度出发，应该对装配式变电站的设计、施工、管理单位给予一定的政策保障。

（2）项目管理一体化。装配式变电站施工技术使得整个施工生产变成了一种相对的管理要求较高的生产模式。对设计、生产、施工提出了一体化要求，同时对工程管理、监督也提出了一体化的要求，这对工程管理监督单位的能力有了更高的挑战。对于整个生产过程而言，要求管理监督部门对规划设计阶段、构件生产制造阶段，施工阶段、运营维护阶段都有完备的管理体系、相应生产阶段的管理方案以及在过程中相对统一的控制规范和标准。

（3）项目核心技术的升级。建立新型装配式变电站生产管理一体化体系，必须以核心技术的升级——科研创新作为依托。主要有以下几个方面：根据装配式变电站的特点和功能要求，按力学分析原理，正确合理的划分结构构件的组成形式，通过力学计算提出系统计算模型；根据新技术、新材料、新工艺，提出新型连接节点的形式和具体的构造，注重新材料的研究；与建筑设备、装修等专业配合，研究总体纳入该工业化体系的具体方法和技术难点；研究建立工厂化生产的运行机制和操作程序等。

由此可见，我国预制构件行业虽然道路是曲折的，但是装配式变电站发展的前景很光明。目前预制构件企业应当审时度势，选好突破口，抓住机遇，争取在未来的市场上赢得机会，获得收益。为了响应我国绿色、可持续发展的理念，装配式变电站正在逐步成为21世纪电力行业发展的风向标，而BIM技术的融入弥补了装配式变电站中信息难以收集、处理等缺点。把BIM技术应用在装配式变电站的全寿命周期管理中使得装配式变电站有了更好的发展前景。在BIM技术的应用过程中结合RFID技术可以更有效的提高装配式变电站的设计、生产、施工、维护的管理效率。所以对BIM技术在装配式变电站中的应用进行更加深入的研究探讨是今后的主要方向。